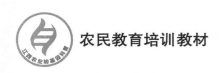

农民教育培训教材

潘　华　康升云　主编

农业转基因技术
与生物安全

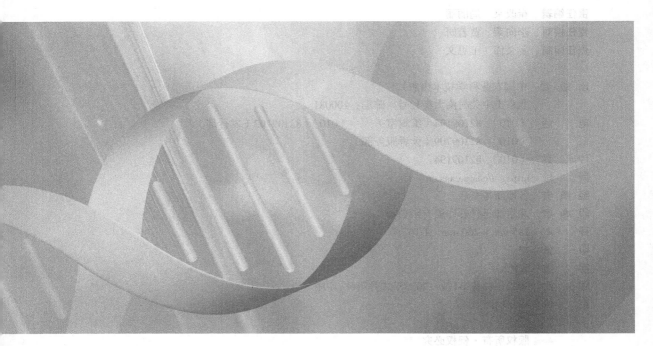

中国农业科学技术出版社

图书在版编目（CIP）数据

农业转基因技术与生物安全/潘华，康升云主编. ‒‒北京：中国农业科学技术出版社，2022.12（2023.10重印）

ISBN 978‒7‒5116‒6075‒6

Ⅰ.①农… Ⅱ.①潘…②康… Ⅲ.①作物—转基因技术 ②生物工程—安全管理 Ⅳ.①S33 ②Q81

中国版本图书馆CIP数据核字（2022）第231338号

责任编辑	崔改泵	周丽丽
责任校对	李向荣	贾若妍
责任印制	姜义伟	王思文

出 版 者　中国农业科学技术出版社
　　　　　北京市中关村南大街12号　邮编：100081
电　　话　（010）82109194（编辑室）　　（010）82109702（发行部）
　　　　　（010）82109709（读者服务部）
传　　真　（010）82109194
网　　址　https：//castp.caas.cn
经 销 者　各地新华书店
印 刷 者　北京捷迅佳彩印刷有限公司
开　　本　185 mm×260 mm　1/16
印　　张　13
字　　数　320千字
版　　次　2022年12月第1版　2023年10月第6次印刷
定　　价　49.00元

《农业转基因技术与生物安全》
编委会

主　　任：吴国昌

副主任：黄　文　胡彬生　潘　华　赵　健　刘　凯
　　　　吴加发

委　　员：吴志勇　龚冬尧　范　利　康升云　王盛茂
　　　　胡　凯　汪　江　付师一　刘俊颖　杨　艳

编写人员

主　　编：潘　华　康升云

副主编：付师一　杨　艳　汪　江　周曦文　龚冬尧

编写人员（按姓氏笔画排序）：

王　川	王有辉	王志美	王盛茂	平先良
史　业	付师一	刘学丰	刘俊颖	刘晶晶
杨　艳	杨小萍	杨远东	李永忠	吴成彧
吴志勇	邱　璐	余福姑	邹　涛	汪　江
张志芳	张志强	武　睿	周曦文	胡　凯
胡文亭	姜佳敏	姚　霖	夏建华	黄梅梅
曹　琳	龚冬尧	康升云	彭　薇	潘　华

前　言

近年来，世界农业转基因技术在争论中快速发展，转基因作物种植面积和转基因农产品消费呈加速增长态势。从农业转基因生物商业化应用至今，全球已有 40 多个国家批准种植转基因作物，种植面积超过 19 000 万 hm²。截至 2021 年年底，我国农业农村部批准生产应用并大规模种植的转基因作物只有转基因抗虫棉和转基因抗病番木瓜；批准进口用作加工原料的转化体有 59 个，主要涉及棉花、大豆、玉米、甜菜、油菜、番木瓜六大类农作物。我国每年都要进口大量的大豆（绝大多数是转基因大豆），2020 年，进口量为 10 033 万 t，此外，还进口大量的转基因玉米等饲料原料。2020 年 12 月，中央经济工作会议决定，要尊重科学、严格监管，有序推进生物育种产业化应用。2021 年中央一号文件明确：要加快实施农业生物育种重大科技项目，同年，农业农村部办公厅印发《关于鼓励农业转基因生物原始创新和规范生物材料转移转让转育的通知》，要求鼓励开展农业转基因生物的研发，加速成果推广应用。

"科技创新、科学普及是实现创新发展的两翼，要把科学普及放在与科技创新同等重要的位置。"农业转基因技术应用与转基因产品消费已经成为社会关注的焦点和热点问题，但有关转基因的科学普及资料还非常缺乏。为了强化转基因生物安全宣传教育和科学普及，提高广大人民群众对农业转基因技术应用与转基因产品的全面认知，营造良好的发展氛围，我们组织有关科技人员编写了本书，重点介绍转基因的基本概念、基本原理、发展历程、转基因生物安全和转基因产品消费选择等知识。本书由潘华负责策划，康升云、胡凯负责统稿。付师一负责编写第一章，周曦文负责编写第二章，康升云负责编写第三章，汪江负责编写第四章，杨艳负责编写第五章。

本书的出版得到江西省农牧渔业项目"农业转基因安全科学技术普及"

的支持，同时，得到了江西省农业农村厅有关领导和科教处黄文、刘凯等领导的大力支持和帮助；江西农业大学副校长黄英金教授、江西省农业农村厅科教处副处长吴加发同志对本书给予了悉心指导。在此，我们向所有关心支持本书出版的同志表示衷心感谢！

本书内容丰富、语言通俗易懂，可作为基层农业转基因安全管理和农业转基因从业人员的参考用书，也可作为农民教育培训教材。

由于作者水平所限，书中难免有不足之处，期待社会各界予以批评指正。

编者

2022 年 10 月

目 录

第一章　转基因相关技术

第一节　生物遗传基础知识

一、核酸

奥地利学者 G. J. 孟德尔在 1865 年通过豌豆杂交实验证实了遗传物质的存在。1920 年代，摩尔根等将孟德尔假想的遗传因子具体化为基因，并把它定位在染色体上，但对于基因的具体信息仍然一无所知。

1868 年，瑞士生物化学家从外科绷带上残留的脓细胞核中分离出一种富含磷的酸性物质，定名为核素，即后来的核酸。当时，他的这项重大发现和孟德尔的遗传法则的命运相同，没有受到人们的重视。从 19 世纪中期到 20 世纪初，科学家们一直都认为遗传物质是蛋白质，直到 20 世纪 30 年代末，人们才逐渐将核酸化学的研究和细胞的功能联系起来，1944 年，细菌学家埃弗里等证实遗传物质是核酸而不是蛋白质。

（一）细菌转化

1928 年，英国细菌学家弗雷德里克·格里菲斯在肺炎双球菌的转化实验中发现了遗传物质。肺炎双球菌有两种类型，一种是光滑型（S 型），在培养基上形成光滑菌落，其特征是细胞壁的外面有一层多糖夹膜，具有毒性，感染小鼠会导致小鼠患败血症而死亡，但经热处理被杀死后便丧失感染能力。另一种为粗糙型（R 型），在培养基上形成粗糙型菌落，其特征是无夹膜和毒性，感染小鼠不会令小鼠死亡。S 型和 R 型还可按血清免疫反应不同，分成 SI 型、SII 型、SIII 型、RI 型、RII 型等许多抗原型。

格里菲斯将加热杀死的 SIII 型细菌和活 RII 型细菌混合后感染小鼠，小鼠发病死亡，并在其心脏血液中检出有活的 SIII 型细菌。格里菲斯认为那些加热杀死的 SIII 型细菌可使活的 RII 型细菌合成 SIII 型夹膜多糖而成为有毒细菌，这种现象叫作转化。但是，是什么物质使 S 型细菌发生转化呢？格里菲斯当时并不知道死亡 S 型细菌中与转化有关的物质是 DNA，而是认为"死细菌可能提供了某些特异性的蛋白质原料，从而使 R 型细胞能够制造夹膜"。

直到 1944 年，奥斯瓦尔德·西奥多·埃弗里，麦克劳德和麦卡蒂等在前人的工作基础上，经过 10 年的努力，通过肺炎双球菌的体外转化实验，弄清了这种转化质子的化学本质是 DNA 而不是蛋白质或其他物质。他们将加热杀死的 SⅢ 型细菌滤过液中的各种物质纯化，提取多糖、脂类、RNA、蛋白质、DNA 等物质，分别加入 RⅡ 型细菌中培养，结果仅有从 SⅢ 型分离得来的 DNA 能把活的 RⅡ 型细菌转化为 SⅢ 型，而且只要微量的 DNA 就起转化作用。他们还发现，在向 RⅡ 型细菌中加入 SⅢ DNA 的同时，加入一种使 DNA 降解的酶，转化就不能发生了。这些结果证明了使 RⅡ 型细菌发生转化产生 SⅢ 型细菌的因素只有 DNA，而不是别的任何物质。埃弗里等的转化实验首次证明了遗传信息是由核酸（DNA）分子传递的，核酸就是遗传物质。

（二）噬菌体侵染

尽管埃弗里等的肺炎双球菌体外转化实验非常严谨和精确，但当时仍有很多人不相信 DNA 是遗传物质，直到 1952 年赫尔希和蔡斯的噬菌体侵染实验再一次证实 DNA（核酸）是遗传物质，人们才普遍认同遗传物质是核酸而不是蛋白质这一论断。

噬菌体是细菌病毒中的一类，1950 年代初，当时人们已知 T_2 噬菌体是由蛋白质（约占 60%）和 DNA（约占 40%）组成的，蛋白质构成它的外壳，DNA 则作芯子藏在其中。当噬菌体侵染细菌时，尾部吸附到细菌的表面，将外壳内的一部分物质注入细胞内，在细菌体内大量繁殖，使细菌体裂解，释放出大量噬菌体的后代。这些为赫尔希和蔡斯的噬菌体侵染实验打下了基础。

由于 T_2 噬菌体由蛋白质和 DNA 组成，蛋白质中含硫而不含磷，而 DNA 中含磷而不含硫，赫尔希和蔡斯等首先将 T_2 噬菌体分别感染在含有同位素 ^{35}S 和 ^{32}P 培养基中的两组大肠杆菌，分别收集细胞裂解中的裂解菌液，分别收到了经 ^{35}S 标记蛋白外壳的 T_2 噬菌体和经 ^{32}P 标记 DNA 的 T_2 噬菌体。然后再将两种噬菌体分别去感染一般培养基中的大肠杆菌，感染后培养 10 min，接着用 Waring 组织搅拌器剧烈搅拌，使吸附在菌体表面的噬菌体外壳脱落下来，通过离心分离，游离的噬菌体空壳悬浮于上清液，而细菌在沉淀物中。经同位素测定，结果发现，在用 ^{32}P 标记的噬菌体侵染实验中，上清液中仅含有 30% 的 ^{32}P，而在沉淀物中的含量为 70%，这表明噬菌体感染细菌后将带有 ^{32}P 的 DNA 注入宿主细胞中，可能还有少部分噬菌体尚未将 DNA 注入宿主细胞中就被搅拌下来，因而上清液约含 30% 的 ^{32}P。在用 ^{35}S 标记的噬菌体侵染实验中，得到正好相反的结果。上清液中 ^{35}S 的含量达 80%，沉淀物中的含量为 20%，这表明噬菌体的蛋白质外壳并未进入宿住细胞内，沉淀物中含有 20% 的 ^{35}S，可能由于少量的噬菌体在搅拌后仍吸附在细胞上所致。赫尔希和蔡斯的这一实验结果证明了噬菌体感染细菌时主要是 DNA 进入细菌细胞中，侵入的 DNA 载体有噬菌体的全部遗传信息，繁殖了噬菌体，而蛋白质则大部分留在了细菌体外，这就进一步证实了遗传物质是 DNA，而不是蛋白质。

DNA 是遗传物质的这一结论，还可从生物界中其他的一些现象得到旁证。

一是细胞核中 DNA 的含量和质量的恒定性。在一定条件下，每个物种的体细胞和性细胞各自的 DNA 含量基本恒定，并且体细胞中 DNA 的含量是性细胞含量的 2 倍，DNA 的含量与染色体倍数是相一致的，而染色体的其他成分如蛋白质、RNA 等在细胞生长的各个阶段含量变化很大。如将壮龄雄鼠饥饿 2 d，然后使其饱食，检查其肝效应，发现试验过程中 DNA 的含量基本没有变化，而其他指标如蛋白质、RNA 的含量则发生很大变化。

二是紫外线诱变作用与 DNA 的关系。紫外线具有诱变作用，生物体在吸收一定波长的紫外线能量后，会导致体内遗传物质的改变。实验表明：紫外线诱变的有效波长一般为 200 ～ 300 nm，其中以波长 260 nm 左右的诱变作用最有效，而 DNA 吸收紫外线的高峰也恰为 260 nm 左右，这也是 DNA 是遗传物质的主要有力论据之一。

（三）感染性 RNA

绝大部分生物的遗传物质是脱氧核糖核酸（DNA），但是自然界有些病毒，如烟草花叶病毒，结构非常简单，只含有蛋白质和核糖核酸（RNA），没有 DNA，这些 RNA 病毒则使用 RNA 作为遗传物质。

烟草花叶病毒呈筒状，它不含 DNA，蛋白外壳由 2 130 个蛋白亚基组成，环绕着一个 RNA 分子，蛋白质的含量占 94%，RNA 含量约为 6%。把烟草花叶病毒放在水 – 苯酚溶液中震荡，能把病毒的蛋白质和 RNA 分开，这两部分也还能重新组合成有感染的病毒。1956 年，吉尔和施拉姆利用从烟草花叶病毒分离出的 RNA 侵染植物，产生了与用完整的病毒体感染所引起的一样的病斑形态，但这种感染能力要弱些；如果用 RNA 酶处理，RNA 就会失去感染能力，说明烟草花叶病毒的蛋白质没有感染能力。这一实验结果表明，烟草花叶病毒的遗传物质不是蛋白质，而是 RNA。

1957 年，Heinaz Fraenki-Conrat 和 B. Singre 在实验中进一步证实了这一结论。烟草花叶病毒有好几个品系，不同品系对寄主引起不同的症状表达。他们将两个不同的品系 M 和 HR 品系重组成具有感染能力的"杂种"病毒，即将 M 系的 RNA 和 HR 系的蛋白质，或将 M 系的蛋白质和 HR 系的 RNA 重组后去感染烟草，所产生的病斑形态与"杂种"病毒中 RNA 所产生的病毒感染症状相一致，而与蛋白质无关。这个实验十分简捷地证实了烟草花叶病毒的遗传信息不是由蛋白质传递的，而是由 RNA 来传递的，即 RNA 也是遗传物质。

二、核酸的结构

遗传学家们认为，作为遗传物质的 DNA（少数生物为 RNA），分子结构应该具备以下基本条件：一是必须能精确地复制，使后代细胞具有和亲代细胞相同的遗传信息，以确保物种的世代连续性；二是必须稳定地含有关于有机体细胞结构、功能、发育和繁殖的各种信息，以保证物种的稳定性；三是必须具有强大的储存遗传信息的能力，以适应物种复杂多样性的要求；四是必须能够变异，以适应生物不断进化的需要。

（一）DNA 和 RNA 的分子化学组成

核酸是一种高分子化合物，是由许多单核苷酸聚合而成的多核苷酸链，基本结构单元是核苷酸。核苷酸由碱基、戊糖和磷酸三部分构成。DNA 分子中的戊糖为 D-2- 脱氧核糖，RNA 中所含的戊糖为 D- 核糖（Ribose），两者的差异在于戊糖第二个碳原子上的基团，前者是氢原子，后者是羟基。DNA 中含有 4 种碱基，即腺嘌呤（A）、鸟嘌吟（G）、胞嘧啶（C）和胸腺嘧啶（T）。RNA 分子中的 4 种碱基为 A、G、C 和尿嘧啶（U）。

多个单核苷酸通过磷酸二酯键按线性顺序连接形成一条多核苷酸或脱氧多核苷酸链，即 RNA 或 DNA 分子中 1 个磷酸分子一端与 1 个核苷糖组分的 3 碳原子上的羟基形成 1 个酯键，另一端与相邻核苷的糖组分上的 5′ 羟基形成另一个酯键。在核酸长链分子的一个末端核苷酸的第五位碳原子上有一个游离磷酸基团，另一末端核苷酸的第三位碳原子上有一个游离羟基，习惯上把 DNA 分子序列上含有游离磷酸基团的末端核苷酸写在左边，称 5′ 端；另一端则写在右边，称为 3′ 端。把接在某个核苷酸左边的序列叫作 5′ 方向或上游，把接在右边的序列叫作 3′ 方向或下游。

（二）DNA 分子结构

1. DNA 分子的一级结构

DNA 分子的一级结构是指 DNA 分子中 4 种核苷酸的连接方式和排列顺序。由于 4 种核苷酸的核糖和磷酸组成是相同的，所以用碱基序列代表不同 DNA 分子的核苷酸序列。核苷酸序列对 DNA 高级结构的形成有很大的影响，如反向重复的 DNA 片段易形成发夹结构，B-DNA 中多聚（G-C）区易出现左手螺旋 DNA（Z-DNA）等。

除少数生物，如某些噬菌体或病毒的 DNA 分子以单链形式存在外，自然界中绝大部分生物的 DNA 分子都由两条单链构成，并以线性或环状的形式存在。1943 年，英国的查尔夫应用纸层析及紫外分光光度计法对各种生物的 DNA 的碱基组成进行定量检测，发现虽然不同的 DNA 碱基组成显著不同，但 A 和 T，G 和 C 的摩尔含量总是相等的，即［A］=［T］、［G］=［C］。因此，嘌呤的总含量和嘧啶的总含量是相等的，即 A+G=C+T，这一规律称为查尔夫当量规律。它揭示了 DNA 分子中 4 种碱基的互补对应关系，即 DNA 两条链上的碱基之间不是任意配对的，A 只能与 T 配对，G 只能与 C 配对，碱基之间的这种一一对应的关系叫做碱基互补配对原则。根据这一原则，就可以从 DNA 某一条链的碱基序列推测出另一条链的碱基序列。

尽管从 DNA 的分子结构来看，组成 DNA 分子的碱基只有 4 种，且它们的配对方式也只有 2 种，但是碱基在 DNA 长链中的排列顺序有成千上万种，这就构成了 DNA 分子的多样性。例如，假设一个 DNA 分子片段由 100 个核苷酸组成，一个碱基对的组合可能性有 4 种，那么这条 DNA 分子中碱基可能的排列方式就有 4^{100} 种。实际上，每条 DNA 长链中碱基的总数远远超过 100 个，最小的 DNA 分子也包含了数千碱基对，所以 DNA 分子碱基序列的排列方式几乎是无限的。正因为 DNA 分子具备极其巨大性和沿其分子纵向排列的碱基序列的极其多样性，才保证了 DNA 分子具有巨大的信息储存和变异的可能性。而每个 DNA 分子所具有的特定的碱基排列顺序构成了 DNA 分子的特异性，不同的 DNA 链可以编码出完全不同的多肽。

DNA 作为生物界中主要的遗传物质，其碱基序列承载着遗传信息所要表达的内容，碱基序列的变化可能引起遗传信息很大的改变，因此开展 DNA 序列的测定对于阐明 DNA 的结构和功能意义重大。随着分子生物学技术的不断发展与完善，核苷酸序列的测定已成为分子生物学的常规测定方法，尤其是 20 世纪 90 年代以来，多色荧光标记技术和高通量全自动 DNA 测序仪的发展与应用，使测序工作更加快速和准确，也为人类和生物基因组计划的实施提供了技术支持和保障。

2. DNA 分子的二级结构

DNA 分子的二级结构是指两条核苷酸链反向平行盘绕所生成的双螺旋结构。它分为右手螺旋（如 A–DNA、B–DNA、C–DNA 等）和局部的左手螺旋（即 Z–DNA）两大类。

根据 X 射线的衍射资料、碱基的结构和查尔夫的当量规律等方面的资料，1953 年，沃森和克里克提出了著名的 DNA 双螺旋结构模型：DNA 分子的两条反向平行的多核苷酸链围绕同一中心轴构成右手螺旋结构，核苷酸的磷酸基团与脱氧核糖在外侧。通过磷酸二酯键相连接而构成 DNA 分子的骨架，脱氧核糖的平面与纵轴大致平行。核苷酸的碱基叠于双螺旋的内侧，两条链之间的碱基按照互补配对原则通过氢键相连。A 与 T 之间形成 2 个氢键，G 与 C 之间通过 3 个氢键相连。碱基的环为平面，且与螺旋的中轴垂直，螺旋轴心穿过氢键的中点，每个螺旋 10 个碱基对。沃森 – 克里克 DNA 双螺旋结构模型的提出，揭开了分子遗传学的序幕，为合理地解释遗传物质的各种功能，阐释生物的遗传变异和自然界色彩纷呈的生命现象奠定了理论基础，具有划时代的意义。

3. DNA 分子的高级结构

DNA 分子的高级结构是指 DNA 双螺旋进一步扭曲盘旋所形成的特定空间结构。DNA 高级结构的主要形式是超螺旋结构，超螺旋又可分为负超螺旋和正超螺旋两种：其中正超螺旋与右手螺旋方向一致，使双螺旋结构更加紧密，负超螺旋作用则相反。两种结构在如拓扑异构酶作用等特殊条件下可以相互转变，自然状态的共价闭合环状 DNA（如质粒 DNA），一般都呈负超螺旋状态。某些平面芳香族分子的药物或染料，如溴化乙啶、吖啶橙等可以插入 DNA 分子相邻的两个碱基之间，促进产生正超螺旋，其螺旋部分是右手螺旋。闭合环状 DNA 如果被切开一条单链，或者在双链上交错切割，便会形成开环状 DNA，若两条链均断开，则呈线性结构。在电泳作用下，相对分子量相同的超螺旋 DNA 比线性 DNA 迁移率大，线性 DNA 分子则比开环状 DNA 的迁移率大，据此可以判断细菌中所制备的质粒结构是否被破坏。

（三）RNA 分子结构

自然界中原核生物和真核生物含有多种不同的 RNA 分子，其中最主要的有信使RNA、核糖体 RNA 和转移 RNA 3 种类型。

1. 信使 RNA

信使 RNA（mRNA）分子种类繁多，各种分子大小变异非常大，小到几百个核苷酸，大到近 2 万个核苷酸。原核生物和真核生物 mRNA 的结构有很大的差别，在原核生物中，通常是几种不同的 mRNA 连在一起，相互之间由一段短的不编码蛋白质的间隔序列所分开，这种 mRNA 叫作多顺反子 mRNA；在真核生物中，mRNA 则为一条RNA 多聚链。真核生物 mRNA 具有一些共同的结构特征，如 5′末端有一个特殊的帽子结构，即 7– 甲基鸟苷；3′末端有一段长约 200 个核苷酸的多聚腺嘌呤尾巴。mRNA 占细胞内 RNA 总量的 5% ～ 10%，其寿命通常不会很长，容易被 RNA 酶降解。

信使 RNA 是蛋白质结构基因转录的单链 RNA，作为蛋白质合成的模板，它载有确定各种蛋白质中氨基酸序列的密码信息，在蛋白质生物合成过程中起着传递信息的作用。

2. 核糖体 RNA

核糖体是蛋白质合成装配的场所，它由核糖体 rRNA 和蛋白质组成。核糖体和 rRNA 的大小一般都用沉降系数 S 来表示，rRNA 占细胞中 RNA 总量的 75% ~ 80%。原核细胞和真核细胞的核糖体均由大小两个亚基构成。大肠杆菌核糖体的大小亚基为 30S 和 50S，含 16S、23S 和 5S 3 种 rRNA；真核生物的核糖体包括 40S 和 60S 两个亚基，脊椎动物含有 18S、28S、5.8S 和 5S 4 种 rRNA。

3. 转移 RNA

转移 RNA（tRNA）在翻译过程中起着转运各种氨基酸至核糖体，按照 mRNA 的密码顺序合成蛋白质的作用。tRNA 是一类小分子量的 RNA，相对分子量约 2 500，沉降系数为 4S，每一条 tRNA 含有 70 ~ 90 个核苷酸。每个细胞中至少有 50 种 tRNA，占细胞内 RNA 总量的 10% ~ 15%。tRNA 分子由于其内部某些区域的碱基具有互补性，通过这些碱基的互补配对，形成三叶草型的二级结构。该二级结构又分为 4 个功能部位，即反密码子臂、氨基酸臂、二氢尿嘧啶臂（D 臂）和 TψC 臂。在反密码子臂上有 3 个不配对的碱基，称为反密码子，它在蛋白质合成时识别 mRNA。所有的 tRNA 分子在氨基酸臂的 3′ 末端都具有 CCA 序列，tRNA 在此部位与相应氨基酸结合形成氨酰 –tRNA，将所携带的氨基酸转移到核糖体，然后通过反密码子和 mRNA 密码子的碱基配对，来决定氨基酸在多肽链中的位置。tRNA 的高级结构呈 L 型。

三、染色质与染色体

1848 年 W. 霍夫迈斯特发现了染色体，1879 年 W. 弗莱明提出染色质这一术语用以描述细胞核中能被碱性染料强烈着色的物质，1888 年 W. 瓦尔戴尔正式提出染色体的命名。人们对遗传物质的载体——染色体和染色质经过一个多世纪的研究，已有了比较深入的认识。染色质是真核细胞的遗传物质在分裂间期存在的形式，而染色体是细胞在有丝分裂或减数分裂过程中，由染色质聚缩而成的棒状结构。两者是细胞周期不同阶段两种可以相互转变的形态结构，区别并不在于化学组成上的差异，而主要在于包装程度不同。

（一）染色质的化学组成

染色质由 DNA、组蛋白、非组蛋白及少量 RNA 组成。DNA 与组蛋白是染色质的稳定成分，非组蛋白与 RNA 的含量则随细胞不同的生理状态和细胞类型而变化。例如，在大鼠肝细胞染色质中，组蛋白与 DNA 含量之比接近于 1∶1，非组蛋白与 DNA 之比为 0.6∶1，RNA 与 DNA 之比是 0.1∶1。

1. 组蛋白

组蛋白是富含带正电荷的赖氨酸和精氨酸的碱性蛋白质，是构成真核生物染色质的主要蛋白成分。组蛋白通过带正电荷的氨基（N）末端区域与带负电荷的 DNA 骨架链相互作用。组蛋白有 5 种，在功能上可分为两组。

一是核心组蛋白。核心组蛋白是一类小分子蛋白质，分子量 10 000 ~ 20 000，包括 H2A、H2B、H3、H4 组蛋白。这 4 种组蛋白有通过羧基（C）端的疏水氨基酸相互作用形成聚合体的趋势，而 N 端带正电荷的氨基酸则向四面伸出，以便与 DNA 分子结合，从而帮助 DNA 卷曲形成核小体的稳定结构。这 4 种组蛋白没有种属及组织特异性，在进化上呈高度保守。

二是 H1 组蛋白，其分子量较大，约为 23 000。H1 组蛋白主要是与非组蛋白相结合并与核心组蛋白相作用，导致染色质的超螺旋化，产生高级结构。H1 组蛋白中的氨基酸分布与核心组蛋白截然相反，其碱性区域不在氨基区域，而在羧基区域，它与 DNA 的结合很强烈。H1 组蛋白具有一定的种属和组织特异性，在连接核小体并维持染色质的高级结构方面有重要作用。在鸡、鸭、鹅等鸟类的网织红细胞和成熟红细胞中，H1 组蛋白为 H5 组蛋白所取代，H5 组蛋白对 DNA 模板的转录活性有抑制作用。

2. 非组蛋白

非组蛋白又称序列特异性 DNA 结合蛋白，主要是指染色体上与特异 DNA 序列相结合的蛋白质，包括与 DNA 和组蛋白的代谢、复制、重组、转录调控等密切相关的各种酶类以及形成染色质高级结构的支架蛋白和具有基因调控作用的高迁移率蛋白。此外，还有一类可促进 DNA 包装进精子头部的鱼精蛋白。非组蛋白具有如下特性。

一是多样性与组织特异性。不同物种、不同组织细胞中，非组蛋白的种类和数量都不相同，非组蛋白的组织特异性与基因的选择性表达有关。

二是与 DNA 结合的特异性。非组蛋白能够通过氢键和离子键，在 DNA 双螺旋的大沟部分识别并结合特异的 DNA 序列，这些 DNA 序列在不同生物的基因组间具有进化上的保守性。

三是功能多样性。非组蛋白参与染色质高级结构的形成和基因表达的调控，如帮助 DNA 分子折叠以形成不同的结构域，从而有利于协助启动 DNA 复制、控制基因转录和调节基因表达。

（二）染色质的类型

根据其形态特征和染色性能，染色质可分为常染色质和异染色质两种类型。

1. 常染色质

常染色质多存在于核质中，是指在间期细胞核内，对碱性染料着色浅、染色质纤维折叠压缩程度低、处于较为伸展状态的染色质。构成常染色质的 DNA 主要是单一序列 DNA 和中度重复序列 DNA。

2. 异染色质

异染色质常以高度有序的结构形式存在于细胞核的周边部位，是指在间期细胞核内，对碱性染料着色深、染色质纤维折叠压缩程度高、处于聚缩状态的染色质。异染色质又分为结构异染色质和兼性异染色质。

（1）结构异染色质

结构异染色质是指在整个细胞周期中，除复制以外，均处于聚缩状态，DNA 包装在整个细胞周期中基本没有较大变化的异染色质。结构异染色质常具有如下特征。①在中期染色体上多定位于着丝粒、端粒、次缢痕及染色体臂内某些节段；②主要由相对简单、高度重复的 DNA 序列构；③具有显著的遗传惰性，不转录也不编码蛋白质；④在复制行为上比常染色质复制晚、聚缩早；⑤占有较大部分核 DNA，在功能上参与染色质高级结构的形成，作为核 DNA 的转座元件，可引起遗传变异。

（2）兼性异染色质

兼性异染色质是指在某些细胞类型或一定的发育阶段，由原来的常染色质聚缩，并丧失基因转录活性而变为异染色质的染色质。兼性异染色质的总量常随不同细胞类型而变化，一般胚胎细胞含量少，而高度特化的细胞含量较多，说明随着细胞分化，较多的基因渐次以聚缩状态而关闭，因此，染色质通过紧密折叠压缩可能是关闭基因活性的一种途径。例如，雄性哺乳类动物细胞的单个 X 染色体呈常染色质状态，而雌性哺乳类动物体细胞的核内，两条 X 染色体的其中之一在发育早期随机发生异染色质化而失活，失活的 X 染色体在配子发生时又可重新复活。在上皮细胞核内，这个易固缩的 X 染色体称性染色质或巴尔氏小体（Barr body），在多形核白细胞的核内，此 X 染色体形成特殊的"鼓槌"结构。因此，检查羊水中胚胎细胞的巴尔氏小体可以鉴别胎儿的性别。

（三）染色质的结构模型

1. 核小体

染色质的基本结构单位是核小体，染色质是由许多核小体重复串联而成。每个核小体单位包括 200 bp 左右的 DNA 超螺旋和 1 个（H2A–H2B–H3–H4）$_2$ 组蛋白八聚体以及 1 个分子的组蛋白 H1。在核小体中，由 146 bp 的 DNA 超螺旋盘绕组蛋白八聚体核心颗粒 1.75 圈，核小体核心颗粒间由 0 ~ 80 bp、典型长度 60 bp 的连接 DNA 相连，外侧 DNA 进出端再与组蛋白 H1 结合将两端封住，稳定核小体结构。

2. 染色质的高级结构

直径约为 10 nm 的核小体串珠结构是形成染色质的一级结构。核小体串珠结构进一步螺旋化，每周螺旋 6 个核小体，形成外径 30 nm、内径 10 nm、螺距 11 nm 的螺线管，这是染色质包装的二级结构。

螺线管进一步螺旋化，形成直径为 300 nm 的圆筒状超螺线管，成为染色质包装的三级结构。

超螺线管进一步螺旋折叠，形成长 2 ~ 10 μm 的染色单体，即染色体包装的四级结构。由于染色质 DNA 的多级螺旋化，使几厘米长的 DNA 形成几微米长的染色体，其长度约为原来的 1/8 400。

（四）染色体的结构

1. 染色体的形态和结构

细胞分裂过程中，染色体的形态和结构会发生一系列规律性变化，其中以中期染色体形态表现最为明显和典型，它由两条相同的姐妹染色单体构成，彼此以着丝粒相连。染色体各部分主要结构如下。

（1）着丝粒

着丝粒也叫主缢痕，是染色体的最显著特征，碱性染料染色着色浅，且表现缢缩。

着丝粒连接两个染色单体，并将染色单体分为两臂，较长的称为长臂，较短的称为短臂。根据着丝粒在染色体上所处的位置，可将染色体分为 4 种类型：中着丝粒染色体，两臂长度相等或大致相等；近中着丝粒染色体，细胞分裂后期移动时呈 L 型；近端着丝粒染色体，具有微小短臂，细胞分裂后期移动时呈棒形；端着丝粒染色体，着丝粒位于染色体一端。

（2）次缢痕

除主缢痕外，在染色体上其他的浅染缢缩部位称为次缢痕。其数目、位置和大小是染色体重要的形态特征，可作为鉴定染色体的标记。

（3）随体

指位于染色体末端的球形染色体节段，通过次缢痕区与染色体主体部分相连接。随体的有无和大小等也是染色体的重要形态特征，有随体的染色体称为 Sat 染色体。

（4）核仁组织区

核仁组织区位于染色体的次缢痕部位。染色体核仁组织区是 rRNA 基因所在部位，与间期细胞的核仁形成有关。

（5）端粒

端粒是染色体端部的特殊结构，是一条完整染色体所不可缺少的。端粒通常由富含嘌呤核苷酸 G 的短的串联重复序列 DNA 和端粒蛋白构成。端粒蛋白又称端粒酶，由 RNA 和蛋白质组成，具有逆转录酶的性质。端粒与维持染色体的完整性和个体性、染色体在核内的空间分布及减数分裂同源染色体配对有关。

2. 构成染色体 DNA 的关键序列

染色体要确保在细胞世代中的复制和遗传稳定性，至少应具备 3 种功能元件：一是 DNA 复制起点，确保染色体在细胞周期中能够自我复制；二是着丝粒，使细胞分裂时完成复制的染色体能平均分配到子细胞中；三是端粒，以保持染色体的独立性和稳定性。构成染色体这 3 种功能元件的相应的关键序列有：自主复制 DNA 序列（ARS）、着丝粒 DNA 序列（CEN）和端粒 DNA 序列（TEL）。

3. 染色体数目

各种细胞内染色体数目都是相对稳定的，体细胞的染色体数目一般比性细胞中多 1 倍，如果性细胞染色体数目用 n 表示，体细胞的染色体数目为 $2n$。

四、细胞分裂

生物的繁殖是以细胞为基础的，细胞的增殖则是以细胞分裂的方式进行的。细胞分裂是实现生物体的生长、繁殖和世代之间遗传物质连续传递的必不可少的途径。

（一）细胞周期

细胞周期是指从一次细胞分裂结束开始到下一次细胞分裂结束为止的一段历程，它包括细胞物质积累和细胞分裂两个不断循环的过程。细胞分裂是一个十分复杂且十分精确的生命过程，它包括有丝分裂和减数分裂两种方式。

一个细胞周期包括细胞分裂期和位于两次分裂期之间的细胞分裂间期。根据间期DNA的合成特点，又可将细胞分裂间期人为地划分为先后连续的3个时期：G1期、S期和G2期。G1期是从上一次细胞分裂结束之后到DNA合成前的间隙期，主要进行RNA和蛋白质的合成，行使细胞的正常功能，并为进入S期进行物质和能量的准备。S期为DNA合成期，进行DNA的复制，使细胞核中的DNA含量增加1倍。G2期是从DNA合成后到细胞开始分裂前的间隙期，有少量DNA和蛋白质合成，为细胞进入分裂期准备物质条件。通常将含有G1期、S期、G2期和M期4个不同时期的细胞周期称为标准的细胞周期，细胞周期的长短因细胞种类而异。同种细胞之间，细胞周期时间长短相同或相似；不同种类细胞之间，细胞周期时间长短各不相同。一般而言，细胞周期时间长短主要差别在G1期，其次为G2期，而S期和M期相对较为恒定。

（二）有丝分裂

高等动物细胞的有丝分裂包括两个相互连续的过程：细胞核分裂和细胞质分裂。

1. 细胞核分裂

根据细胞核分裂过程中细胞形态结构的变化，可将其划分为4个时期：前期、中期、后期和末期。

（1）前期

前期是有丝分裂的起始阶段，细胞核染色质在前期经过不断的浓缩、螺旋化、折叠和包装，由原来漫长的弥漫样分布的线性染色质逐渐变短变粗，形成光镜下可辨的染色体，并且在晚前期可观察到由着丝粒相连的姐妹染色单体结构。伴随着核仁逐渐消失和核膜裂解，在中心体周围，微管开始大量装配，形成两个放射状星体并向两极移动，开始形成纺锤。

（2）中期

中期的开始以核膜破裂消失为标志，此时，染色体进一步凝集浓缩、变短变粗，形成明显的X型染色体结构，且染色体逐渐向赤道方向运动。所有的染色体排列到赤道板上，纺锤体呈现典型的纺锤样。中期是研究染色体的形态特征和进行染色体计数的最佳时期。

（3）后期

每条染色体的着丝粒发生纵裂，两条染色单体相互分离，形成子代染色体，并分别由纺锤丝牵引向两极运动，移向细胞两极的两组染色体形态和数目相同。

（4）末期

子代染色体到达两极。染色体开始去浓缩，并逐渐伸展分散，形成染色质。同时，核膜、核仁也开始重新装配，形成两个子代细胞核，RNA合成功能也逐渐恢复。

2. 细胞质分裂

细胞质分裂开始于细胞分裂后期，完成于细胞分裂末期。细胞质分裂开始时，在赤道板周围细胞表面下陷，形成一环形缢缩的分裂沟；接着肌动蛋白等物质聚集形成收缩环；然后收缩环收缩，分裂沟逐渐加深，细胞形状由原来的圆形逐渐变为椭圆形、哑铃形；最后在收缩环处细胞融合并形成两个子细胞。

综上所述，有丝分裂的主要特点是：染色体复制一次，细胞分裂一次，遗传物质均分到两个子细胞中。每个子细胞各具有与亲代细胞在数目和形态上完全相同的染色体。细胞的有丝分裂既维持了个体正常生长发育，又保证了物种的遗传稳定性。

（三）减数分裂

减数分裂发生于有性生殖细胞形成过程中的成熟期。减数分裂的主要特点是细胞仅进行一次 DNA 复制，却连续分裂两次，结果使得产生的配子中的染色体数目减半，只含有单倍数的染色体（n）。构成减数分裂过程的两次细胞分裂，分别称为减数分裂期Ⅰ和减数分裂期Ⅱ，它们又都可划分为前期、中期、后期和末期，减数分裂期Ⅰ的 4 个时期称为前期Ⅰ、中期Ⅰ、后期Ⅰ和末期Ⅰ，减数分裂期Ⅱ的 4 个时期称为前期Ⅱ、中期Ⅱ、后期Ⅱ和末期Ⅱ。

1. 减数分裂期Ⅰ

（1）前期Ⅰ

根据细胞形态变化，可以将其分为 5 个亚期：细线期、偶线期、粗线期、双线期和终变期。

细线期：染色质丝凝缩成细长的纤维样染色体，但两条染色单体的臂并不分离，仍呈细的单线状，在光学显微镜下看不到双线样染色体结构；在细纤维样染色体上出现深染的、由染色质丝盘曲而成的一系列大小不同的颗粒状染色粒；染色体端粒通过触斑与核膜相连，以有利于同源染色体的配对，而染色体其他部位则以袢状伸延到核质中。

偶线期：主要发生同源染色体配对现象。同源染色体是指大小、形态结构相同，分别来自父母双方的一对染色体。同源染色体彼此靠拢并精确配对的过程称为联会。在联会过程中，配对的同源染色体间形成了一种蛋白质的复合结构，称为联会复合体。一对同源染色体通过联会所形成的复合结构，称为二价体。二价体中每条染色体含有两条染色单体，它们互称姐妹染色单体；而二价体中的非同源染色体的两条染色单体则互称非姐妹染色单体。一个二价体由两条同源染色体组成，包括 4 条染色单体，故又称为四分体。在偶线期，四分体结构并不清晰。此外，偶线期还合成了一些在 S 期未合成的约 0.3% 的 DNA，即偶线期 DNA。

粗线期：染色体进一步变短变粗，同源染色体中的非姐妹染色单体间发生等位基因之间部分 DNA 片段的交换和重组，产生了新的等位基因组合。在粗线期也合成小部分尚未合成的 DNA，称为 PDNA；同时，还合成减数分裂期专有的组蛋白，并将体细胞类型的组蛋白部分或全部地置换下来；在许多动物的卵母细胞发育过程中，粗线期还要发生 rDNA 扩增，即编码 rRNA 的 DNA 片段从染色体上释放出来，形成环形的染色体外 DNA，游离于核质中，并进行大量复制。

双线期：染色体进一步缩短变粗，同源染色体之间的联会复合体解体，同源染色体相互排斥而分离；此时，四分体结构清晰可见。由于同源染色体非姐妹染色单体在粗线期的交换，在不同二价体的不同部位出现数目不等的交叉。双线期持续时间一般较长，时间长短变化也很大。两栖类卵母细胞的双线期可持续近 1 年；而人类的卵母细胞双线期从胚胎期的第五个月开始，短者可持续十几年，到性成熟期结束，长者可达四五十年，直到生育期结束。

终变期：染色体高度凝缩，形成短棒状结构，二价体均匀地分布在整个细胞核内，是减数分裂时期进行染色体计数的较好时期。

（2）中期Ⅰ

核仁、核膜消失，纺锤体开始形成标志着中期Ⅰ的开始。此时所有二价体都排列在赤道板上，每条同源染色体的着丝粒随机朝向两极，纺锤丝与着丝粒相连并将其拉向两极。

（3）后期Ⅰ

二价体的同源染色体相互分离并移向两极。细胞的每一极都只能得到一对同源染色体中的一条，但每一条均含有两条姐妹染色单体，因此原来细胞中 $2n$ 条染色体，经过后期Ⅰ的分离，每一极只获得了 n 条染色体，从而导致子细胞的染色体数目减半。此外，因同源染色体移向两极是一个随机的过程，因而到达两极的染色体会出现许许多多的排列方式。例如，人有 23 对染色体，理论上将会产生 2^{23} 种不同的排列方式，即使不发生基因重组，得到遗传上完全相同的配子的概率也只有 1/8 400 000，再加上基因重组和精子与卵子的随机结合，除非是同卵双生个体，几乎不可能得到遗传上完全相同的后代。

（4）末期Ⅰ

染色体到达两极，解旋松展；核仁、核膜重新出现，随之胞质分裂形成两个子细胞；有些生物在染色体到达两极后，并不进入胞质分裂，不是完全回复到间期阶段，而是立即准备进行第二次减数分裂。

2. 减数分裂期Ⅱ

末期Ⅰ结束后，进入一个短暂的减数分裂间期，但此时不再进行 DNA 复制。第二次减数分裂过程与有丝分裂过程非常相似。所需强调的是，每个次级性母细胞中只有 n 条染色体，每条染色体由两条染色单体所组成。经过第二次减数分裂，1 个初级性母细胞共形成 4 个子细胞，每个子细胞的染色体数目都为 n。

3. 减数分裂的遗传学意义

减数分裂是有性生殖生物形成配子的必经阶段，它对于保证物种的遗传稳定性和创造物种的遗传变异具有重要的意义。在减数分裂过程中，通过两次细胞分裂和一次染色体复制及其规律性变化，使最终产生的子细胞（n）中的染色体数目比初级性母细胞（$2n$）减半，而当通过受精作用，雌雄配子结合产生合子后，染色体数目又恢复为 $2n$，这样，通过减数分裂和受精作用，保证了物种在世代交替和延续中染色体数目的稳定性，亦即保证了物种的遗传稳定性。此外，在减数分裂过程中，通过同源染色体间的交换和非同源染色体间的随机重组，产生了配子的遗传多样性，从而创造了物种的变异性。

第二节　转基因技术原理

一、什么是基因

19世纪60年代，奥地利遗传学家孟德尔采用严格自花传粉和闭花授粉的豌豆进行杂交实验，发现了控制颜色和种子圆皱的遗传规律，推测一种具有稳定性的遗传因子决定豌豆的性状。

20世纪初，丹麦遗传学家约翰根据重新发现的孟德尔遗传定律，在《遗传学原理》一书中正式提出"基因"概念；美国生物化学家利文证明脱氧核糖核酸（DNA）含有的4种碱基与磷酸基团。

20世纪20年代，美国遗传学家摩尔根通过果蝇杂交实验，不仅验证了孟德尔的遗传分离和自由组合定律，还证明基因存在于染色体上，创立了基因连锁与互换的遗传学第三定律。

40年代，美国细菌学家艾弗里等发现，从致病力强的S型肺炎链球菌中提取的DNA能使致病力弱的R型转化成S型，首次在分子水平上证明DNA是遗传转化因子。

50年代，美国科学家沃森和克里克用铁皮和铁丝搭建了第一个DNA双螺旋结构的分子模型，阐明了DNA的半保留复制机制，进一步揭示了基因的化学和生物学本质。

什么是基因？简而言之，基因是含有特定遗传信息的脱氧核糖核酸序列。因此，基因具有物质性和信息性的双重属性。

DNA携带有合成RNA和蛋白质所必需的遗传信息，是生物体发育和正常运作必不可少的生物大分子之一。基因定位于DNA分子上，是决定生物特性的最小功能单位。

基因通过转录、翻译等一系列生物化学过程，指导生物体内蛋白质的合成。基因中遗传密码子的数量和排列顺序，决定了蛋白质中氨基酸的数量和排列顺序。由基因合成的蛋白质，有的直接发挥生理功能，有的则要作为酶指导脂类、多糖以及生化分子的合成，在细胞和组织器官层面调控身体的生命过程。

基因存在于地球的每一个生物中，是决定一切生命遗传和变异的密码。基因有两个特点：其一是能忠实地复制自己，以保持生物性状的相对稳定遗传；其二是每时每刻都有可能发生随机突变，并遗传给后代产生新的性状。自然界中，一切生命现象和生物性状，如发芽结籽、酸甜苦辣、高矮胖瘦、生老病死等，都和基因密切相关。"种瓜得瓜，种豆得豆"，是基因决定性状的通俗说法。"龙生龙，凤生凤"，可看作是遗传。"一母生九子，九子各不同"，可看作是变异。

例如一棵完整的玉米植株，包括根、茎、叶片等组织，每个组织都由数量庞大的细胞组成，每个细胞含10对染色体，每条染色体由DNA和蛋白质组成，基因位于染色体上，并呈线性排列。每个细胞中全部染色体含有的基因称为基因组，控制着生物个体的性状表现，如籽粒大小、颜色等。

"物竞天择，适者生存"，这是一条亘古不变的自然法则。在适应进化和生存竞争中，形形色色的物种命运决定于神龙见首不见尾的"基因"。自然界中的基因组一直在变化。不仅不同物种之间的基因组有差异，相同物种的基因组也不是一成不变的。基因组或者说基因的差异是物种分化的本质，所以地球上才形成了多姿多彩的生物界。

DNA 的造型很独特，由两条脱氧核苷酸链通过氢键组合在一起呈双螺旋状。两条链一条叫正义链，一条叫反义链。正义链就是可按照上面的密码子排序指导蛋白质合成的那条链。

DNA 的双链螺旋状结构如果被拉展，就像一条铁路横在你的眼前。一根枕木与铁轨，正好组成一个"工"字。这个"工"字，可分解为一个正立的 T 和一个倒立的 T，代表两个配对的核苷酸。四根枕木与铁轨排列组合为一个"目"字，"目"的 4 横代表四个配对核苷酸。依此类推，在 DNA 铁路上，数量不等的"工"组成"目"、数量不等的"目"组成不同的基因，故而不同基因的核苷酸数量也不相等。

每个核苷酸中有一个碱基。DNA 分子中一共有 4 种不同的碱基，分别是腺嘌呤（A）、鸟嘌呤（G）、胸腺嘧啶（T）以及胞嘧啶（C）。DNA 两条链上对应位置的核苷酸碱基是彼此配对的，A 要对应 T，G 要对应 C。这四种碱基，每三个一组时，代表着一个氨基酸代码，称为密码子。

长长的 DNA 序列就是主要写满了 ATGC 四个字母的密码本。这些字母有特定的数量和顺序，有特定的阅读起点和阅读终点，构成了一个个基因，在 DNA 链条上按顺序排列。阅读的起点叫作启动子，终点叫作终止子。

编码 RNA 或蛋白质的碱基序列被称为结构基因。原核生物结构基因的编码序列是连续的，合成的 mRNA 不需要剪接加工，转录与翻译可以同时进行。相反，真核生物结构基因序列由外显子（编码序列）和内含子（非编码序列）两部分组成，转录合成的前体 mRNA 需要进一步加工为成熟 mRNA。

基因功能要通过基因表达产物来实现。所谓基因表达，就是来自基因的遗传信息合成功能性基因产物的过程，包括两个生化步骤。

一是转录。即以 DNA 为模板，由 RNA 聚合酶（RNAP）催化合成信使核糖核酸（mRNA）、转运 RNA（tRNA）和核糖体 RNA（rRNA）等 RNA 产物。

二是翻译。以 mRNA 为直接模板，tRNA 为氨基酸运载体，以 21 种氨基酸为原料合成多肽（蛋白质）产物。

基因表达在生物体内受到严格的调控，例如，在 DNA 修饰水平、RNA 转录的调控和 mRNA 翻译过程的控制，直接影响基因产物的总量和活性。此外，原核生物通过基因调控，改变代谢方式以适应多变的环境。高等生物通过基因调控，实现细胞分化、形态发生和个体发育等。

1957 年，克里克提出遗传信息传递的中心法则。简单而言，中心法则就是遗传信息在 DNA、RNA 和蛋白之间的流向。DNA 复制自己，遗传给后代，DNA 通过转录将信息传递给 RNA，RNA 通过蛋白翻译将信息传递给蛋白质，最后蛋白质再执行必要的生理功能。此外，研究发现某些病毒（如烟草花叶病毒等）的 RNA 能自我复制，某些病毒（如 RNA 致癌病毒）能以 RNA 为模板逆转录合成 DNA，DNA 水平上存在表观遗传调控（如甲基化、乙酰化、磷酸化等）以及 mRNA 选择性剪接等，则是对中心法则进一步的完善和补充。

20 世 60 年代，雅各布和莫诺在《蛋白质合成的遗传调节机制》一文中阐明了基因转录、翻译和操纵子等新概念，并分享了 1965 年的诺贝尔医学和生理学奖。

基因如此重要和活跃，似乎是生命活动中不可或缺的角色。难以想象的是，如果基因保持沉默会怎么样？

20 世纪 90 年代，利用 RNA 反义技术研究秀丽线虫的 *par-1* 基因功能时发现，将与目的基因 mRNA 互补的反义 RNA 导入线虫细胞，引起目的基因沉默，并进一步证明上述现象属于转录后水平的基因沉默，这一现象被称为 RNA 干涉，一个新的基因功能研究领域从此诞生。

随着基因组测序技术的发展，形成海量的生物基因组大数据。生物基因组中，基因与基因之间存在大量"沉默寡言"的冗余序列。这种奇特现象，引起研究者的广泛兴趣。

目前已经发现，基因组中的基因并非一个接一个首尾相连排列在 DNA 上，而是中间存有间隔，这些间隔区域叫作非编码区，不携带蛋白质合成信息。这些非编码区，有些是基因调控序列，有些则是进化过程中形成的冗余序列。

基因组中存在沉默冗余的所谓垃圾序列，是生物在长期的适应环境的进化过程中逐渐形成的固有特性之一，是一种常见的生物生存策略。在漫长的进化过程中，被病毒、细菌等微生物感染、天然杂交以及其他一些偶然事件都会导致一些外来基因进入某个物种的基因组。"移民"入侵，基因组自有一套"同化＋防御"机制。若外来基因能接受现有基因组的"价值观"，会被现有基因组招安"同化"，然后继续发挥正面的积极作用，如成为新的功能基因或者变为调控基因；而对那些没有正面作用，甚至可能带来坏处的外来基因，现有基因组也自有办法应对，将其"沉默"让其失活，成为所谓无用的垃圾序列，这也是冗余序列的由来。

最古老的生物化石来自澳大利亚西部，距今约 35 亿年的历史。从地球生命起源至今，自然界所有生物的基因均由 A（腺嘌呤）和 T（胸腺嘧啶）、G（鸟嘌呤）和 C（胞嘧啶）两两构成"碱基对"，不同的排列顺序决定了不同的生命形式。

2017 年，科学家首次合成了包含天然碱基对（A-T 和 C-G）和人工碱基对（X-Y）的人工 DNA 分子，通过质粒转入大肠杆菌中实现复制，创建了一种含 6 种碱基的全新细胞。天然基因由 4 种碱基组成，能编码 20 种氨基酸，而人工合成基因含 6 种碱基，理论上能编码生成多达 152 种新的氨基酸，预示着一个人工合成基因和全新生命形式的时代来临。

二、基因突变

基因突变是指生物基因组 DNA 分子发生的突然的、可遗传的变异现象，从分子水平上看是指基因在结构上发生碱基对组成或排列顺序的改变。基因虽然十分稳定，能在细胞分裂时精确地复制自己，但这种稳定性是相对的。在一定的条件下基因也可以从原来的存在形式突然改变成另一种新的存在形式，就是在一个位点上，突然出现了一个新基因，代替了原有基因，这个基因叫作突变基因。于是后代的表现中也就突然地出现祖先从未有的新性状。

1个基因内部可以遗传的结构的改变，又称为点突变，通常可引起一定的表型变化。广义的突变包括染色体畸变，狭义的突变专指点突变。实际上畸变和点突变的界限并不明确，特别是对于微细的畸变而言更是如此。原生型基因通过突变成为突变型基因，突变型一词既指突变基因，也指具有这一突变基因的生物个体。基因突变可以发生在发育的任何时期，通常发生在 DNA 复制时期，即细胞分裂间期，包括有丝分裂间期和减数分裂间期；同时基因突变和脱氧核糖核酸的复制、DNA 损伤修复、癌变和衰老都有关系。

基因突变是生物进化的重要因素之一，所以研究基因突变除了本身的理论意义还有广泛的生物学意义。基因突变为遗传学研究提供突变型，为育种工作提供素材，所以它还有科学研究和生产上的实际意义。

（一）研究发展进程

基因突变首先由 T. H. 摩尔根于 1910 年在果蝇中发现。H. J. 马勒于 1927 年、L. J. 斯塔德勒于 1928 年分别用 X 射线等在果蝇、玉米中最先诱发了突变；1947 年 C. 奥尔巴克首次使用了化学诱变剂，用氮芥诱发了果蝇的突变；1943 年 S. E. 卢里亚和 M. 德尔布吕克最早在大肠杆菌中证明对噬菌体抗性的出现是基因突变的结果，接着在细菌对于链霉素和磺胺药的抗性方面获得同样的结论。于是基因突变这一生物界的普遍现象逐渐被充分认识，基因突变的研究也进入了新的时期。1949 年光复活作用发现后，DNA 损伤修复的研究也迅速推进，这些研究结果说明基因突变并不是一个单纯的化学变化，而是一个和一系列酶的作用有关的复杂过程。

1958 年 S. 本泽发现噬菌体 T4 的 rII 基因中有特别容易发生突变的位点——热点，指出一个基因的某一对核苷酸的改变和它所处的位置有关。1959 年 E. 佛里兹提出基因突变的碱基置换理论，1961 年 F. H. C. 克里克等提出移码突变理论。随着分子遗传学的发展和 DNA 核苷酸顺序分析等技术的出现，已能确定基因突变所带来的 DNA 分子结构改变的类型，包括某些热点的分子结构，并已经能够进行定向诱变。

（二）突变种类

基因突变可以是自发的也可以是诱发的。自发产生的基因突变型和诱发产生的基因突变型之间没有本质上的不同，基因突变诱变剂的作用也只是提高了基因的突变率。

按照表型效应，突变型可以区分为形态突变型、生化突变型以及致死突变型等。这样的区分并不涉及突变的本质，而且也不严格。因为形态的突变和致死的突变必然有它们的生物化学基础，所以严格地讲一切突变型都是生物化学突变型。根据碱基变化的情况，基因突变一般可分为碱基置换突变和移码突变两大类。

1. 碱基置换突变

指 DNA 分子中的一个碱基对被另一个不同的碱基对取代所引起的突变，也称为点突变。点突变分转换和颠换两种形式：如果一种嘌呤被另一种嘌呤取代或一种嘧啶被另一种嘧啶取代则称为转换；嘌呤取代嘧啶或嘧啶取代嘌呤的突变则称为颠换。由于DNA分子中有4种碱基，因此可能出现4种转换和8种颠换，在自然发生的突变中，通常转换多于颠换。

2. 移码突变

指DNA片段中某一个位点插入或丢失一个或几个（非3或3的倍数）碱基对时，造成插入或丢失位点以后的一系列编码顺序发生错位的一种突变，它能引起该位点以后的遗传信息都出现异常。发生了移码突变的基因在表达时可使组成多肽链的氨基酸序列发生改变，从而严重影响蛋白质或酶的结构与功能。吖啶类诱变剂如原黄素、吖黄素、吖啶橙等由于分子比较扁平，能插入DNA分子的相邻碱基对之间，如在DNA复制前插入，会造成1个碱基对的插入；若在复制过程中插入，则会造成1个碱基对的缺失，两者的结果都会引起移码突变。

3. 缺失突变

基因也可以因为较长片段的DNA的缺失而发生突变。缺失的范围如果包括两个基因，那么就好像两个基因同时发生突变，因此又称为多位点突变。由缺失造成的突变不会发生回复突变。所以严格地讲，缺失应属于染色体畸变。

4. 插入突变

一个基因的DNA中如果插入一段外来的DNA，那么它的结构便被破坏而导致突变。大肠杆菌的噬菌体 *Mu*–1 和一些插入顺序（*IS*）以及转座子都是能够转移位置的遗传因子，当它们转移到某一基因中时，便使这一基因发生突变。许多转座子上带有抗药性基因，当它们转移到某一基因中时，一方面引起突变，另一方面使这一位置上出现一个抗药性基因。插入的DNA分子可以通过切离而失去，准确的切离可以使突变基因回复成为野生型基因。

（三）突变特性

所有基因突变，都具有随机性、稀有性和可逆性等共同的特性。

1. 普遍性

基因突变在自然界各物种中普遍存在。

2. 随机性

T. H. 摩尔根在饲养的许多红色复眼的果蝇中偶然发现了一只白色复眼的果蝇。这一事实说明基因突变的发生在时间上、在发生这一突变的个体上、在发生突变的基因上，都是随机的。在高等植物中所发现的无数突变也都说明基因突变的随机性。

在细菌中则情况远为复杂。在含有某一种药物的培养基中培养细菌时往往可以得到对于这一药物具有抗性的细菌，因此曾经认为细菌的抗药性的产生是药物引起的，是定向的适应而不是随机的突变。S. 卢里亚和M. 德尔布吕克在1943年首先用波动测验方法证明在大肠杆菌中抗噬菌体细菌的出现和噬菌体的存在无关；J. 莱德伯格等在1952年又用印影接种方法证实了这一论点。方法是把大量对于药物敏感的细菌涂在不含药物的培养基表面，把这上面生长起来的菌落用一块灭菌的丝绒作为接种工具印影接种到含有某种药物的培养基表面，使得两个培养皿上的菌落的位置都一一对应。根据后一培养基表面生长的个别菌落的位置，可以在前一培养皿上找到相对应的菌落。在许多情况下可以看到两个培养皿上的菌落都具有抗药性。由于前一培养基是不含药的，因此这一实验结果非常直观地说明抗药性的出现不依赖于药物的存在，而是随机突变的结果，只不过是通过药物将它们检出而已。

3. 稀有性

在第一个突变基因发现时，不是发现若干白色复眼果蝇而是只发现一只，说明突变是极为稀有的，也就是说野生型基因以极低的突变率发生突变。在有性生殖的生物中，突变率用每一配子发生突变的概率，也就是用一定数目配子中的突变型配子数表示；在无性生殖的细菌中，突变率用每一细胞世代中每一细菌发生突变的概率，也就是用一定数目的细菌在分裂一次过程中发生突变的次数表示。据估计，在高等生物中，大约 $10^5 \sim 10^8$ 个生殖细胞中，才会有 1 个生殖细胞发生基因突变。虽然基因突变的频率很低，但是当一个种群内有许多个体时，就有可能产生各种各样的随机突变，足以提供丰富的可遗传的变异。

4. 可逆性

野生型基因经过突变成为突变型基因的过程称为正向突变。正向突变的稀有性说明野生型基因是一个比较稳定的结构。突变基因又可以通过突变而成为野生型基因，这一过程称为回复突变。回复突变是难得发生的，说明突变基因也是一个比较稳定的结构。不过，正向突变率总是高于回复突变率，这是因为一个野生型基因内部的许多位置上的结构改变都可以导致基因突变，但是一个突变基因内部只有一个位置上的结构改变才能使它恢复原状。

5. 少利多害性

一般基因突变会产生不利的影响，被淘汰或是死亡，但有极少数会使物种增强适应性。

6. 不定向性

例如控制黑毛 A 基因可能突变为控制白毛的 $a+$ 或控制绿毛的 $a-$ 基因。

7. 有益性

一般基因突变是有害的，但是有极为少数的突变是有益的。例如一只鸟的嘴巴很短，突然突变变种后，嘴巴会变长，这样会容易捕捉食物或喝到水。一般基因突变后身体会发出抗体或其他修复体进行自行修复，可是有一些突变是不可回转性的。突变可能导致立即死亡，也可以导致惨重后果，如器官无法正常运作，DNA 严重受损，身体免疫力低下等。如果是有益突变，可能会发生奇迹，如身体分泌某种特殊变种细胞来保护器官、身体，或在一些没有受骨骼保护的部位长出骨骼。基因与 DNA 就像是每个人的身份证，可他又是一个人的先知，因为它决定着身体的衰老、病变、死亡的时间。

8. 独立性

某一基因位点的一个等位基因发生突变，不影响另一个等位基因，即等位基因中的两个基因不会同时发生突变。其中：隐性突变在 F_1 代不表现，在 F_2 代表现；显性突变在 F_1 代表现，与原性状并存，形成镶嵌现象或嵌合体。

9. 重演性

同一生物不同个体之间可以多次发生同样的突变。

（四）突变影响

无论是碱基置换突变还是移码突变，都能使多肽链中氨基酸组成或顺序发生改变，进而影响蛋白质或酶的生物功能，使机体的表型出现异常。碱基突变对多肽链中氨基酸序列的影响一般有下列几种类型。

1. 同义突变

碱基置换后，虽然每个密码子变成了另一个密码子，但由于密码子的简并性，因而改变前、后密码子所编码的氨基酸不变，所以实际上不会发生突变效应。比如 DNA 分子模板链中 GCG 的第三位 G 被 A 取代，变为 GCA，则 mRNA 中相应的密码子 CGC 就变为 CGU，由于 CGC 和 CGU 都是编码精氨酸的密码子，故突变前后的基因产物（蛋白质）是完全相同的，同义突变约占碱基置换突变总数的 25%。

2. 错义突变

碱基对的置换使 mRNA 的某一个密码子变成编码另一种氨基酸的密码子的突变称为错义突变。错义突变可导致机体内某种蛋白质或酶在结构及功能发生异常，从而引起疾病。如人类正常血红蛋白 β 链的第六位是谷氨酸，其密码子为 GAA 或 GAG，如果第二个碱基 A 被 U 替代，就变成 GUA 或 GUG，谷氨酸则被缬氨酸所替代，形成异常血红蛋白 HbS，导致个体产生镰形细胞贫血，产生了突变效应。

3. 无义突变

某个编码氨基酸的密码突变为终止密码，多肽链合成提前终止，产生没有生物活性的多肽片段，称为无义突变。例如，DNA 分子中的 ATG 中的 G 被 T 取代时，相应 mRNA 链上的密码子便从 UAC 变为 UAA，因而使翻译就此停止，造成肽链缩短，这种突变在多数情况下会影响蛋白质或酶的功能。

4. 终止密码突变

基因中一个终止密码突变为编码某个氨基酸的密码子的突变称为终止密码突变。由于肽链合成直到下一个终止密码出现才停止，因而合成了过长的多肽链，所以也称为延长突变。如人血红蛋白 α 链突变型比正常人 α 珠蛋白链多了 31 个氨基酸。

（五）诱发突变的机制

1. 碱基置换突变

可以通过两个途径即碱基结构类似物的掺入和诱变剂或射线引起的化学变化来进行。

（1）类似物的掺入

5- 溴尿嘧啶（BU）是胸腺嘧啶的结构类似物，它只是在第 5 位碳原子上以溴原子代替了胸腺嘧啶的甲基（— GH₃），并且因此更易以烯醇式出现。

大肠杆菌在含有 BU 的培养基中培养后，细菌的 DNA 中的一部分胸腺嘧啶被 BU 所取代，并且最后在培养物中可以发现有少数突变型细菌出现，BU 的量越大则突变型越多。突变型细菌在不含有 BU 的培养基中长久培养时，不改变它的突变型性状，可是把突变型细菌在含有 BU 的培养基中培养后，又可以发现少数由于发生回复突变而出现的野生型细菌。BU 的诱变作用可以表示，首先在 DNA 复制过程中酮式的 BU 代替了胸腺嘧啶 T 而使 A：T 碱基对变为 A：BU，在下一次 DNA 复制中烯醇式的 BU* 和鸟嘌呤 G 配对而出现 G：BU* 碱基对，最后在又一次复制中鸟嘌呤 G 和胞嘧啶 C 配对而终于出现 G：C 碱基对，完成了碱基的置换，这里 BU 所起的作用是促成这一置换，起促成作用的原因是由于嘧啶的 5 位上溴原子代替了甲基后便较多地出现烯醇式的嘧啶。

同一理论还可以用来说明 BU 是怎样诱发置换突变或者突变型的回复突变，2– 腺嘌呤等其他碱基结构类似物同样具有诱变作用。

（2）药物或射线引起的化学变化

亚硝酸能够作用于腺嘌呤（A）的氨基而使它变为次黄嘌呤（HX）；可以作用于胞嘧啶（C）而使它变为尿嘧啶（U）。这两种氨基到酮基的变化带来碱基配对关系的改变，从而通过 DNA 复制而造成 A：T→G：C 或者 G：C→A：T 置换。

羟胺只和胞嘧啶发生专一性的反应，所以它几乎只诱发置换 G：C→A：T 而不诱发 A：T→G：C 置换。另外，pH 值低或高温都可以促使 DNA 分子失去碱基特别是嘌呤，导致碱基置换。

紫外线的照射使 DNA 分子上邻接的碱基形成二聚体，主要是胸腺嘧啶二聚体 T–T，二聚体的形成使 DNA 双链呈现不正常的构型，从而带来致死效应或者导致基因突变，其中包括多种类型的碱基置换。

2. 移码突变

诱发移码突变的诱变剂种类较少，主要是吖啶类染料。这些染料分子能够嵌入 DNA 分子中，从而使 DNA 复制发生差错而造成移码突变。

3. 定向诱变

利用重组 DNA 技术使 DNA 分子在指定位置上发生特定的变化，从而收到定向的诱变效果。例如将 DNA 分子用某一种限制性核酸内切酶处理，再用分解 DNA 单链的核酸酶 S1 处理，以去除两个黏性末端的单链部分，然后用噬菌体 T4 连接酶将两个平头末端连接起来，这样就可得到缺失了相应于这一限制性内切酶的识别位点的几个核苷酸的突变型，相反地，如果在 4 种脱氧核苷三磷酸（dNTP）存在的情况下加入 DNA 多聚酶Ⅰ，那么进行互补合成的结果就得到多了相应几个核苷酸的两个平头末端，在 T4 接连酶的处理下，便可以在同一位置上得到几个核苷酸发生重复的突变型。

在指定的位置上也可以定向地诱发置换突变，诱变剂亚硫酸氢钠能够使胞嘧啶脱氨基而成为尿嘧啶，但是这种作用只限于 DNA 单链上的胞嘧啶而对于双链上的胞嘧啶则无效。用识别位点中包含一个胞嘧啶的限制性内切酶处理 DNA 分子，使黏性末端中的胞嘧啶得以暴露。经亚硫酸氢钠处理后胞嘧啶（C）变为尿嘧啶（U），通过 DNA 复制原来的碱基对 C：G 便转变成为 T：A，这样一个指定位置的碱基置换突变便被诱发。

4. 自发突变

指未经诱变剂处理而出现的突变，从诱变机制来看，产生自发突变的原因有以下几种。

（1）背景辐射和环境诱变

短波辐射在宇宙中随时存在，实验证明辐的诱变作用不存在阈效应，即任何微弱剂量的辐射都具有某种程度的诱变作用，因此自发突变中可能有一小部分是短波辐射所诱发的突变，有人估计果蝇的这部分突变约占自发突变的 0.1%。此外，接触环境中的诱变物质也是自发突变的一个原因。

（2）生物自身所产生的诱变物质的作用

其中一种诱变剂是过氧化氢，在用过氧化氢作诱变处理时加入过氧化氢酶可以降低诱变作用，如果同时再加入氰化钾（KCN）则诱变作用又重新提高。这是因为氰化钾（KCN）是过氧化氢酶的抑制剂。另外又发现在未经诱变处理的细胞群体中加入氰化钾（KCN）时，可以提高自发突变率，说明细胞自身所产生的过氧化氢是一部分自发突变的原因，在一些高等植物和微生物中曾经发现一些具有诱变作用的物质，在长久储藏的洋葱和烟草等种子中也曾经得到具有诱变作用的抽提物。

（3）碱基的异构互变效应

天然碱基结构类似物 BU 所以能诱发碱基置换突变，是因为 5 位上的溴原子促使 BU 较多地以烯醇式结构出现。在正常的情况下酮式和烯醇式之间的异构互变也以极低的频率发生着，它必然同样地造成一部分并不起源于环境因素的自发突变。此外，据推测氨基和亚氨基之间的异构互变同样是自发突变的一个原因。严格地讲，这才是真正的自发突变。核苷酸还可以有其他形式的异构互变，它们同样可能是自发突变的原因。

（六）基因突变的应用

1. 诱变育种

通过诱发使生物产生大量而多样的基因突变，从而可以根据需要选育出优良品种，这是基因突变的有用的方面。在化学诱变剂发现以前，植物育种工作主要采用辐射作为诱变剂；化学诱变剂发现以后，诱变手段便大大地增加了。在微生物的诱变育种工作中，由于容易在短时间中处理大量的个体，所以一般只是要求诱变剂作用强，也就是说要求它能产生大量的突变。对于难以在短时间内处理大量个体的高等植物来讲，则要求诱变剂的作用较强，效率较高并较为专一。所谓效率较高便是产生更多的基因突变和较少的染色体畸变，所谓专一便是产生特定类型的突变型。以色列培育"彩色青椒"的技术就是把青椒种子送上太空，使其在完全失重状态下发生基因突变来育种。

2. 害虫防治

用诱变剂处理雄性害虫使之发生致死的或条件致死的突变，然后释放这些雄性害虫，便能使它们和野生的雄性昆虫相竞争而产生致死的或不育的子代。

3. 诱变物质检测

多数突变对于生物本身来讲是有害的，人类的癌症的发生也和基因突变有密切的关系，因此对环境中的诱变物质的检测已成为公共卫生的一项重要任务。

（七）基因突变的检测方法

从基因突变的性质来看，检测方法分为显性突变法、隐性突变法和回复突变法三类。

1. 显性突变法

用待测物质处理雄性小鼠，使处理的雄鼠和未处理的雌鼠交配，观察母鼠子宫中的死胎数，死胎数越多则说明诱发的显性致死突变越多。这一方法适用于慢性处理，其优点是可靠性较大，而且测试对象是哺乳动物，缺点是不能区别出药物对遗传物质的诱变作用和对于胚胎发育的其他毒理效应。

2. 隐性突变法

一般采用某些隐性突变基因呈杂合状态的动植物作为测试对象，如果经某种药物处理后出现这一隐性性状，便说明这一药物诱发了这一隐性突变。小鼠中有多个隐性突变基因呈杂合状态的品系，可以用它来同时测定几个座位上诱发的基因突变。这一方法的优点是所测得的是哺乳动物中的基因突变，缺点是灵敏度较低，而且必须具备特殊的动植物品系，实验周期也较长。CIB 法是用果蝇作为测试对象的一种检测方法，主要用来检测 X 染色体上发生的隐性致死突变。果蝇的生活周期较短，所以这一方法的实验周期也较短。

3. 回复突变法

一种根据回复突变诱发频率检测诱变物质的方法，由 B. 艾姆斯在 1973 年所首创，又称艾姆斯测验。测试对象是鼠伤寒沙门氏菌的几个组氨酸缺陷型菌株，包括碱基置换突变型和移码突变型。在检测系统中还包括大鼠的肝脏微粒体活化系统（S9），其中的酶能使一些前诱变剂转变为诱变剂。虽然在这里测试对象是细菌，而不是哺乳动物，但是由于这一检测系统简便易行，灵敏度较高，所以常用来作为诱变物质检测初步筛选的短期测试系统，用这种方法已经对几百种物质进行了测试，发现大约90%的致癌物质具有诱变作用。

4. 中间宿主扩散盒法

为了能使回复突变法更接近于哺乳动物活体中的情况，有人把测试的细胞放在一种特制的小盒中，小盒的膜只允许溶液通过。把这种小盒埋藏在动物腹腔内，用待测物质处理动物，经过一定的时间后把小盒取出，测定小盒中被诱发回复突变的细胞数。

除了用来检测基因突变的许多方法以外，还有许多用来检测染色体畸变和姐妹染色单体互换的测试系统。当然对于药物致癌活性最可靠的测定是哺乳动物体内致癌情况的检测，但是利用微生物中诱发回复突变这一指标作为致癌物质的初步筛选，仍具有重要的实际意义。

三、基因转移

基因转移指应用物理、化学或生物学方法将目的基因转移入受体细胞内并使之表达的过程。通过基因转移将遗传信息从一个基因组向另一个基因组转移，使转移的遗传信息在受者生物表达。基因转移技术在基因工程、生物医学研究、基因治疗、植物农作物品种改造等领域被广泛应用。最常用的将克隆重组的 DNA 片段导入哺乳动物细胞的方法是用磷酸钙介导的转染。转染的 DNA 可能是通过吞饮作用进入细胞质，然后进入细胞核。

1. 物理方法

包括显微镜注射法、电脉冲介导法。显微注射法是指应用特别的玻璃显微注射器在显微镜下把重组 DNA 导入靶细胞；电脉冲介导法又称电穿孔法，是指在高压电脉冲的作用下，使细胞膜上出现瞬间微小的孔洞，从而介导不同细胞之间的原生质膜发生融合，使外源 DNA 通过细胞膜上出现的瞬间小孔而进入细胞。

2. 化学方法

有 DNA– 阳离子 – 二甲基亚砜法。

3. 生物学方法

包括细胞融合法、脂质体介导法、原生质体融合法、颗粒轰击法等。颗粒轰击技术，就是将外源 DNA 包被在金属上，在电场中包被 DNA 的金属颗粒获得能量并以高速度运动，穿入靶细胞组织或器官内，由于这种金属颗粒可以涂成薄膜状，所以可实现较多细胞的基因转移同时发生，改进了其他物理方法基因转移效率低的缺点。

4. 逆转录病毒介导（RMGT）的基因技术

尽管物理方法、化学方法及生物学方法在基因转移中被广泛应用，但由于基因转移效率较低，在短时间内难以取得基因治疗所需要的转化细胞，因而在基因治疗的应用中仍然具有一定局限性，虽然对其进行了一些改造，如颗粒轰击技术的处理和应用，但也不能完全克服以上缺点。目前将外源基因导入细胞的最有效方法是逆转病毒介导（RMGT）的基因技术。

逆转录病毒介导（RMGT）的基因技术包括重组逆转录病毒载体和包装细胞两个部分，广泛应用的逆病毒载体 LNL6 是以莫洛尼鼠白血病病毒（MO–MLV）改建的。该病毒为 RNA 病毒，感染细胞后，其基因组 RNA 经逆转产生双链 DNA 拷贝插入宿主染色体形成前病毒，前病毒转录产生正链即为病毒基因组 RNA。整个基因组从 5′端到 3′端依次是：5′长末端重复顺序（LTR）编码病毒内部结构蛋白的 *gag* 基因，编码蛋白的 *pol* 基因，编码外壳蛋白的 *env* 基因以及 3′ LTR 和一个介子 5′ LTR 和 *gag* 基因之间的包装信号。将病毒蛋白编码区 *gag*、*pol*、*env* 全部切除，代之以外源性目的基因即改建为病毒载体，保留了 LTR 和包装信号，是一种复制缺陷性病毒。同时，设计一种包装细胞系，其内含有辅助病毒基因组，即为包装信号缺乏的 MO–MLV。当逆转录病毒载体进入包装细胞系时，载体基因就被包装形成完整的病毒颗粒，于是包装细胞系就成了制造病毒载体的生产细胞系。将靶细胞与生产细胞系其同培养或是收集含有载体病毒的生产细胞系上清液与靶细胞一起孵育，即可有效地进行基因转移。逆转录病毒载体技术的优点在于转染谱广，可感染包括人体在内的多种动物细胞类型，一次可感染大量细胞，转染率高达 100%，转染的基因可为单拷贝和少数拷贝，能准确地整合到宿主细胞基因组中，整合率高，且能长期有效地表达。

逆转录病毒介导（RMGT）的基因技术也存在着缺点：一是载体的滴度较低；二是辅助病毒与载体病毒重组重新获得包装信号使病人面临感染辅助病毒的危险性；三是此

载体只能整合至分裂相细胞；四是此载体容纳的外源基因量较少，不利于较大的基因的插入。

因此，人们在努力改造包装细胞系使其日趋完善，并广泛用于体外及体内的基因治疗中。在体外治疗中，为了增强肿瘤病人骨髓细胞对化疗药物的敏感性，将骨髓细胞和带有 *mdr*I 基因的逆转录病毒在体外共同培养后回输体内，获得了很高的疗效；在体内治疗中，用 *HSV-tk* 基因构建的逆转录病毒感染成纤维细胞后被直接注入鼠脑神经胶质瘤细胞中，再给予 GCV 治疗，转染了 *HSV-tk* 基因的胶质瘤细胞对 GCV 的易感性使得肿瘤完全消退了。

四、基因重组

基因重组发生在二倍体生物的每一个世代中，是指在生物体进行有性生殖的过程中，控制不同性状的基因重新组合。

每条染色体的两份拷贝在有些位置可能具有不同的等位基因，通过互换染色体间相应的部分，可产生与亲本不同的重组染色体。重组来源于染色体物质的物理交换，减数分裂前期，每条染色体有 4 份拷贝，所有的 4 份拷贝紧密相连，发生联会。这个结构称为二阶体，二阶体的每条染色体单元称为染色单体，染色体物质的两两交换就发生在不一样的染色单体（非姐妹染色单体）之间。

（一）重组过程

二阶体中的两条染色单体在相应的位点发生断裂，断裂的两端成"十"字形重接，产生新的染色单体。每一条新染色单体之间的接点的一端包含来自一条染色单体的物质，另一端包含另一条染色单体的物质。

发生重组的必需条件是两条 DNA 链的互补性，每条染色单体包含一条长的双链 DNA，发生重组的断裂位点依赖于位点附近碱基的互补配对。当双链中的一条链与另一条双链的一条链发生交叉时，将形成一条杂合 DNA，每个重组包括左侧亲本双链体 DNA 通过一段杂合 DNA 与右侧的另一条亲本双链体相连。

杂合 DNA 的形成同时也要求两条重组双链体的序列相邻，并能在两条互补链之前配对。如果两条亲本双链 DNA 在重组区域没有差别，将形成完全互补配对的杂合 DNA。若在该区域内，两条亲本双链 DNA 存在小差异，这种反应也能发生但杂合 DNA 存在错配点。错配点将在后续进行错配纠正。

从广义上讲，任何造成基因型变化的基因交流过程，都叫作基因重组。而狭义的基因重组仅指涉及 DNA 分子内断裂—复合的基因交流。真核生物在减数分裂时，通过非同源染色体的自由组合形成各种不同的配子，雌雄配子结合产生基因型各不相同的后代，这种重组过程虽然也导致基因型的变化，但是由于它不涉及 DNA 分子内的断裂 c 复合，因此，不包括在狭义的基因重组的范围之内。

根据重组的机制和对蛋白质因子的要求不同，可以将狭义的基因重组分为 3 种类型，即同源重组、位点特异性重组和异常重组。同源重组的发生依赖于大范围的 DNA

同源序列的联会，在重组过程中，两条染色体或 DNA 分子相互交换对等的部分。真核生物的非姊妹染色单体的交换、细菌以及某些低等真核生物的转化、细菌的转导接合、噬菌体的重组等都属于这种类型。大肠杆菌的同源重组需要 RecA 蛋白，类似的蛋白质也存在于其他细菌中。位点特异性重组发生在两个 DNA 分子的特异位点上。它的发生依赖于小范围的 DNA 同源序列的联会，重组也只限于这个小范围。两个 DNA 分子并不交换对等的部分，有时是一个 DNA 分子整合到另一个 DNA 分子中。这种重组不需要 RecA 蛋白的参与。异常重组发生在顺序不相同的 DNA 分子间，在形成重组分子时往往依赖于 DNA 的复制而完成重组过程。例如，在转座过程中，转座因子从染色体的一个区段转移到另一个区段，或从一条染色体转移到另一条染色体，这种类型的重组也不需要 RecA 蛋白的参与。

现代基因工程技术是在试管内按人为的设计实施基因重组的技术，也称为重组 DNA。其目的是将一个个体细胞内的遗传基因转移到另一个不同性状的个体细胞内 DNA 分子，使之发生遗传变异。来自供体的目的基因被转入受体细菌后，可进行基因产物的表达，从而获得用一般方法难以获得的产品，如胰岛素、干扰素、乙型肝炎疫苗等是通过以相应基因与大肠杆菌或酵母菌的基因重组而大量生产的。即基因重组是由于基因的独立分配或连锁基因之间的交换而在后代中出现亲代所没有的基因组合。

（二）重组类型

基因重组是指一个基因的 DNA 序列是由两个或两个以上的亲本 DNA 组合起来的。基因重组是遗传的基本现象，病毒、原核生物和真核生物都存在基因重组现象。减数分裂可能发生基因重组，基因重组的特点是双 DNA 链间进行物质交换。真核生物，重组发生在减数分裂期同源染色体的非姊妹染色单体间，细菌可发生在转化或转导过程中，通常称这类重组为同源重组，即只要两条 DNA 序列相同或接近，重组可在此序列的任何一点发生。然而在原核生物中，有时基因重组依赖于小范围的同源序列的联会，重组只限于该小范围内，只涉及特定位点的同源区，把这类重组称作位点专一性重组，此外还有一种重组方式，完全不依赖于序列间的同源性，使一段 DNA 序列插入另一段中，在形成重组分子时依赖于 DNA 复制完成重组，称此类重组为异常重组，也称复制性重组。

1. 自然重组

自然界不同物种或个体之间的基因转移和重组是经常发生的，它是基因变异和物种进化的基础。自然界常见的基因转移方式如下。

（1）接合作用

当细胞与细胞，或细菌通过菌毛相互接触时，质粒 DNA 就可从一个细胞（细菌）转移至另一个细胞（细菌），这种类型的 DNA 转移称为接合作用。

（2）转化作用

通过自动获取或人为地供给外源 DNA，使细胞或培养的受体细胞获得新的遗传表型。

（3）转导作用

当病毒从被感染的（供体）细胞释放出来、再次感染另一（受体）细胞时，发生在供体细胞与受体细胞之间的 DNA 转移及基因重组即为转导作用。

（4）转座

大多数基因在基因组内的位置是固定的，但有些基因可以从一个位置移动到另一位置。这些可移动的 DNA 序列包括插入序列和转座子。由插入序列和转座子介导的基因移位或重排称为转座。

（5）基因重组

在接合、转化、转导或转座过程中，不同 DNA 分子间发生的共价连接称基因重组。基因重组包括位点特异性的重组和同源重组两种类型。有整合酶催化的在两个 DNA 序列特异位点间发生的整合，产生位点特异的重组。特异重组依赖特异的 DNA 序列，如 λ 噬菌体的整合酶可识别噬菌体 DNA 和宿主染色体的特异靶位点，并进行选择性整合；反转录病毒整合酶识别整合反转录病毒 cDNA 的长末端重复序列等。另外有发生在同源序列间的同源重组，又称基本重组。同源重组依赖两分子间序列的相同或相似性，将外源 DNA 整合进宿主染色体。

2. 噬菌体重组

1936 年 F. M. 白奈特发表了噬菌体能产生突变体的观点，其噬菌斑的外形和野生型有明显区别，可惜当时未能引起重视，以致噬菌体遗传学延迟了十几年才得以建立。

1946 年第 11 届冷泉港学术讨论会上，在宣布一基因一酶假说的胜利及细菌杂交实验报告的同时，赫尔希和卢里亚宣布发现了噬菌体的 r，h 突变，德尔布鲁克和赫尔希发表了他们各自发现的噬菌体重组，这四项重大的发现分别在 1958 年和 1969 年获得了诺贝尔奖。后两项的发现有力地推动了噬菌体遗传学的发展。

噬菌体的基因重组和细菌不同，而和真核的重组十分相似。杂交在标记不同的噬菌体之间进行。然后计算重组噬菌体占总的子代噬菌体的比例来确定重组值。一般可以选用 2~4 个基因差异的噬菌体来混合感染细菌。首先把不同类型的噬菌体混合起来和细菌一起涂布在固体培养基上，细菌的浓度要达到可以长成菌苔的水平，噬菌体的浓度要很稀。每个噬菌体感染一个细菌，经过裂解周期，宿主细胞破裂后，释放出的子噬菌体又去感染周围的细菌，结果在菌苔上形成一个圆形清亮的斑，称为噬菌斑，而一个噬菌斑来自最初涂布平板时的一个噬菌体。噬菌斑的形态必须选择容易区别的，以表示噬菌体的相应表型。单个的噬菌体只能在电镜下才可观察其形态，突变引起其形态变化没有电镜是无法鉴别的，但突变影响到生活周期，会产生不同的噬菌斑，因此通过噬菌斑的观察我们很容易观察基因型的变化与重组。

赫尔希等用 T2 噬菌体的两个不同表型特征：噬菌斑的形态和宿主范围来进行杂交。一个噬菌体的基因型是 h+r，另一个噬菌体的基因型是 hr+。h+ 表示宿主范围，是野生型，能在 *E.coli* B 菌株上生长，r 表示快速溶菌，产生的噬菌斑大，边缘清楚。h 噬菌体能在 *E.coli* B 和 B/2 品系上生长，r+ 产生小而边缘模糊的噬菌斑，能产生透明的噬菌斑，而 h+ 因只能裂解 *E.coli* B，所以在 B 和 B/2 的混合菌上产生的噬菌斑是半透明的。

杂交时 hr+ 和 h+r 混合感染 *E.coli* B 和 B/2，在 B 和 B/2 混合菌苔上出现了 4 种噬菌斑，表明 hr+ 和 h+r 之间有一部分染色体在 B 菌株的细胞中进行了重组，释放出的子噬菌体有一部分的基因型为 h+r+ 和 hr。利用下面的公式就可以计算出和两个位点的重组值：

重组值（%）=（h+r++hr）/ 总噬菌斑数 ×100

此重组值也表示两个连锁基因之间的遗传距离。

（三）基因重组与基因突变区别

基因重组是指控制不同性状的基因重新组合。能产生大量的变异类型，但只产生新的基因型，不产生新的基因。基因重组发生在有性生殖的减数分裂第一次分裂过程中，即四分体时期，同源染色体的非姐妹染色单体交叉互换和减数分裂第一次分裂后期非等位基因随着非同源染色体的自由组合而自由组合，基因重组是杂交育种的理论基础。

基因突变是指 DNA 分子发生碱基对的替换、增添和缺失而引起的基因结构的改变，从而导致遗传信息的改变。基因突变的频率很低，但能产生新的基因，对生物的进化有重要意义。发生基因突变的原因是 DNA 在复制时因受内部因素或外界因素的干扰而发生差错，典型实例是镰刀形细胞贫血症。基因突变是诱变育种的理论基础。

（四）发展情况

基因的分离定律：1866 年，奥地利学者 G. J. 孟德尔在他的豌豆杂交实验论文中，用大写字母 A、B 等代表显性性状如圆粒、子叶黄色等，用小写字母 a、b 等代表隐性性状如皱粒、子叶绿色等。他并没有严格地区分所观察到的性状和控制这些性状的遗传因子。但是从他用这些符号所表示的杂交结果来看，这些符号正是在形式上代表着基因，而且至今在遗传学的分析中为了方便起见仍沿用它们来代表基因。

20 世纪初孟德尔的工作被重新发现以后，他的定律又在许多动植物中得到验证。1909 年丹麦学者 W. L. 约翰森提出了基因这一名词，用它来指任何一种生物中控制任何性状而其遗传规律又符合于孟德尔定律的遗传因子，并且提出基因型和表现型这样两个术语，前者是一个生物的基因成分，后者是这些基因所表现的性状。

1910 年，美国遗传学家兼胚胎学家 T. H. 摩尔根在果蝇中发现白色复眼（W）突变型，首先说明基因可以发生突变，而且由此可以知道野生型基因 W+ 具有使果蝇的复眼发育成为红色这一生理功能。1911 年摩尔根又在果蝇的 X 连锁基因白眼和短翅两品系的杂交子二代中，发现了白眼、短翅果蝇和正常的红眼长翅果蝇，首先指出位于同一染色体上的两个基因可以通过染色体交换而分处在两个同源染色体上。交换是一个普遍存在的遗传现象，不过直到 20 世纪 40 年代中期，还从来没有发现过交换发生在一个基因内部的现象。因此当时认为一个基因是一个功能单位，也是一个突变单位和一个交换单位。

20 世纪 40 年代以前，对于基因的化学本质并不了解。直到 1944 年 O. T. 埃弗里等证实肺炎双球菌的转化因子是 DNA，才首次用实验证明了基因是由 DNA 构成的。

1955 年 S. 本泽用大肠杆菌 T4 噬菌体作材料，研究快速溶菌突变型 rⅡ 的基因精细结构，发现在一个基因内部的许多位点上可以发生突变，并且可以在这些位点之间发生交换，从而说明一个基因是一个功能单位，但并不是一个突变单位和交换单位，因为一个基因可以包括许多突变单位（突变子）和许多重组单位（重组子）。

1969 年 J. 夏皮罗等从大肠杆菌中分离到乳糖操纵子，并且使它在离体条件下进行转录，证实了一个基因可以离开染色体而独立地发挥作用，于是颗粒性的遗传概念更加明确。随着重组 DNA 技术和核酸的顺序分析技术的发展，对基因的认识又有了新的发展，主要是发现了重叠的基因、断裂的基因和可以移动位置的基因。

第三节　经典转基因方法

早期的转基因发展技术，科学家们主要关注如何让基因转入微生物、动物或植物的细胞内。研究了自然界中基因在生物个体间以及在物种间的转移方式和方法之后，科学家们最终在实验室里再现了自然界中的基因水平传递，即转基因过程。因此，人类转基因技术本质上来源于大自然，是人类向大自然生物体的学习结果，但通过研究改进，实现了技术的目标性和高效性。

一、微生物转基因方法

转基因技术获得的最早成功源自无所不在无所不能的微生物。

微生物是自然界中细菌、病毒、真菌、支原体、衣原体、单细胞藻类和原生动物等一系列微小生物的统称，主要表现为单细胞结构或者无细胞结构。例如，病毒为无细胞结构，是由蛋白质外壳包裹着的 DNA 或者 RNA。也有一些外套有一层脂质囊膜的病毒种类，如埃博拉病毒、新冠病毒等。

以有无细胞核为标准，可以把微生物分为原核生物和真核生物。细菌是原核生物，遗传物质分布在细胞质中；酵母菌是真核生物，遗传物质主要集中在细胞核中。有了细胞核的保护，遗传物质不再"裸奔"，减少了外部环境的干扰造成的突变或者破坏，在代际遗传中更加一致和稳定。

转基因技术的第一步，是要确定基因离开细胞后是否可以独立发挥作用。

1961 年，美国科学家雅各布和莫诺德根据对大肠杆菌参与乳糖分解的一个基因簇的研究，提出了著名的操纵子学说，即操纵子是细菌、蓝藻等原核生物基因调节的主要方式。

在细菌中，功能相关的结构基因，如编码同一个代谢途径中不同的酶，常连在一起，形成一个基因簇。基因簇接受统一的调控，一起开关，如 *lacZ*、*lacY*、*lacA* 这 3 个基因与乳糖分解代谢相关，组成了一个很典型的基因簇，这个基因簇连同其上的顺式作用调节元件和反式作用调节基因，共同组成了乳糖操纵子。它们的产物可催化乳糖的分解，产生葡萄糖和半乳糖。

1969 年，美国科学家夏皮罗等在离体条件下转录了从大肠杆菌中分离到的乳糖操纵子，从而证实了离开染色体的基因可以独立地发挥作用，成为首个被阐明遗传学调控机制的乳糖操纵子，也被视为原核生物基因调节的经典案例。

1973 年，斯坦福大学教授斯坦利·科恩成功地将非洲爪蟾染色体上的一小段 DNA 放入了大肠杆菌的质粒中。这是首例出现的人工转基因的生物，也标志着新学科——生物工程学（基因工程学）的诞生。

1976 年，加州大学旧金山分校生化学家赫伯特·波伊尔认识到转基因技术在实际生活中的巨大潜力，他在风险投资商的帮助下成立了全世界首家生物技术公司——基因泰克（Genentech）。1978 年，波伊尔在转入了人类胰岛素基因的大肠杆菌中成功地生产出了人胰岛素。此后，人们通过转基因技术利用微生物生产出了多种蛋白质药物，包括人干扰素、人类生长激素、红细胞生成素和重组疫苗等。

那么怎样把基因转入微生物中呢，通常借助自然界中已存在的几种方式，即：转化、转导、转染和接合。

（一）转化

转化（Transformation）是指同源或异源的游离 DNA 分子（质粒和染色体 DNA），被其他细胞摄取，实现基因转移的过程。摄取 DNA 的细胞可以是自然状态下或人工制备的感受态细胞。

微生物中转化现象非常普遍，截至目前，转化现象已经在流感嗜血杆菌、链球菌、沙门氏菌、奈瑟氏菌、根瘤菌、枯草杆菌等几十种细菌中被发现，涉及的性状包括荚膜、抗药性、糖发酵特性、营养要求特性等。

虽然微生物的转化现象普遍存在，但是在实际工作中，并不是所有的微生物菌株都能开展遗传转化工作，许多细菌迄今还没有发现过转化现象，即便可以进行转化的微生物，很多转化频率也很低，也就是说并不是所有的受体细胞都能摄取外来的 DNA，而是在特定条件下培养的细胞中只有一部分能摄取外来的 DNA。

研究发现，在细菌快速生长的对数期，细菌细胞在低温（0 ℃）和低渗溶液（$CaCl_2$）中易于膨胀成球形，同时丢失部分膜蛋白，细胞膜通透性增加，外源 DNA 很容易进入，他们把这种变得"好客"的细胞状态叫作感受态。接着，待转入 DNA 的大小、形态和浓度调整到某些特定数值后，将质粒 DNA 黏附在感受态细菌表面，在 42 ℃短时间的热激处理，即可促进细胞吸收外源 DNA，由此，发明了感受态细胞的制作方法。之后，科学家又通过在细胞膜上施加高压脉冲电流，让细胞膜瞬间出现一些小孔，形成各种大分子（包括 DNA）进入细胞的通道，而当高压脉冲电流移除后，细胞膜又会恢复正常，这样又发展出了电击转化法。

DNA 分子的转化过程较为复杂，大致分为 4 个环节。

第一，吸附。双链 DNA 分子在受体菌表面形成吸附。

第二，转入。双链 DNA 分子解链，其中的一条单链 DNA 分子进入受体菌，另一条链被降解。

第三，自稳。进入受体的外源质粒 DNA 分子在细胞内通过复制再次形成双链环状 DNA 分子。

第四，表达。供体基因随同质粒上的复制子同时复制，并被宿主转录和翻译。

这种实验室下的转化，不仅为许多不具有自然转化能力的细菌（如大肠杆菌）提供了一条获取外源 DNA 的途径，还成为质粒或病毒载体引入宿主细胞的一种重要手段。转化已成为基因工程的基础技术之一，至今仍在育种和遗传性疾病的基因治疗方面继续发挥着作用。

（二）接合

转化是 DNA 分子被细胞吸收到细胞内部的过程，主角是 DNA 和细胞。而接合则是发生在两个细胞之间的遗传物质转移，主角是供体细胞、受体细胞以及需要转移的DNA。两者最大的区别为是否需要供体细胞与受体细胞的接触。

接合现象是 1946 年由美国微生物遗传学家莱德伯格与美国生物化学家兼微生物遗传学家塔特姆发现的。

首先，先介绍一下细菌的营养缺陷型。就像人类的生存需要吃饭一样，细菌的存活也需要各类营养物质的供给。这些物质要么从外部摄取，要么自己合成。所以实验室里是把细菌接种在培养基上培养。在一些特定的突变下，细菌会丧失合成某一种或者几种营养物质的能力，这个品种的细菌就叫 XX 型营养缺陷型菌株。实验室培养营养缺陷型菌株时，必须在基本培养基中加入所缺失的营养物质才可以使它们正常生长。用于培养正常菌株，无须额外添加营养物质的细菌培养基，叫作基本培养基。

莱德伯格和塔特姆将各具有 3 种互不相同的营养缺陷型的大肠杆菌 K-12 品系菌株接种在基本培养基上。按照常理推论，培养基上应该长不出任何菌落，然而奇迹出现了，培养基上竟然长出了正常菌落。难道是被正常菌株污染了，或是这些营养缺陷的菌株发生了回复突变，重新具备了合成营养物质的能力了，还是两种菌株之间通过转化实现了互通有无？他们在逐一排除上述可能性后认为这些新出现的菌落，是由两个不同基因型的大肠杆菌相互接触后实现了 DNA 的转移和重组，重新获取了合成营养物质的能力。

假如在显微镜下观察细菌，你会发现细菌的表面也不是完全光滑平整的。在纳米尺度上可以观察到一些类似人类"皮肤汗毛"的物体，这就是细菌的菌毛。在一些革兰氏阴性菌的表面，有一种比一般菌毛更粗一些的性菌毛。性菌毛由一些质粒编码蛋白质聚合而成的。当两个细菌"挨"得很近时，性菌毛可以与另一个细胞表面的受体相结合，在细胞之间建起座"桥梁"，性菌毛的"所有者"通过这个桥梁把自己的质粒传递给另一个细菌，这个过程叫作细菌的接合。

分枝杆菌也会发生接合，需要供体与受体菌稳定持续接触，耐受 DNA 酶，转移的DNA 通过同源重组整合到受体菌的染色体中。然而与大肠杆菌 Hfr 接合系统不同的是，分枝杆菌的接合不是基于质粒，而是基于染色体。这种大量的亲本基因组混合非常类似于有性繁殖中的减数分裂，供体菌染色体所有区域的转移效率相差并不多。

采用接合技术进行基因转移是很具优势的，对受体细菌的细胞膜破坏程度小，能够一次性转移相对较多的遗传物质。

现在，接合已经不仅用于微生物之间的转基因操作，利用接合现象，已成功实现了从细菌向不同受体细胞，包括酵母、植物、哺乳动物细胞、分离的哺乳动物线粒体转移基因。

（三）转导

1951 年，美国遗传学家莱德伯格和他的学生津德为了证实大肠杆菌以外的其他菌种是否也存在接合作用，用二株具有不同的多重营养缺陷型的鼠伤寒沙门氏菌进行了一项实验。

他们将色氨酸缺陷型 LT22A（try-）鼠伤寒沙门氏菌和组氨酸缺陷型 LT2（his-）鼠伤寒沙门氏菌混合在一起放在基本培养基上进行培养，结果发现在 107 个细胞中会出现 100 个左右的正常菌落。

前面提到，细菌的接合需要细菌之间通过性菌毛亲密接触。这次他们决定让两种营养缺陷型的细菌"分居"。用一根中间带有玻璃做的细菌滤片的"U"形管进行强制隔离后，他们把上述两个营养缺陷型的菌株分别接种在滤片两边的培养液中，经过一段时间培养后，在接入 LT22A 的一端竟然出乎意外地出现了正常菌株。由于"U"形管两臂之间是用细菌滤片隔开的，两边的细菌没有直接的"身体"接触，因此可肯定的是，导致原养型出现了基因重组的原因不是通过细菌接合，而是存在某种滤过因子将 LT2 的基因传递给了 LT22A。通过全面鉴定滤过因子的大小、质量、抗血清以及热处理的失活速度和寄主范围，证实了滤过因子就是沙门氏菌的 P22 噬菌体。

噬菌体，顾名思义即是吃细菌的生命体。噬菌体 20 世纪初首先在葡萄球菌和志贺菌中被发现，是一种专门感染细菌、真菌、放线菌或螺旋体等微生物的病毒，分布极广，凡是微生物的存在之处都可能是它们的藏身之处，如在人和动物的排泄物或污染的井水、河水中，土壤中都能找到噬菌体。

噬菌体是病毒中个体微小的一种，可以通过 0.22 μm 的滤菌器；不具备完整的细胞结构，主要成分是蛋白质构成的衣壳和包含于其中的核酸；只能通过活的微生物细胞进行复制增殖，离开了宿主细胞的噬菌体既不能生长也不能复制，但其不仅没有感恩图报，反而"客大欺店"，总在"欺负"养育自己的宿主。

噬菌体感情专一，有严格的宿主特异性，只"欺负"特定的某种微生物。因此请噬菌体帮忙，可以进行精准的细菌流行病学鉴定与分型，追查传染源，噬菌体结构简单、基因数少，堪称是最简单的生命系统，可作为良好的分子生物学与转基因技术的实验系统。

不同的噬菌体侵袭微生物，有自己独特的一套方式。一些暴脾气的噬菌体，擅长攻城略地，进入宿主细胞后，利用细菌内的 DNA 以及蛋白质复制机制，三下五除二地繁殖出很多子代噬菌体，然后离开支离破碎的宿主细胞，急匆匆地四处扩散寻找下一个的"倒霉"宿主，这些简单粗暴的噬菌体叫作溶菌性噬菌体。此外，还有一些慢性子的噬菌体，更喜欢"殖民统治"，进入细菌内部后，并不急着分裂繁殖下一代，而是将自己的 DNA 插入（整合）到宿主的基因组上，随着宿主细胞的分裂繁殖，传递自己的下一代。这类以不活动的状态安安静静地潜伏在宿主细胞中的噬菌体被称为原噬菌体，因其性情温和也被称为温和噬菌体。在一定条件下，原噬菌体可以进入营养生长状态而复制繁殖，并最终导致宿主细胞裂解而被释放出来。

在莱德伯格和津德的实验中，被证实起到转移基因作用的沙门氏菌的 P22 噬菌体就是一种温和噬菌体。它们在 LT22A 的培养过程中被少数菌自发释放出来，并穿过玻璃滤片感染 LT2，使之裂解。在这一过程中，有一部分 P22 噬菌体"顺手牵羊"地将宿主 LT2 的某些基因包在自己的蛋白质外壳中，当这些噬菌体再度穿过细菌滤片感染 LT22A 细菌时，就将所携带的 LT2 的某些基因带进 LT22A 细胞。在上述实验里，P22 把 LT2 的 *try+* 基因带进 LT22A 细胞，使 LT22A 细胞由 *iry–* 转变成 *ry+*，即从色氨酸缺陷型变成了原养型（野生型）。这一新发现的遗传现象被称为转导，即通过噬菌体将细菌基因从供体转移到受体。细菌中普遍存在转导现象，无论是陆生环境还是水生环境都可以发生，甚至可以"跨界"，由细菌向动植物基因组发生。

转导现象的发生需要 3 个组成部分：供体细菌、转导噬菌体和受体细胞。在转导实验中，噬菌体通过感染细菌复制产生 DNA，并将宿主 DNA 错误地装入噬菌体外壳中，形成含宿主基因的转导颗粒，噬菌体再次感染同类宿主，供体基因与受体基因发生重组形成转导子。

转导则分为两种，普遍性转导和局限性转导。

普遍性转导是通过极少数完全缺陷的噬菌体把供体基因组上任何小片段 DNA"误包"，将其遗传性状传递给受体，其媒介是温和噬菌体（如 P22 或 P1 噬菌体），菌株可以是鼠伤寒沙门氏菌或大肠杆菌。

局限性转导是通过部分缺陷的噬菌体把供体菌的少数特定基因包装携带到受体菌中，并与后者的基因组发生整合、重组，形成转导子的现象，其媒介是温和噬菌体（λ噬菌体），其菌株是 EcollK12。局限性转导与普遍性转导的区别在于：在局限性转导中被转导的基因与噬菌体 DNA 共价相连，一起进行复制包装并被导入到受体细胞中；而普遍性转导中的转导颗粒（子代噬菌体）包装的除噬菌体的基因组外，可能是宿主菌染色体的任意部分。局限性转导携带特定的染色体片段或基因，并将固定的个别基因导入受体，而普遍性转导所携带的宿主基因具有随机性。

转导也是微生物转基因中的常用手段，同转化一样，它也能实现基因在不同种属间的传递，并且为转基因技术的开发和应用提供了新途径。

二、动物转基因方法

动物转基因技术是借助基因工程技术将体外重组的结构基因导入受精卵或胚胎，培养出转基因动物的技术。与微生物中天然存在的转化、接合、转导等现象不同，在自然界，两个动物之间除通过有性生殖让彼此的基因在下一代融合外，并没有其他明显的动物个体间转移基因的手段。但是功夫不负有心人，自然界中向动物基因组转移基因的现象，终于被科学家们发现。

（一）显微注射

先了解一下动物精子是如何与卵子结合的。当精子进入卵子时，将自己的小尾巴留在了卵子外面，只有头部钻入卵子的细胞内。头部是精子的细胞核所处位置。精子小，卵子大，精子的细胞核和卵子的细胞核，个头上差距也很大。但精子的头部进入卵子内后，通常会将运动方向转向某个特定的角度，然后头部逐渐膨胀起来，直至其恢复成普通的细胞核大小，精子的细胞核一下子从"侏儒"长成了"巨人"。此时的精子细胞核尚未与卵子细胞核融合，这个变大的细胞核叫作雄原核。相应的，卵子里尚未与精子细胞核融合的细胞核叫作雌原核。也就是说，在精子进入卵子后，两个细胞核并不是一见面就紧紧结合融为一体的，而是要经过一个短暂的仪式。

显微注射技术是早期动物转基因操作中最常用的技术方法，它的第一次尝试就是在小鼠的雄原核上进行的。1981 年，美国科学家戈登等人在显微镜下用玻璃微管将重组质粒 DNA（含有 HSV 和 SV40 的 DNA 片段）送入小鼠受精卵的雄原核中，经过一系列操作首次得到了转基因小鼠，宣布了动物转基因技术的创立。

在这个重大事件的历程中，这个技术中的主角有：假孕母鼠 A，它将作为转基因动物的养母。雄鼠 A，输精管结扎后的绝育雄鼠，负责与假孕母鼠 A 交配。可育母鼠 B，受精卵的提供者。雄鼠 B，没做过绝育手术，生育能力正常的雄鼠，负责与可育母鼠 B 交配。

显微注射的步骤是：

步骤 1，让假孕母鼠 A 与绝育雄鼠 A 交配，由于雄鼠不能提供精子，因此，假孕母鼠 A 无法怀孕。但是这次交配却刺激假孕母鼠 A 的子宫发生了一系列类似妊娠反应的变化，可以随时接受受精卵，这使它成了一个合格的养母，可以随时接受转基因技术处理过的小鼠胚胎。

步骤 2，向可育母鼠 B 注射孕妈血清与绒毛膜促性腺激素（HCG）促使其超排卵。超排卵就是用一系列的促排卵激素类药物刺激机体，最终促使卵巢短时间内快速产生多个成熟卵子，以便提高精子的命中率。然后让可育母鼠 B 与可育雄鼠 B 交配。第二天，从可育雌鼠 B 的输卵管内收集受精卵备用。

步骤 3，向得到的受精卵中转入基因。在高倍倒置显微镜下，利用管尖极细（0.1～0.5 μm，1 μm=0.001 mm）的玻璃微量注射针，在显微操作器的帮助下，将含有目的基因的溶液注射到受精卵中的雄原核中。

步骤 4，胚胎移植。将受精卵（已转入靶基因）自假孕母鼠 A 的背部穿刺植入其输卵管内，使其重回胚胎发育环境，逐步在"养母"体内发育成熟。

步骤 5，幼鼠的鉴定。在新出生的小鼠断奶后，取尾部少量组织提取 DNA，利用目的基因序列的分子探针对其进行鉴定，有靶基因整合的个体即可筛选出作为首建鼠。然后，将首建鼠与普通小鼠交配，得到的 F_1 子代有 50% 左右带有靶基因，据此初步建立转基因鼠系（后续也可将合适的组织进行细胞培养建立细胞系）。最后，通过对转基因小鼠个体不同组织或胚胎进行靶基因的 mRNA 或表达产物进行检测，鉴定外源基因的整体表达和组织特异性表达情况。至此，如果实验顺利，就得到了一个转基因小鼠品系。通过戈登实验之后，显微注射方法得到了广泛的应用。

1982 年美国科学家博米特等将大鼠 GH（生长激素）基因导入小鼠受精卵中，所生 7 只小鼠中有 6 只小鼠体重为正常个体的二倍，被称为"超级小鼠"。由此开启了一系列新的进展。

1985 年，美国科学家用转移生长激素（GH）基因、生长激素释放因子（GRF）基因和胰岛素样生长因子1（IGF1）基因，生产出转基因兔、转基因羊和转基因猪；同年，德国波姆（Berm）将人的生长激素基因转入猪和兔的胚胎中，生产出转基因兔和转基因猪。

1987年，美国的戈登等首次报道在小鼠的乳腺组织中表达了人的组织型纤溶酶原激活物（tPA）基因，为治疗人类动脉硬化、心肌梗死等血栓性疾病提供了新的思路。

显然，显微注射方法优势较多：适用范围广（任何DNA在原则上均可转入任何种类的细胞内），外源DNA整合率高，外源基因容量大（DNA长到50 kb仍然有效），实验周期缩短，是制备转基因动物的一种常用方法，已成功运用于包括小鼠、鱼、大鼠、兔子及许多大型家畜如牛、羊、猪等转基因操作中。但也有相应的缺点：转移基因往往串联整合，表达不稳定，不能将外源基因导入发育较晚的胚胎细胞，且效率低，价格高。

但毋庸置疑，转基因小鼠确实是研究外源基因构筑形态、染色体嵌插、转基因表现及调节的最佳模式动物，也是建立转基因技术最好的工具。在转基因家畜之前，用小鼠预备试验往往事半功倍。

（二）体细胞核移植

动物转基因技术另一个常用的方法就是核移植技术，也叫动物克隆。克隆羊"多莉"的诞生即有赖于这种技术。

动物克隆是指通过无性繁殖方式由单个动物细胞产生遗传性状相同的新个体。与植物扦插、嫁接一样是无性繁殖，通俗地说，就是从动物身上取下一个体细胞，然后采取系列办法，让这个细胞长成一个与原有的动物在基因组上完全相同的新个体，就像用"复印机"原样复制出一个新动物，其采用的技术叫作体细胞核移植。

最早的动物克隆是在两栖动物和鱼类中进行的。

1952年，美国科学家布里格斯和金成功地克隆了蝌蚪。这是细胞核移植方法的首次成功，也是人类首次成功实现的动物克隆，由此开辟了高等动物发育生物学研究的新领域。卵子受精后，受精卵要进一步分裂才能发育成新的个体。受精卵的早期分裂，是发育成一个细胞团，这个细胞团叫作囊胚。两位美国科学家将青蛙囊胚期的细胞核取出来，再将青蛙的卵细胞去除细胞核，然后将囊胚细胞的细胞核，放入去掉细胞核的卵细胞中，重新搭积木一般拼成了一个新的细胞。由于青蛙是体外受精和体外发育，受精卵可在自然界中自行发育，而不需要在母体内发育，这个细胞发育正常，最后变成了一只蝌蚪。

1962年，英国科学家戈登进行蛙胚胎移植，产生有生殖能力的蛙。1963年，中国的著名科学家童第周教授曾在国内进行鱼类细胞核移植工作并获得克隆鱼。1981年，小鼠胚胎的细胞核移植实验首获成功，首只克隆鼠诞生。1986年，首只克隆绵羊诞生。1993年，首次克隆牛获得成功。

但是，以上核供体均为胚胎细胞，并非普通体细胞（胚胎细胞具有体外培养无限增殖、自我更新和多向分化的特性），是否可以用动物个体的任何一个细胞来进行动物克隆是科研人员接下来的探索方向。

1997年，英国苏格兰爱丁堡罗斯林研究所维尔穆特领导的研究小组，成功地用绵羊的乳腺细胞，获得了克隆羊"多莉"。该项成果在 Nature 杂志发表后，在全世界引起轰动。此后，动物体细胞克隆技术成为世界各国科研人员的研究热点：绵羊、山羊、牛、猪、小鼠等多种体细胞克隆动物相继出现。"多莉"作为人类首次利用成年动物体细胞克隆成功的第一个生命，在 1998 年、1999 年相继产下多只羊宝宝，证实了克隆动物具备生育能力。2000 年，中国第一只体细胞克隆羊阳阳诞生，并顺利于 2001 年和 2003 年两次产子。"多莉"的出世堪称曲折。在培育多莉羊的过程中，科学家采用的体细胞克隆技术，主要分 4 个步骤进行。

步骤 1：从一只 6 岁芬兰多塞特白面母绵羊 A 的乳腺中取出乳腺细胞，在特定浓度的细胞培养基中培养，使其分裂停止，获得"供体细胞"。

步骤 2：从一只苏格兰黑面母绵羊 B 的卵巢中取出未受精的卵细胞，去除细胞核，得到"受体细胞"。

步骤 3：利用电脉冲方法，首先得到供体细胞和受体细胞的"融合细胞"，由于电脉冲的作用，"融合细胞"会像普通受精卵一样进行细胞分裂、分化，最终形成"胚胎细胞"。

步骤 4：将"胚胎细胞"移植到另一只苏格兰黑面母绵羊 C 的子宫内，着床、分化和发育，最后分娩得到了小绵羊——"多莉"。

简而言之，"多莉"没有父亲，却有 3 个母亲："基因母亲"是提供乳腺细胞的芬兰多塞特白面母绵羊 A；"借卵母亲"是提供去核卵细胞的苏格兰黑面母绵羊 B；"代孕母亲"是为胚胎提供发育成熟环境的另一只苏格兰黑面母绵羊 C。

"多莉"继承了"基因母亲"的遗传特征，脸部颜色是白色，而非黑色。分子生物学的测定也表明，它与"基因母亲"有完全相同的细胞核遗传物质，甚至可以说，它们就像是一对隔了 6 年的双胞胎。当然，因为细胞质内还有少量遗传物质，例如"多莉"的借卵母亲的线粒体 DNA 就遗传给了多莉。所以，"多莉"和她的基因母亲实际上还是会有些许的遗传差异。

理论上，利用同样方法"克隆人"技术也可以实现，这意味着以往科幻小说和电影中各种人类克隆的桥段可能成为现实。因此，"多莉"的诞生在全球各界引起了轩然大波，"克隆人"技术所衍生的道德问题成了人们讨论的热点。社会各界均表示克隆人类有悖于伦理道德。但克隆技术独到的理论和巨大的实用价值仍不容小觑：可作为普通繁殖技术的补充，加速优秀畜牧动物品种培育，如加快高产奶牛的选育并减少种畜数量，更好地实现优良品质的保存；通过动物克隆技术可增加濒危动物个体的数量，避免该物种的灭绝，如新西兰科学家成功克隆了当地一头土种牛，挽救了这个濒临灭绝的物种；中国科学家也在探索大熊猫体细胞异种核移植技术，以期为"国宝"繁衍后代助力。

不过，动物体细胞克隆技术也存在缺陷，其中最显著的就是克隆动物的早衰问题。有性繁殖中，受精卵内的基因组会进行重启操作，消除父母因为年龄增长而在精子卵子上留下的表观遗传学印记，并让随着细胞分裂不断变短的染色体端粒得到修复，而端粒的长短和寿命相关。但体细胞克隆则不存在这些过程，因此克隆动物多少都存在早衰等生理缺陷，例如"多莉"在 5 岁半就开始出现了正常羊 10 岁以后才出现的老年疾病。诸如此类的问题还有很多，这些都需要在生命科学领域相关研究向前发展的过程中不断解决。

（三）转染

转染是指把外源核酸导入细胞内的过程之一。对于原核生物来说，转染是转化的代名词，特指感染细胞的 DNA 或 RNA 来自病毒或者噬菌体。在真核生物中，则使用转染这个词来代替转化。这是因为之前人们已经习惯了用转化来表示真核细胞转变为恶性增殖的癌细胞。转染技术可分为瞬时转染和永久转染。

瞬时转染是指将多个拷贝数的外源 DNA/RNA 转入宿主细胞以产生高水平的表达，但由于没有整合到宿主染色体中，转入的基因会随着细胞分裂而逐渐稀释丢失，通常只持续表达几天。转染后只在 24 ~ 72 h 可分析结果，多用于分析启动子和其他调控元件。

在永久转染中，外源 DNA 整合到宿主染色体中或者作为游离的质粒能长期存在，然而整合的概率很低，大约 $1/10^4$ 转染细胞，通常需要通过一些选择性标记才能得到稳定转染的同源细胞系。

随着生命科学研究中对基因与蛋白功能研究的不断深入，转染已成为外源基因进入细胞的重要技术和基本方法之一。

转染大致可分为物理介导、化学介导和生物介导三类途径。常用的主要有电击法、磷酸钙法、脂质体介导法和病毒介导法。1973 年，美国科学家格雷厄姆和范德艾布首次通过混合含有 DNA 的氯化钙溶液和 HEPES 磷酸盐缓冲液，DNA 结合在磷酸钙细小沉淀表面而随着部分沉淀被吸收而进入细胞。尽管机理并不完全清楚，但因为磷酸钙法成本低，在一段时间作为流行的转染方法来鉴定致癌基因。

电穿孔法利用电流可逆地击穿细胞膜形成瞬时的水通路或膜上小孔促使 DNA 分子进入胞内。高电场强度会杀死大量细胞，但现在针对细胞死亡已开发出了一种电转保护剂，可以大大降低细胞的死亡率，提高转染效率。

病毒介导的转染技术细胞毒性很低，是目前转染效率最高的方法。但是，该方法前期准备工作复杂，且对细胞类型有较高的选择性，导致病毒法转染普及度不高。目前实验室最方便的转染方法是脂质体法，它利用脂质体表面与核酸的磷酸根通过静电作用形成包裹 DNA 的复合物，这个复合物被表面带负电的细胞膜吸附后，经膜融合或细胞内吞进入细胞。脂质体法转染率较高，优于磷酸钙法；但也有一定缺憾，脂质体对细胞有一定的毒性，且转染时间一般不超过 24 h。

国际上目前流行的还有些阳离子聚合物基因转染技术，宿主范围广，操作简便，细胞毒性小，转染效率高。其中树枝状聚合物和聚乙烯亚胺（PEI）的转染性能最佳。PEI 经常作为复杂基因载体的核心组成成分应用于基因治疗。现在最新的转染试剂采用纳米材料制作，主要原理是通过分子内氨基在生理 pH 值下质子化而中和 DNA 质粒表面的负电荷，使 DNA 分子压缩为体积相对较小的粒子并包裹在其中形成转染复合物，从而免受核酸酶的降解，通过纳米技术生产出的转染试剂具有结合保护 DNA 能力强、毒性低的独特性能。

随着转基因技术的发展，生物医学的研究已经越来越离不开转基因动物，如研究基因对致癌病毒与癌细胞的关系、基因与免疫细胞调控、基因的生长调控机制等，人类组织及器官移植，胚胎干细胞及干细胞的体外诱导分化研究等。此外，在制造蛋白质药物、器官移植、疫苗、毒理实验、动物品种改良及养殖鱼类改良等方面，转基因动物也将大有可为。

三、植物转基因方法

自然界中天然就存在着一些植物转基因的现象。科学家们通过研究效仿，进一步创新转基因技术，目前已发展了许多用于植物基因转化的方法。这些方法可分为三大类：第一类是载体介导的转化方法，即将目的基因插入农杆菌的质粒或病毒的 DNA 等载体分子上，随着载体 DNA 的转移而将目的基因导入植物基因组中，农杆菌介导和病毒介导法就属于这种方法。第二类为基因直接导入法，是指通过物理或化学的方法直接将外源目的基因导入植物的基因组中，物理方法包括基因枪转化法、电击转化法、超声波法、显微注射法和激光微束法等；化学方法有 PEG 介导转化方法和脂质体法等。第三类为种质系统法，包括花粉管通道法、生殖细胞侵染法、胚囊和子房注射法等（表 1-1）。

表 1-1　不同植物基因转化方法的优缺点比较

转基因方法	优点	缺点
农杆菌介导法	操作简单、周期短、转化率高，方法成熟可靠、基因沉默现象少、转育周期短、转化片段较大且插入片段明显	自然条件下只侵染双子叶植物，限制了其在禾谷类植物中的应用，同时在实验设计阶段需要考虑的因素太多
基因枪法	操作简单、转化时间短，数量大、对受体植物几乎没有要求，可转化基因片段大	不利于外源 DNA 稳定表达和遗传，后代突变率高，转化率低，设备昂贵
花粉管通道法	数量大、对受体植物无种类要求，无组织培养过程	机制不清，缺乏分子生物学证据，受自然条件限制，可重复性差
电击法	无宿主限制，操作简单	周期太长、转化效率低，设备贵
PEG 介导转化法	操作简单，应用广泛，且应用前景比较高	需要原生质体，对环境要求高

在遗传转化规模化应用方面，如何提高转化效率、完善条件设施是关键。2008 年，农业部启动了"转基因生物新品种培育重大科技专项"，重点支持水稻、小麦、玉米、大豆、棉花、猪、牛、羊八大生物的转基因技术研发。项目实施以来取得了多项技术突破，在规模化转基因技术体系构建方面也取得了重要进展，为转基因生物新品种培育提供技术和平台支撑，但总体来看，与发达国家相比还存在一定差距。今后，需要进一步提高转化效率，整合高效和安全转基因技术并加以集成创新。

（一）农杆菌介导法

20 世纪 70 年代，比利时科学家 M.V. Montagu（马克·范蒙塔古）发现土壤中的细菌正在进行一种自然基因工程。这种细菌将其遗传物质的一部分注入植物细胞内后，植物细胞就会为这种细菌生产食物。同一时期，美国科学家齐尔顿在研究一种常见植物感染——细菌性根癌病，也发现了同样的现象。一种被称为根癌农杆菌的细菌将其自身 DNA 注入植物细胞基因组后，这种植物就会为该细菌提供食物，形成细菌性根癌病，这就是农杆菌转化的技术源头。

农杆菌是一类广泛存在于土壤中的革兰氏阴性细菌。农杆菌会富集到一些植物根部，通过摄取植物根部的营养物质来繁衍生息。农杆菌主要有发根农杆菌和根癌农杆菌两大类，顾名思义，发根农杆菌可在侵染部位诱导产生大量的须状根，它通过自身含有的一种 Ri 质粒，可在转基因瞬时表达实验中进行基因转移。而在转基因植物研究中应用最广泛的根癌农杆菌，其在自然条件下可侵染 140 多种双子叶植物或裸子植物，当其转入植物的基因簇时，会诱导植物被侵染部位产生冠瘿瘤，如豆科植物大豆、花生、苜蓿等在根部都有冠瘿瘤产生，被子植物的杨梅、裸子植物的罗汉松也存在冠瘿瘤。

根癌农杆菌中有一种特殊的 Ti 质粒，其中有一段名为"T–DNA"的转移 DNA。在农杆菌侵染植物时，T–DNA 即可通过一种较为复杂的机制，进入植物细胞并整合到植物细胞核内的基因组上。

农杆菌介导法就是把改造后的 Ri/Ti 质粒变成运输队，将外来的新基因送进植物细胞，从而赋予植物新的特征，如高产抗病、抗虫、抗逆等。由于 Ri/Ti 质粒上含有使植物产生冠瘿瘤的基因簇，在转基因操作时需"取其精华去其糟粕"，对这两种质粒进行改造，从而达到只将目标基因转入而不带入使植物致病或其他有安全风险的基因的目的。

农杆菌之所以被誉为"自然界最小的遗传工程师"，是因为农杆菌在进化中建立了一种天然的植物遗传转化体系。农杆菌介导法起初只被用于双子叶植物，后来发现，农杆菌挑剔的原因竟是因为双子叶植物中有乙酰丁香酮，而单子叶植物中没有。投其所好，在转化时加入乙酰丁香酮，就可以诱导 T–DNA 的转移，于是农杆菌介导法在单子叶植物（如水稻、玉米等）中也成功得以应用。

农杆菌介导法是目前应用最为广泛、技术方法最成熟、研究最多、理论机理最清楚的植物转化方法，具有转化效率高、基因拷贝数低、转基因沉默相对较少、转移的基因片段较长、受体范围广、操作简便、成本低廉、实用性强等优点。但农杆菌介导法也存在一定不足，如易受基因型特异性、宿主范围的限制。

迄今为止，人们获得的 200 余种基因植物中，80% 以上是采用农杆菌介导法产生的，如转基因抗虫棉、转基因抗草甘膦大豆和转基因苜蓿等。

（二）基因枪介导法

在植物转基因技术应用史中，还有一种转基因方法比农杆菌介导出现的更早且不受物种限制，这种方法就是"基因枪介导的转化方法"（以下简称基因枪法）。以枪为名，并非其需要使用军事活动中的枪支，而是借用了枪支的工作原理。

植物细胞的最外层有坚硬的细胞壁，里面是磷脂双分子层和膜蛋白构成的细胞膜。要想向植物细胞转入外源基因，就得至少突破这两层屏障，于是科学家在想能否有其他简单的方法实现植物转基因过程。

1987 年，美国康奈尔大学发明了火药型台式基因枪，这是基因枪家族系列中最原始的类型。1988 年，美国科学家麦凯布发明了电击式基因枪，并成功地将包裹有 DNA 的钨粉转入了大豆茎尖分生组织，并衍生出可检测到外源基因表达的再生植株。1989 年，以气体作为驱动力的气动式基因枪诞生，并成功获得了瞬时表达外源基因的烟草。

1990 年，美国杜邦公司推出首款商品基因枪 PDS-1000 系统，与现在新型手持型基因枪不同，台式基因枪体积相对大，除基因枪的核心枪室外，还需配备一台真空泵和一个高大的装有高压惰性气体氦气瓶。因此只能放在实验室使用，不能灵活应用于田间地头。高压气体需要抽真空，压缩机工作时噪声较大。台式基因枪的每枪轰击成本也很高，金粉与控制气压用的可裂膜和载物膜均造价不菲。

基于市场需求和台式基因枪的不足，伯乐公司于 1996 年研发出便携式基因枪 Helios。该基因枪可通过调节氦气的脉冲强度，驱动小塑料管内壁包有核酸的金粉颗粒，利用物理冲击力将外源基因随金粉颗粒送入细胞内。与第一代台式基因枪相比，便携式基因枪 Helios 放弃了真空泵，因此损失了一些气体压力，但可以直接对活体动物的皮肤、肌肉进行转基因操作，不过对于植物细胞而言，冲击较小的便携式基因枪不能穿透成熟叶片的细胞壁，一定程度上影响了其在植物中转基因的应用范围。经与台式基因枪互补，Helios 很好地延伸了基因枪的应用领域。随后，人们发现相比于皮肤、肌肉，活体动物的脏器要脆弱得多，如小鼠活体的肝和脾最多只能承受 40 psi（psi 表示磅/平方英寸，1 psi=0.068 95 kg 压力）的压力，在 100 psi 的高压气体冲击下器官会被严重破坏而导致实验失败。而过低的气体压力并不能使基因微载体具有足够的动量打入细胞内部。气体压力与粒子传递速度的矛盾成了基因枪发展的瓶颈，这个问题在之后的 10 年一直困扰着各大生命科学仪器厂商的研发团队，直到 2009 年，Wealtec 公司推出 GDS-80 低压基因传递系统，引领了第三代基因枪技术发展方向。

第三代基因枪的超低压（10 ～ 80 psi）推动，不仅没有牺牲反而大大增加了微粒子的传输动量，因此不仅使基因枪能够成功应用于仅在低压状态下才能完成的动物活体器官层面的转殖，而且相比较于第二代手持式基因枪，GDS-80 射出的携基因微粒子因其本身的高动量，居然能够像台式基因枪发射出的粒子一样穿透植物细胞壁穿入植物细胞完成转殖，而在此之前，完成这一工作的第一代台式基因枪需要至少 1 000 ～ 2 000 psi 的高压气体。在动物细胞，尤其是活体动物转殖实验中，本身具备高动量的生物粒子无须借由微粒子载体（如金粒子）的携附方式就可转移至目标体中，这在避免了靶细胞内异物残留问题的同时，大大降低了实验成本。GDS-80 基因枪"子弹"的制备也从干式转为湿式，节省了烘干时间，简化了流程。蒸蒸日上的基因枪技术被寄予厚望，视为转基因领域的明日之星。

（三）花粉管通道法

除了农杆菌介导法和基因枪介导法，花粉管通道法也是植物转基因的常用技术。花粉管通道法利用了花粉萌发产生的花粉管通道，将外源基因直接转入受体植物卵细胞，也称为授粉后外源基因导入植物技术。

花粉管通道法的技术灵感来自 20 世纪 70—80 年代两个重要的实验观察。一个是科学家潘迪在 1975 年以烟草作为研究材料时，发现经过高能射线灭杀的烟草品种 A 花粉与另一个烟草品种 B 的正常花粉混合后，被授粉的烟草竟然获得了烟草品种 A 的性状，因此认为失活的烟草品种 A 花粉遗传物质虽然失去了正常授粉途径，但仍有其他途径可进入受体烟草。1980 年，另一个科学家赫斯也通过实验证明外源 DNA 可以被花粉粒吸收。这说明外源 DNA 可以随着正常花粉进入受体植物的卵细胞，这是花粉管通道法的技术灵感。

在花粉管通道法这一领域，我国科学家取得了令人骄傲的成绩。20 世纪 80 年代，我国学者在远缘杂交的基础上，将匀浆的异源花粉通过授粉的方法导入受体植物，并且在后代植物中检测到了相应的变异性状，从而推测外源 DNA 可能因参与了受精过程而进入植物细胞。随后，周光宇研究员提出了 DNA 片段杂交假说，奠定了花粉管通道法的理论基础，该假说认为，外源基因进入植物细胞后，大部分 DNA 会被受体细胞内的核酸酶系统降解，但仍然会有一小部分 DNA 逃过一劫。另外，如果降解过程被延迟，那么会存在一些没来得及被降解的小片段 DNA，这些少量的 DNA 最终会整合到植物基因组中，并稳定地遗传下去，得到事实上的转基因植物。在此理论基础上，1981 年，周光宇研究员首次成功地将外源海岛棉 DNA 导入陆地棉，在后代中发现了对应性状的变异，并培育出了抗枯萎病的栽培品种，创立了花粉管通道法。和其他植物转基因技术不同，花粉管通道法无须诱导形成愈伤组织再组培成苗的烦琐过程，可以直接通过授粉获得含有目的外源基因的转基因种子，回避了回交转育，大大缩短了转基因材料的创制周期。农作物一般都是一年生草本植物，所以基本上在一年之内就获得了常规育种想要的转基因材料。因为直接将外源基因导入受体植物的卵细胞，所以获得的后代中，可以直接通过目标性状的表型鉴定或者直接针对目标基因的分子检测获得转基因株系，无须筛选标记基因。花粉管通道法不受物种限制，任何开花散粉的植物，都能进行物种之间的基因转移，从而扩大了外源基因的来源和受体植物的范围。因其操作简便、经济，技术简单，不需要复杂的仪器设备和昂贵化学试剂耗材，能直接在大田操作，一般的科研工作者就可掌握，因而迅速在国内普及推广。迄今为止，在作物转基因技术应用中，应用花粉管通道法技术将各种外源 DNA 导入不同受体获得了抗病、抗虫、高品质、高产等优良性状。应用该技术育成并推广的品种遍布棉花、小麦、玉米、大豆等作物的多个品系，如抗枯萎病和黄萎病的棉花新品系、抗盐碱棉花新种质、早熟耐旱水稻新品系等。我国首个转基因作物抗虫棉，就是由花粉管通道法培育而来，目前已成为中国推广面积最大的转基因作物。

第四节　基因编辑技术

早期的转基因技术，外源基因就像一个霰弹枪射出的子弹一样，随机整合在基因组上，在基因组上的插入位置不确定，每一个转化基因在子代基因组上有多少个拷贝也不确定，转化结果有一定的不可预测性。

借助基因定点编辑整合技术，可以增强转基因插入的可控性，将目的基因定点高效地整合到染色体的特定位置上，做到指哪儿打哪儿。人工核酸酶技术是该技术的物质基础，同源重组是该技术的理论基础。

同源重组是 DNA 分子之间的核苷酸序列交换，通常发生在同源染色体之间，实际上外源导入的 DNA 可与宿主的同源 DNA 发生同源重组。20 世纪 80 年代，利用外源基因的这种同源重组，发展出基因打靶技术，可定向敲除或插入目的基因。但细胞内同源重组的自然发生率低，大部分外源基因还是会像传统转基因技术一样随机插入到基因组上。基因打靶技术存在编辑效率低、难度大、应用范围受限等缺点。

科学家后来发现，真核细胞的染色体 DNA 在受到不利因素的刺激时会发生双链断裂，对基因组来说这是一种危险的状况。虽然细胞会利用 DNA 同源重组或非同源末端连接机制修复断裂的双链 DNA，但这个过程会导致高概率的 DNA 序列缺失、插入或改变。如果能诱导 DNA 序列的特定位点发生损伤，那么在修复过程中就可以对真核生物的遗传物质进行精确的基因操作，并能实现对特定细胞组织的遗传操作。

此后，科学家开始在自然界寻找进行这项操作的可能工具，发现了细菌的一些特殊的基因表达调控机制，并综合对转录因子作用机制的研究成果，成功创建出能特异切割靶标 DNA 序列的人工核酸内切酶，它们能根据研究者的意愿像剪刀一样对 DNA 序列进行双链切割，由此开创了基因编辑技术。基因编辑技术能够特异性识别 DNA 序列的特殊结构，定点切割 DNA 双链，进行突变、敲除、敲入以及多位点同时突变和小片段删除等，同源重组的效率提高了上百倍。

基因编辑技术出现至今，经历了 3 代技术的发展，即锌指核酸酶（ZFNs）、类转录激活因子效应物核酸酶（TALENs）和成簇规律间隔短回文重复与 Cas 蛋白（CRISPR/Cas）。由于采用的人工核酸酶不同，这 3 种基因编辑技术的原理、操作难度、修饰效率和应用范围都有较大差异。

其中，CRISPR/Cas 基因编辑技术操作最为简单，同时具有编辑效率高、成本低廉等优点，迅速成为具有广泛发展前景和应用价值的热门研究领域之一，目前已广泛应用于基因功能研究、基因治疗以及农作物重要农艺性状遗传改良等。

一、锌指核糖核酸酶技术

锌指核糖核酸酶是人工改造的限制性内切酶，由锌指 DNA 结合域和 FokI 核酸内切酶的剪切结构域融合而成，被称为第一代"基因组定点编辑技术"。锌指 DNA 结合域特异性识别并结合指定的位点，FokI 剪切结构域非特异性对靶标 DNA 进行高效、精确地切割。然后，借助细胞天然具有的双链 DNA 断裂修复能力对特定的基因组位点进行编辑。

最经典的锌指核酸酶是将一个非特异性的核酸内切酶与含有锌指的结构域进行融合，其目的自然是对特定序列进行切割，被切开的 DNA 可以由切除的修复机制使切开处的单链部分被删除，然后又重新接到一起。理论上讲，可以利用这种方法完成对染色体上特定片段的删除。

锌指结构在真核生物中普遍存在，是由两个半胱氨酸残基和两个组氨酸残基与锌离子形成的手指一样的蛋白结构域，即 Cys2–His2 模块，每个 Cys2–His2 模块能够特异性识别和结合 3 个碱基长的 DNA 序列，可以帮助转录因子识别特定序列的 DNA。2005年，美国科学家莫斯科等发现，一对由 4 个锌指连接而成的锌指核糖核酸酶可识别 24 bp 的特异性序列，因此将这些模块混合搭配就可能让锌指结构在基因组里找到任何特定的 DNA 序列。OPEN 是构建锌指核糖核酸酶的常用方法，它利用共享的锌指资源库，将不同的锌指模块进行组合。

FokI 核酸内切酶是海床黄杆菌细胞内的一种限制性内切酶，具备识别位点特异性，这种酶必须两两配对，形成二聚体才具有酶切活性。

因此，同一条 DNA 链上的两个锌指 DNA 结合域必须离得比较近，才有利于两个 *FokI* 剪切结构域靠近形成二聚体，之后由 *FokI* 将锌指结构位点的 DNA 双链切开，形成缺口。随后，利用细胞固有的 DNA 修复过程将断裂 DNA 重新连接，在连接过程中实现基因的突变、敲除、敲入以及多位点同时突变和小片段删除，即基因编辑。

锌指核糖核酸酶在每 140 个核苷酸中可有一个识别位点，重组效率比传统基因打靶技术高出上百倍。2005 年后，锌指核糖核酸酶技术在基因组编辑中逐渐得到广泛的应用，已成功应用于黑长尾猴、小鼠、家蚕以及拟南芥、烟草、玉米等多种动植物。但是，锌指核糖核酸酶的 DNA 结合元件之间会相互影响，导致其精确度具有不可预测性，因此设计靶向特异性 DNA 序列的锌指核糖核酸酶还难度较大，加上其制作步骤比较烦琐复杂，成本昂贵，发展和应用受限，还需进一步的研究和发展。

二、转录激活样效应因子核酸酶 TALEN 技术

转录激活样效应因子核酸酶 TALEN 技术被称为第二代"基因组定点编辑技术"。它与锌指核糖核酸酶的工作原理是一样，均由 DNA 结合域与 *FokI* 剪切结构域融合而成。

不同的是，TALEN 的 DNA 结合域是一种转录激活子样效应因子（TALE），来自植物病原体黄单胞菌。TALE 具有识别特异性 DNA 序列的能力，*FokI* 剪切结构域同样需要形成二聚体才能具有核酸内切酶活性，从而将 TALE 识别确定出的 DNA 序列精确切开。

一些由 33 ～ 35 个氨基酸组成的序列，不断重复，构成了 TALE 蛋白的核心结构域，这些重复的氨基酸序列可以与特定的 DNA 碱基配对结合。想要识别某一特定 DNA 序列，只需设计相应的串联的 TALE 蛋白重复序列即可，并且 TALENs 可以被设计成与几乎任何所需的 DNA 序列结合。与第一代"基因组定点编辑技术"锌指核糖核酸酶相比，TALEN 的设计、构建和筛选简单很多，不受上下游序列影响，具备更广阔的应用潜力，已成了科研人员研究基因功能、基因治疗和作物基因改良的重要工具。

TALEN 技术被认为是基因敲除、敲入或转录激活等靶向基因组编辑的里程碑，2012 年被《Science》杂志评为年度十大科学突破之一，有基因组"巡航导弹技术"的美誉。目前，TALEN 技术已被成功应用于酵母、果蝇、斑马鱼以及拟南芥等生物的基因组定点编辑。

与锌指核糖核酸酶技术一样，TALEN 技术同样具有一定的缺点，模块组装过程烦琐，并且具有一定的细胞毒性，在很大程度上限制了它的研究和推广，但相信在科学家的努力下，TALEN 技术必将为人们发挥更大的功效。

三、CRISPR/Cas9 系统

2013 年年初，魔法剪刀手 CRISPR/Cas9 系统出现，被称为第三代"基因组定点编辑技术"。该技术制作简便、快捷高效、成本低，在常规实验室就可以完成操作，因此受到众多科研人员的热捧，在世界各地的实验室迅速传播。成为科研、医疗和农业等领域的热门前沿方法。

CRISPR/Cas9 系统主要包括两个元件，Cas9 核酸内切酶和向导 RNA。早先发现的 guide RNA 由 tracRNA 和 crRNA 两部分组成，两部分融合表达后，即 SgRNA，能够识别靶 DNA 序列中保守的前间区序列邻近基序（PAM），sgRNA 通过与 Cas9 蛋白结合，引导 Cas9 核酸内切酶定点切制靶向 DNA。

CRSPR/Cas 系统广泛分布于 90% 的古细菌及 50% 的细菌基因组或质粒上，是这类原核微生物在漫长的生命历史中演化出来的、对入侵噬菌体和外来 DNA 采取的一种反制措施。对曾遭受的入侵，细菌和古细菌会产生"记忆"，当再次面临同一种病毒或 DNA 时，就会迅速识别并响应发起反抗，类似人类的免疫应答系统。

1987 年，日本大阪大学石野等发现，大肠杆菌编码 K12 的碱性磷酸酶基因的编码区附近存在成簇的规律间隔的短回文重复序列。2002 年，荷兰科学家将这些序列命名为 Clustered Regularly Interspaced Short Palindromic Repeat，简称 CRISPR，这些重复序列高度保守。CRISPR 由这些重复序列和间隔序列相间排列而成。随后超过 40% 的细菌与 90% 的古细菌中都发现了这种重复序列，但研究者一直不太清楚这些序列的生物学意义和作用。

在大多数具有两个或两个以上 *CRISPR* 基因座的物种中，这些基因座的上游都会有一个 300 ～ 500 bp 的共同先导序列，类似于启动子的功能，可以启动后续 *CRISPR* 序列的转录。同时，还有 4 个 *CRISPR* 相关基因（*Cas gene*）位于 *CRISPR* 附近区域。由此推测 *Cas* 基因与 *CRISPR* 基因座有功能互动，其中 *Cas4* 基因含有 RecB 核酸外切功能域。

2005 年，法国科学家在更多的原核基因组中发现 *CRISPR* 和新的 *Cas* 基因，同时发现 *CRISPR* 中，夹杂在重复序列之间的间隔序列与宿主菌染色体外的遗传物质高度同源，认为这些间隔序列是外来病毒和外源 DNA 入侵后留下的印记，并推测细菌借助这些间隔序列编码出反义 RNA 来对抗噬菌体侵染，和对抗更普遍的外源 DNA 入侵，颇有些类似于人体的细胞免疫。2006 年，美国科学家在对 *CRISPR* 和 *Cas* 基因进行比较基因组分析后认为，*CRISPR–Cas* 系统其功能类似于真核细胞 RNA 干扰（RNAi）系统，是一种细菌和古细菌演化出来的防御噬菌体和质粒入侵的机制。

2007 年，美国科学家首次发现在遭受噬菌体攻击之后，细菌整合了噬菌体基因组序列后，*CRISPR* 中出现了新间隔区，这种新添加的新间隔区，既是入侵的印记，也是细菌和古细菌发起"免疫反应"的根据。去除或添加特定的间隔区，细菌对噬菌体抗性也随之变化。因此，*CRISPR* 和 *Cas* 基因让细菌对噬菌体产生抗性，而对哪种噬菌体产生抗性，则由 *CRISPR* 中的间隔序列决定，而间隔序列又由曾经入侵的噬菌体 DNA 序列决定。

2008 年，美国科学家发现 CRISPR 系统干扰阻止了表皮葡萄球菌的接合和质粒转化。因此，*CRISPR* 基因座可以干扰多种基因水平转移途径，尤其是可通过阻挠细菌之间的接合，遏制抗生素耐药性基因在病原菌中的传播。2009 年，美国科学家首次报道 CRISPR/Cas 系统可以切割入侵的 RNA，表明 CRISPR/Cas 系统可保护原核生物免受病毒和其他潜在核酸入侵者的侵害。

在上游先导序列的驱动下，*CRISPR* 区域被转录出来。转录出来的 mRNA 被切割成具有特定二级结构的小片段引导 RNA（crRNAs）。在 crRNA 的引导下，CRISPR/Cas 以序列特异的方式沉默外来 DNA。2011 年，瑞典科研人员发现与 crRNA 的前体重复序列互补的 24-nt 反式 tracrRNA 能促进 crRNA 的成熟和发挥作用，进而对抗入侵 DNA。

CRISPR/Cas 作为基因编辑系统走向应用源于 2012 年两位科学家的强强联合。美国科学家杜德纳和法国科学家卡彭蒂耶通过体外实验证明，成熟的 crRNA 通过碱基互补配对，与 tracrRNA 形成特殊的双链 RNA 结构，指导 Cas9 蛋白在目标 DNA 上引起双链断裂。在与 crRNA 指导序列互补的位点，Cas9 蛋白的 HNH 核酸酶结构域切制 crRNA 的互补链，而 Cas9 蛋白 RuvC 样结构域切割非互补链。当双 tracrRNA：CrRNA 被嵌合到一条 RNA 时，同样可以指导 Cas9 切割双链 DNA。她们的研究证明，CRISPR/Cas 系统在 RNA 指导下进行基因编辑，标志着 CRISPR/Cas9 基因组编辑技术成功问世，自此，基因编辑技术迅速在一系列物种中得到了广泛应用。2020 年，诺贝尔化学奖授予了这两位年轻的女科学家，以表彰她们对基因编辑技术发明的原创贡献。

2013 年年初，美国华人科学家张锋研究团队证明，在短 RNA 诱导下，Cas9 核酸酶可以对人和小鼠细胞基因组进行位点特异性的精确切割。更难得的是，他们发现，可以将多个引导序列编码到同一个 *CRISPR* 阵列中，于是就实现了对哺乳动物基因组中多个位点的同时编辑，说明 RNA 引导的核酸酶技术具有易编程性和广泛适用性。同年，美国和英国科研人员将 CRISPR/Cas9 成功应用于植物基因编辑。

这就是今天大名鼎鼎的 CRISPR/Cas9 的发现由来，它们是细菌的获得性免疫的系统，相当于细菌体内对外来噬菌体的通缉令。现在应用的 CRISPR/CAS9 系统，主要由人工设计的向导 RNA（sgRNA）和 Cas9 蛋白构成。

sgRNA 是 tracrRNA/crRNA 复合物的"改进型"整合体，可以作为向导，引导着动植物体内转入的外源 *Cas9* 基因产生的 Cas9 蛋白，去特异性地识别动植物基因组中的间隔序列前体临近基序（PAMs），并在其上游进行定点切割，产生双链缺口。进而通过非同源末端连接成同源重组两种方式修复断裂的双链 DNA，实现基因的特异性修饰。

高效率定向转换基因组的序列是 CRISPR/Cas9 技术用于遗传改良实践的关键，而近年来兴起的单碱基编辑技术满足了这一需求。目前，依据碱基修饰酶的不同可分为胞嘧啶碱基编辑器（CBE）和腺嘌呤碱基编辑器（ABE）。以胞嘧啶编辑器为例，该系统的作用机理是将胞嘧啶脱氨酶和人工突变后的 DNA 切口酶 nCas9 进行融合，融合蛋白在 sgRNA 的引导下将靶点 PAM 序列上游 5 ~ 12 个碱基范围内非标靶链上的胞嘧啶（C）转换为尿嘧啶（U），同时切割靶标链产生单链断裂，此时编辑受体启动修复机制，以非靶标链为模板将互补链中的鸟嘌呤（G）替换为腺嘌呤（A），最终实现 C/G 到 T/A 的转换。

碱基编辑系统的开发将 CRISPR/Cas 系统从切割 DNA 的"剪刀"变为能改写特定碱基的"修正器",打开了精准基因组编辑的大门。该系统目前已被广泛地应用于农业、基因治疗、作物育种等各个领域的研究。2017 年,《Science》杂志将基因编辑技术评为年度十大科学技术突破之一。

由于 CRISPR/Cas9 系统具有操作简单、靶向精准、细胞毒性低和成本低廉等特点,一经问世就受到广大科研工作者青睐,研究进展非常迅猛。2014 年,美国科研人员利用基因组编辑技术成功地把艾滋病病毒从培养的人类细胞系中彻底清除,由于 CRISPR/Cas9 编辑的作物可以在转基因后代中筛选不含有外源序列的个体,因此在 2016 年被认为是非转基因作物。同年,美国 NIH 批准第一个 CRISPR 基因编辑临床试验,用于编辑 T 细胞治疗癌症。2017 年,美国研究人员利用 CRISPR-Cas9 系统拯救失明小鼠。

当然,CRISPR/Cas9 系统也具有局限性,由于 Cas9 蛋白的结合和切割需要靶标 DNA 附近具有 NGG 位点,如果想编辑的基因组序列附近没有一个可识别的 PAM 序列,Cas 蛋白将无法识别或成功附着并切割。为了克服这一局限性,世界各地的科研人员投入很大精力创造 Cas9 变体,来拓展 Cas9 的靶向范围。例如,2015 年,Keith Joung 实验室最早获得可识别 NGA 的 SpCas9-VRQR 突变体及 NGCG 的 SpCas9-VRER 突变体。随后科研人员逐步获得识别 NG 变体以及识别 NRNH(R 为 A/G,H 为 A/C/T)、NRN 和 NYN(Y 为 C/T)(NRN > NYN)的变体,使 SpCas9 突变体几乎完全摆脱了 PAM 困扰。

此外,科研人员还利用其他类型的 Cas 蛋白来拓展 PAM 位点。如 Cpf1 蛋白,它比 Cas9 蛋白分子量小,由单个 crRNA 指导,在富含腺嘌呤/胸腺嘧啶的 PAM 序列远端切割双链 DNA 靶标,并形成黏性末端。2018 年,中外科研人员合作开发出一系列基于 CRISPR/ Cpf1(Cas12a)的新型碱基编辑器(dCpf1-BE)。理论上,该系统可对数百种引起人类疾病的基因组点突变进行定点矫正,临床应用潜力巨大。

除在 DNA 水平上进行基因编辑外,还可以在 RNA 水平上对遗传物质进行编辑。2016 年,美国华人科学家张峰教授团队发现 Cas13a 具有 RNA 介导的 RNA 酶活性,为在 RNA 水平改变遗传信息提供了一种新的工具。2017 年,张峰教授又发现 PspCas13b 是一种比 Cas13a 更稳定更高效的核酸酶。PspCasl3b 不仅能进行 RNA 的切割,还可以通过失活的 PspCas13b 与不同功能的蛋白融合,实现各种靶向 RNA 的编辑,如通过融合 hADAR 在动物细胞中在 RNA 水平上实现 A-I 的定点编辑。

CRISPR/Cas 系统还可以在不破坏 DNA 的完整性的情况下,对基因的表达进行调控。例如,2013 年,科研人员将 Cas9 的核酸酶活性失活,成为 dCas9(dead Cas9),但仍然可以在 gRNA 的引导下将转录激活或抑制元件带到特定的位点,然后对特定靶基因的表达进行调控。2017 年,有科研人员将 gRNA 改变为只有 14 个核苷酸的长度,导致其失活,但仍可以使 Cas9 定位在特定序列,但不能行使 DNA 切割功能。该系统称为 CRISPR-Cas9 TGA(Target Gee Activation)。其同样是将融合表达的转录调控因子带到特定位点,从而对靶标基因的表达进行调控。

四、基因编辑育种应用

基因编辑技术，尤其是 CRISPR/Cas 技术已经广泛用于动植物研究中，除了常见的模式生物，如线虫、果蝇、斑马鱼、小鼠等，还有猪、犬、猴等大型动物，以及水稻、小麦、玉米、大豆和棉花等重要粮食和经济农作物，展现了巨大的育种应用价值。

在小麦中，高彩霞等利用基因组编辑技术精确地靶向突变 MLO 基因的 3 个拷贝，直接获得了对白粉病具有广谱抗性的小麦材料；在水稻中，利用 CRISPR/Cas9 系统在温敏核雄性不育基因 TMS5 中引入了特异性突变，并开发了新的不育系材料，有望加速温敏核雄性不育系在水稻杂交育种中的应用。CRISPR/Cas9 也被植物学家们改造为抵抗病毒的新工具，在拟南芥、烟草中利用 Cas9 和靶向双生病毒的 gRNA，实现了植物对靶病毒的免疫。

双孢菇非常容易褐变，从而影响其品质。宾夕法尼亚州立大学帕克分校的杨亦农实验室利用 CRISPR/Cas9 技术对双孢菇的一个多酚氧化酶基因 PPO 进行定向修饰，获得的 DNA-free 突变双孢菇中多酚氧化酶的活性降低了 30%，并具有了抗褐变能力。

2016 年，美国农业部宣布利用 DNA-free 基因组编辑技术研发出的具有抗褐变能力的双孢菇品种，由于最后产品中无外源 DNA，不属于转基因产品的管理范畴，其食用安全性等同于传统育种得到的农作物品种，可以直接用于种植和销售，成为全球第一例获得美国农业部监管豁免的商品化基因组编辑品种。

植物中许多重要农艺性状是由单个或少数几个碱基突变引起，而碱基编辑器的开发为在植物中快速、高效且精准的创制单碱基突变体提供了有力的工具。

表 1-2 作物遗传改良中基因编辑技术的应用

SSN 类型	物种	基因	突变体表型	修饰方式
ZFNs	玉米	IPK1	低植酸含量	敲除
TALENs	水稻	Os11N3	抗白叶枯病	敲除
	水稻	OsBADH2	具有香味	敲除
	水稻	Lax3	耐储藏性	敲除
	水稻	SWEET14	抗白叶枯病	敲除
TALENs	小麦	MLO	抗白粉病	敲除
	大豆	FAD2-1A, AD2-1B	高油酸含量	敲除
	马铃薯	VInv	耐冷藏性	敲除
CRISPR/Cas9	水稻	OsERF922	稻瘟病抗性增强	敲除
CRISPR/Cas9	水稻	IPA1	分蘖和穗粒数改变	敲除
	水稻	DEP1	直立穗密度增加	敲除

续表

SSN 类型	物种	基因	突变体表型	修饰方式
	水稻	Gn1a	主穗粒数增加	敲除
	水稻	GS3	谷粒变长	敲除
	水稻	Gn1a	穗粒数增加	敲除
CRISPR/Cas9	水稻	GW2, GW5, TGW6	粒重增加	敲除
	水稻	csa	光敏核雄性不育	敲除
	水稻	TMS5	温敏核雄性不育	敲除
CRISPR/Cas9	水稻	OsWaxy	低直链淀粉含量	敲除
CRISPR/Cas9	水稻	BEIIb	高直链淀粉含量	敲除
	水稻	ALS	抗除草剂	定点替换
	水稻	OsEPSPS	抗除草剂	定点替换
CRISPR/Cas9	玉米	ARGOS8	抗旱	定点插入
	玉米	ALS	抗除草剂	定点替换
	玉米	Ms26, Ms45	雄性不育	敲除
	玉米	LIG	无叶舌	敲除
CRISPR/Cas9	小麦	TaGASR7	粒重增加	敲除
	小麦	TaDEP1	植株变矮	敲除
	大豆	GmFT2a	花期推迟	敲除
	番茄	SP5G	花期提前、产量增加	敲除
	柑橘	CsLOB1	溃疡病的抗性增强	敲除
CRISPR/Cas9	双孢菇	PPO	抗褐变	敲除
CRISPR/Cpf1	水稻	OsPDS	植株白化	敲除
	水稻	OsBEL	除草剂敏感	敲除
CRISPR/Cpf1	水稻	OsCAO1	植株黄化	敲除

高彩霞等自 2016 年以来,在水稻、小麦和玉米原生质体中通过多个基因的编辑,创制了一系列抗除草剂小麦新种质和抗除草剂的水稻 ACC 基因突变材料。朱健康等对水稻的 6 个基因开展了编辑,且实现了 C–T 和 A–G 的同时编辑。此外,研究人员利用 RPS5A 启动子驱动 ABE,在双子叶拟南芥和油菜中实现了高效的编辑,并创制了拟南芥早花的 ft 突变体材料以及实现了油菜 PDS 基因 mRNA 的可变剪接。

2020 年,中国科学家利用 CRISPR/Cas9 介导的基因编辑定点删除技术实现了一步法创制雄性核不育系并筛选得到配套的保持系，通过该技术体系生产的不育系和杂交种将不含有转基因，被认为是利用基因编辑技术快速进行农作物杂交育种的一个简单、有效的途径。

基因编辑技术与体细胞克隆等技术结合，可制备出具有重要经济价值或医学研究价值的基因编辑动物，在动物遗传育种和人类疾病研究等领域具有广阔的前景。

MSTN 基因是目前为止发现唯一对肌肉生长起负调控作用，控制猪个体生长发有和脂肪沉积，改善猪产肉性能的有效基因，其突变可导致肌肉异常增长或产生双肌臀表型。2015 年，中国科学家利用 ZFN 技术成功获得 MSTN 突变的基因编辑梅山猪，双等位突变基因编辑猪育种群瘦肉率显著提高新品种动物。

牛奶和羊奶中的 β-乳球蛋白是人乳中不含有的蛋白，是奶制品中的过敏原之一。2011 年，中国农业大学的研究者利用基因编辑技术成功敲除牛基因组中的 β-乳球蛋白基因，获得培育出不含 β-乳球蛋白的奶牛。为免除了奶牛切角的痛苦，2016 年美国科学家利用 TALEN 技术成功将 POLLED 基因的一个等位基因插入到奶牛胚胎成纤维细胞，获得无角又保持高生产性能的奶牛新品种。

2020 年，美国研究团队在哺乳动物细胞基因组 3 万多个整合靶标上表征了 11 个 C 和 A 碱基编辑器的序列与活性关系，通过 BE–Hive 机器学习模型准确预测碱基编辑基因型结果，发现了先前无法预测的 C-to-G 或 C-to-A 编辑的决定因素，以 ≥ 90% 的准确性纠正了 174 个编码序列，为新的基因编辑器提供了改进的编辑功能。

基因编辑工具箱内的明星成员 CRISPR/Cas9 编辑系统对 mtDNA 无效，因为该系统使用 RNA 将 Cas9 酶引导至靶标，但 RNA 无法进入被膜包裹的线粒体中。2020 年，美国科学家开发了一种不依赖 CRISPR/Cas9 碱基系统、命名为 DdCBE 的 mtDNA 编辑工具，首次实现了对线粒体基因组的精准编辑。该研究将细菌毒素衍生脱氨酶 DddA 与 TALE 蛋白结合，在线粒体导肽帮助下进入线粒体，并结合在特定的 mtDNA 序列上。

第二章　农业转基因发展状况

第一节　转基因发展历程

一、转基因技术的产生

转基因技术是现代分子生物学发展的产物。当20世纪50年代科学家揭示了DNA双螺旋结构之后，人类开始真正从分子水平认识了基因，同时也开始了通过直接改造基因来改造生物的科学实践。首先，科学家发明了DNA重组技术，如1973年，美国科学家把侵染细菌的病毒——噬菌体λ的DNA片段插入侵染哺乳动物细胞的病毒——猿猴病毒SV40的基因组中，并导入大肠杆菌中进行扩增，为人类首次开展的"遗传工程"实验。之后，科学家又建立了较为完善的"分子克隆"技术，开始利用细菌来生产人们需要的蛋白质，如1978年，科学家把来源于人的胰岛素基因植入大肠杆菌，让大肠杆菌合成人胰岛素，1982年重组人胰岛素还成为第一种获准上市的重组DNA药物。

随着科学技术的不断进步，科学家逐渐开始了对动物和植物的转基因改造。转基因动物的诞生要早于转基因植物。比较公认的第一个转基因动物是1980年科学家Gordon用显微注射法获得的转基因小鼠，并标志着动物转基因技术的建立。1982年美国科学家将大鼠生长激素基因导入小鼠受精卵的雄性原核中，获得了个体增大一倍的转基因"超级鼠"。之后，科学家Church获得了首例转基因牛，为首个人类饲养的转基因牲畜。至今，人们已获得了转基因鼠、鸡、山羊、猪、绵羊、牛、蛙以及多种转基因鱼。

世界上第一次成功地获得转基因植物得益于对农杆菌侵染植物的机理研究。1983年，利用农杆菌介导的方法，美国华盛顿大学和威斯康星大学的科学家分别宣布将卡那霉素抗性基因导入烟草和将大豆基因转入向日葵，标志着植物转基因技术改良农作物的开始。之后，1985年，Fromm等建立了电击转化原生质体方法，并于1986年利用该方法获得了转基因玉米植株；1987年，Klein等发明了基因枪转基因方法，随后该方法被广泛应用于植物转基因。1996年，美国最早开始商业化生产和销售转基因作物（包括大豆、玉米、油菜、马铃薯和番茄）。之后，许多国家也都开始对转基因作物展开研究，并进行商业化种植，目前，针对动物和植物，越来越多的转基因技术被发明出来，大大加快了转基因技术应用的步伐。

二、转基因技术的发展

（一）国际发展历程

1974 年，科恩等选用仅含单一 EcoRI 酶切位点的载体质粒 pSC101，实现了非洲爪蟾核糖体蛋白质基因的体外重组，并在大肠杆菌中复制和表达，标志着以基因重组技术为代表的基因工程时代来临。20 世纪 80 年代初，基因重组技术在动物细胞分化研究中应用并取得了重要进展，《Science》杂志发表相关综述文章，首次提出转基因生物（Transgenic organism）一词，并将其定义为一种采用 DNA 重组技术获得、携带外源DNA 的生物。1982 年，采用显微注射法培育出世界上首例表达人生长激素、生长迅速地转基因小鼠。转基因植物的研究始于 20 世纪 70 年代，并在 80 年代初取得技术突破，如采用根瘤农杆菌的 Ti 质粒，实现把外源 DNA 整合进植物细胞染色体中并稳定遗传。1983 年，携带抵抗细菌抗生素卡拉霉素基因的转基因烟草和矮牵牛花，即首例转基因植物在美国诞生。其后一个来自单子叶植物小麦的叶绿素 a 结合蛋白（Cab）编码基因被成功转入双子叶植物（烟草）中。转基因作物产业化在 20 世纪 90 年代初拉开序幕。1993 年，Cagene 公司研发的延熟保鲜转基因番茄在美国获准上市；1994 年，Cagene 公司研发的耐苯腈类除草剂转基因棉花和孟山都公司研发的耐草甘膦转基因大豆在美国获准商业化种植许可；1995 年，先正达公司研发的抗虫转基因玉米和拜耳公司研发的耐除草剂转基因玉米在美国获准商业化种植许可；1996 年，先正达公司研发的抗虫耐除草剂复合性状转基因玉米在美国获准商业化种植许可。

1996 年，美国是当时全球唯一种植转基因作物的国家，种植面积为 170 万 hm^2。自 1983 年第一例转基因植物问世至 1996 年转基因作物大面积推广仅仅用了 13 年，其后转基因农作物种植面积在激烈争论中快速增长。2019 年，全球 29 个国家种植了 1.904 亿hm^2 的转基因作物，比商业化之初的 1996 年增加约 112 倍。此外另有 42 个国家 / 地区进口了用于养殖饲料和食品加工的转基因农产品。1996—2018 年，转基因技术应用为全球提供农产品产量 6.576 亿 t，价值 2 250 亿美元，同时提升耕地生产力，节省 1.83 亿hm^2 土地，减少全球 8.6% 的农药使用量和 0.271 亿 t 二氧化碳排放量，为应对全球性的气候变化、环境污染和资源短缺，保障全球食品、饲料和纤维的供应做出巨大贡献。

目前，国内外大规模商业化种植的转基因作物主要是第一代转基因产品，涉及耐除草剂、抗虫、抗病毒和抗旱等目标性状。同时，为了满足种植、生产、加工或消费的多样化需求，正在研发的转基因作物的目标性状不断扩展，包括耐除草剂性状如耐草丁膦和耐麦草畏等，抗病性状有抗晚疫病和抗黄瓜花叶病等，抗虫性状如抗马铃薯甲虫和抗水稻褐飞虱等，抗逆性状有耐盐碱和养分高效利用等；品质改良性状如高赖氨酸、高不饱和脂肪酸、延熟耐储和防褐变等。近年来，利用基因沉默技术培育的直接食用转基因产品产业化加速，防褐变和抗晚疫病转基因马铃薯、防褐变转基因苹果、番茄红素转基因菠萝以及快速生长转基因三文鱼相继在美国批准上市，农业转基因产业化应用从最初非食用的棉花和饲料用作物，拓展到直接食用的粮食作物、水果和养殖动物。

（二）国内发展历程

我国转基因技术从 20 世纪 80 年代起步至今大致可以分为 5 个发展阶段。

1986—2000 年为第一阶段，我国内地主产棉区棉铃虫连年大暴发，导致整个国家出现"棉荒"，使我国棉花生产不仅遭受巨大损失，而且大量使用农药也造成了环境污染。我国开始追踪世界转基因科技前沿，鼓励模仿世界先进技术。

这一阶段中，转基因技术逐步引进国内。转基因棉花开始应用于农业生产，但转基因大豆、玉米和水稻等食用主粮作物尚处于实验室研发阶段。

2001—2009 年为第二阶段，我国转基因研究开始从局部自主创新迈入全面自主创新阶段。2009 年，转 *Cry1Ab/1Ac* 融合基因的抗虫水稻华恢 1 号及杂交种 Bt 汕优 63（两者均为华中农业大学研发）、转植酸酶 *PhyA2* 基因的 BVLA430101 玉米自交系（中国农业科学院生物技术研究所与奥瑞金公司联合研发）获得农业部颁发的安全证书，转基因主粮产业化提上议事日程。转基因的风险不确定性逐步受到公众关注，政府开始全面加强对农业转基因生物安全的管理，严格审批流程。转基因生物新品种培育重大专项开始启动，"加快研究、推进应用、规范管理、科学发展"的转基因作物发展方针逐渐明确。

2010—2012 年为第三阶段，上述转基因 3 个安全证书发放之后，围绕转基因安全性、主粮化等形成了激烈的争论。支持人士强调转基因的安全性，强调不发展转基因技术，中国会在国际竞争中落后；而反对人们则认为"我不关注你是否会落后，我只关注我是否健康，而且关注我的子孙后代是否健康"，这些舆论导向不利于转基因的后续与推广。在此情况下，国家的转基因政策趋向于慎重，上述 3 个安全证书发放后，其品种审定、生产经营许可等没有继续向前推进，而采用了"预警式"转基因生物安全管理模式。

2013—2019 年为第四阶段，自 2013 年中央农村工作会议上，习近平总书记提出了"确保安全、自主创新、大胆研究、慎重推广"的转基因发展 16 字方针以来，国家转基因发展战略逐渐明晰。主要体现在 3 个方面：一是注重自主创新。二是坚持慎重推广。三是突出强调安全性。2018 年，农业农村部在正面回答全国人大代表有关转基因食品的安全性问题时指出，从生产和消费实践看，政府批准上市的转基因产品是安全的。全球范围的转基因作物商业化应用在争论中不断扩大，国内有关转基因食品安全的质疑趋于理性。

2020 年至今为第五阶段，开启了涉及粮油作物的农业转基因产业化应用。2020 年 12 月，中央经济工作会议决定，要尊重科学、严格监管，有序推进生物育种产业化应用。2021 年中央一号文件明确，对育种基础性研究以及重点育种项目给予长期稳定支持，要加快实施农业生物育种重大科技项目。2021 年 2 月，农业农村部办公厅印发的《关于鼓励农业转基因生物原始创新和规范生物材料转移转让转育的通知》，鼓励开展农业转基因生物生产配套性、市场成熟度、产品竞争力、技术创新性等综合评估，遴选出能够满足生产需要、符合市场需求、引领未来趋势的重大成果，打通由研发到应用的关键环节，加速成果推广应用。2021 年，农业农村部对已获得生产应用安全证书的耐除草剂转基因大豆和抗虫耐除草剂转基因玉米开展了产业化试点。

三、全球转基因农作物种植现状

全球自 1996 年开始转基因农作物商业化应用以来，种植面积不断扩大。截至 2019 年，全球转基因农作物种植面积分别为大豆 9 190 万 hm²、玉米 6 090 万 hm²、棉花 2 570 万 hm²、油菜 1 010 万 hm²、苜蓿 130 万 hm²、甜菜 47.3 万 hm²、甘蔗 2 万 hm²、木瓜 1.2 万 hm²、红花 3 500 hm²、马铃薯 2 265 hm²、茄子 1 931 hm²，其他农作物约 1 000 hm²。全球商业化应用前十的转化体是：耐除草剂玉米转化体 NK603（在 28 个国家／地区＋欧盟 28 国获得 61 个批文）、耐除草剂大豆 GTS40-3-2（在 28 个国家／地区＋欧盟 28 国获得 57 个批文）、抗虫玉米 MON810（在 27 个国家／地区＋欧盟 28 国获得 55 个批文）、耐除草剂和抗虫玉米 TC1507（在 27 个国家／地区＋欧盟 28 国获得 55 个批文）、耐除草剂和抗虫玉米 Bt11（在 26 个国家／地区＋欧盟 28 国获得 54 个批文）、抗虫玉米 MON89034（在 25 个国家／地区＋欧盟 28 国获得 51 个批文）、耐除草剂玉米 GA21（在 24 个国家／地区＋欧盟 28 国获得 50 个批文）、耐除草剂大豆 A2704-12（在 25 个国家／地区＋欧盟 28 国获得 45 个批文）、耐除草剂和抗虫玉米 MON88017（在 24 个国家／地区＋欧盟 28 国获得 45 个批文）。转基因玉米、大豆、棉花、油菜、紫花苜蓿、甜菜、木瓜、南瓜、茄子、马铃薯和苹果等转基因农作物均已上市销售，为全球消费者和食品生产商提供了更多选择。

四、全球转基因技术发展动态

大多数国家对转基因生物研究与产业化政策日趋积极，把发展生物技术作为支撑发展、引领未来的战略选择，力求抢占新一轮经济和科技革命的先机与制高点。印度 2007 年制定"生物技术发展战略"，英国 2010 年制定"生物科学时代：2010—2015 战略计划"，俄罗斯 2012 年制定"至 2020 年生物技术发展综合计划"，德国 2013 年制定"生物经济发展战略"，日本政府制定了"战略创新推进计划"。

目前，农业生物技术产业进入全球化布局的新阶段，技术与市场垄断更加集中，呈现出三个梯队。第一梯队：美国一家独大，技术占绝对优势，拥有世界上约一半的生物技术公司和生物技术专利；第二梯队：欧洲和日本等发达国家研究与技术力量雄厚；第三梯队：巴西、印度等新兴国家积极发展农业生物技术，试图打破国际跨国公司技术与市场垄断，建立全球生物产业发展新格局。农业转基因技术研发已成为世界各国增强农业核心竞争力的战略抉择。

（一）美国

美国无论是在转基因作物研发领域还是在商业化种植领域均是全球的领跑者，在这场农业生物技术革命中，美国是最大受益者。美国早在 1997 年就实施了国家植物基因组计划，建立起了成熟的转基因研发机构和完善的转基因作物安全管理体系，美国涉及转基因研究的单位多达 273 家。国家研究机构和大学主要有美国农业部、艾奥瓦州立大学、佛罗里达大学、俄勒冈州立大学等。根据美国农业部最新数据显示，2021年，美国种植玉米3 754万hm²、大豆3 546万hm²、棉花469万hm²、油菜81万hm²、甜菜47万hm²、苜蓿653万hm²，分别比上年增加5.4%、2.1%、-2.6%、9.8%、0.1%、-0.7%；其中玉米、大豆、棉花的转基因品种应用率分别为93%、95%和97%，油菜、甜菜接近100%；2021年美国累计种植转基因作物7 500万hm²以上，接近全球转基因作物种植面积的40%。

（二）欧盟

基于政治、经济和文化种种因素，欧盟采取"预防原则"进行转基因产品安全监管，并于20世纪90年代建立了严格的转基因作物审批制度。在欧盟，转基因作物新品种的研发成本十分高昂，一个转基因新品种通过安全评估需要花费700万～1 000万欧元。审批的高成本和产业化的渺茫，使转基因研发企业看不到盈利的希望，研发积极性受到打击，人才严重流失。欧盟持续推行消极的管理政策严重阻碍了生物技术产业的发展。随着基因组编辑等新兴育种技术的兴起，欧盟专门成立了新技术工作组，工作组已经意识到过度监管对欧盟造成的危害，推荐对新兴育种技术进行简化的管理。工作组专家普遍同意运用寡核苷酸定向突变（ODM）以及锌指核酸酶（ZFN）技术所得的生物体属于转基因生物体，但该生物体不应受欧盟严格转基因审批制度的监管。欧盟议会决议新兴育种技术可能会成功解决未来社会所面临的挑战，要确保对新兴育种技术的持续支持。欧盟对新兴育种技术的态度预示着欧盟严格的转基因审批制度未来会发生改变。据国际农业生物技术应用服务组织（ISAAA）数据显示，欧盟已经批准了12种转基因油菜、13种转基因棉花、50种转基因玉米和15种转基因大豆的上市许可。2019年，西班牙和葡萄牙分别种植了107 130 hm²和4 753 hm²的转基因玉米，共计111 883 hm²。

（三）日本

日本在1981年成立政府机构开展生物技术相关研究，本着突出重点领域的立项原则，短期内就取得了许多具有世界先进水平的技术和专利。日本在转基因研究方面储备了雄厚的研究实力，早在20世纪90年代初就完成了水稻全基因组的测序，然后充分利用了水稻基因组研究取得的高度，快速推进农业领域重要基因的鉴定和功能分析研究，培育出了大量优良的转基因材料，具备了将转基因技术有效应用于品种改良的良好基础。尽管日本每年在大量进口饲料和粮油原料等转基因农产品，但在本土种植依然有诸多限制，除了种植过蓝色转基因玫瑰外，日本国内几乎没有转基因作物的商业化栽培。日本的绝大多数转基因技术成果还依然停留在学术型成果阶段，没有进行后续的产业化开发。日本的研究机构和企业认为转基因监管政策太严格，国内市场排斥转基因产品，大多对转基因技术持消极态度。有的企业和机构已停止了相关研究，但也有一些企业采用在国外开发、种植，回国内销售的策略进行转基因产品的商业化开发，如将开发的转基因康乃馨在哥伦比亚栽培、运回日本国内销售。

（四）加拿大

加拿大是全球排名第四的转基因作物种植国。2018 年，加拿大的应用率达到 92.5%，种植了 6 种转基因作物，种植总面积为 1 275 万 hm²，较 2017 年的 1 312 万 hm² 减少了约 3%。这 1 275 万 hm² 占全球转基因作物种植面积的 7%，其中包括 240 万 hm² 大豆、160 万 hm² 玉米、870 万 hm² 油菜、1.5 万 hm² 甜菜、4 000 hm² 紫花苜蓿和 65 hm² 马铃薯。加拿大卫生部已经向含有维生素 A 原转化体 GR2E 的转基因黄金大米发放了批文，该决定符合澳新食品标准局（FSANZ）在 2018 年发放的批文。加拿大卫生部还批准了抗虫甘蔗，并做出以下决定：使用抗虫甘蔗生产的糖与传统甘蔗制糖具有同等安全性。

（五）巴西

巴西于 2003 年才开始推动转基因作物发展，在 2011 年成为全球种植转基因作物的第二大国家。2007 年巴西颁布支持转基因作物产业化法案，并投资达 70 亿美元（其中 60% 来自政府，40% 来自企业）开始实施为期 10 年的专项。2009 年，巴西农业科学院与德国巴斯夫公司共同研制的耐咪唑啉酮（Imidazolinone）除草剂大豆获准商业化种植。2010 年拥有巴西自主知识产权的转基因抗病毒大豆获批商业化生产。2015 年，由巴西 FuturaGene/Suzano 公司开发的一种国产桉树获得种植批准，该桉树可提高 20% 产量。另外，本国开发的一种抗病毒豆类和一种新的耐除草剂大豆获批于 2016 年进行商业化。巴西已经充分具备了研发、生产及审批新型转基因作物的能力，而且转基因技术成果的成功应用已成为近年巴西经济的增长引擎。

（六）印度

目前，印度是全球第一大转基因棉花生产国，抗虫棉的种植为农民带来了可观的经济效益。2007 年，印度将生物技术的发展提升为国家发展战略，颁布了国家生物技术发展战略，要求调动国家资源促进生物技术产业的发展，将印度打造为世界生物技术研发中心。生物技术是 21 世纪的朝阳产业，印度政府不仅在研究上加大投入，更采取措施促进转基因农作物的商业化发展，每年的投入达到 5 亿美元。

五、我国转基因发展动态

我国转基因作物研究始于 20 世纪 80 年代，是开展这项新技术研发最早的国家之一。转基因重大专项实施以来，我国建立起涵盖基因克隆、遗传转化、品种培育、安全评价等全链条的转基因技术体系。克隆了一批具有重要育种应用价值的抗病虫、抗逆等性状的关键基因，部分重要基因已开始应用于转基因新材料创制。这些成果打破了发达国家和跨国公司基因专利的垄断。

中国的农业生物技术发展经历了跟踪国际科技前沿（1986—2000 年）和自主创新（2001 年至现在）两个时期。在早期的跟踪阶段，建立了主要农作物的遗传转化体系，对国际上已有相关研究的主要功能基因进行了功能验证和大田试验，开发出了转基因抗虫棉并推广应用。进入21世纪，中国更是高度重视转基因技术研究与应用，在国家高新技术研究发展计划（"863"计划）、国家重点基础研究发展计划（"973"计划）、国家自然科学基金等相关科技计划支持下，全面进入自主创新阶段，在重要功能基因发掘、转基因新品种培育及产业化应用等方面都取得了一系列重大成就。特别是2008年，国家启动转基因生物新品种培育重大专项，转基因研发呈现后来居上的态势，实现了总体跨越、部分领先。

我国科研机构在转基因作物研发方面一直非常活跃，除转基因棉花外，研发重点主要集中在水稻、玉米、小麦、大豆和油菜5类粮油作物领域。截至2020年年底，经农业农村部批准的有效（证书5年有效期）农业转基因生物安全证书共有1 164张，其中转基因棉花981张、转基因玉米40张、转基因大豆26张、转基因油菜12张、转基因木瓜3张、转基因甜菜2张。转基因棉花证书占总数的84.3%，体现了绝对优势。2016—2020年，我国有效农业转基因生物安全证书分别为217张、34张、396张、293张、224张，呈现快速发展态势。由于从发放农业转基因生物安全证书进入生产应用环节，还需要经过品种审定等环节，目前我国批准种植的农作物只有2个品种，即转基因棉花、转基因木瓜。

中国牵头或参与组织完成了包括水稻、油菜、棉花、小麦等重要农作物的全基因组序列分析。从重要农作物中分离克隆了一大批具有自主知识产权的、控制重要农艺性状的功能基因，包括控制籽粒大小、粒型、穗型、株型、抽穗期、育性、抗虫、抗病、抗盐、抗旱、耐低温、营养高效等基因。

研发出了抗虫转基因水稻、抗虫转基因棉花，转植酸酶基因玉米等世界领先的转基因产品，还在抗虫玉米、耐除草剂大豆和抗旱小麦等领域取得了一批重大成果，显著提升了中国自主基因、自主技术、自主品种的研发能力，在新品种培育的不同阶段已形成金字塔型成果储备。

中国已建立有一整套的法规，严格监管转基因生物安全。转基因育种有很严格的审批程序和标准，需要通过安全评价（食品安全，环境安全）、品种审定、种子生产许可、种子经营许可、生产加工许可等步骤，才能投入大田生产。转基因农作物品种的审定可以说是有史以来最严格的品种审定。

公众常常被误导，以为生活中到处都是转基因农产品，把以前没有看到过的或不常见的农产品都认为是转基因的。在网络上把圣女果（小番茄）、彩色甜椒、小南瓜、小黄瓜、不同颜色的胡萝卜、甜玉米等都说成是转基因的。还有我们讲紫色的东西营养好，市场上出现了紫薯、紫马铃薯、紫山药、紫甘蓝，大家又以为这些都是科学家通过转基因得来的，实际上不是，很多东西我们在过去只是没有很好地利用，或者从国外引进的，其实是早就有的品种。

在世界科技发展史上，许多新的重大科学发现和技术突破往往会伴随激烈的争论，转基因及生物育种技术在争论中不断完善和快速发展。1999年我国首次启动了以转基因研究为主的国家转基因植物研究与产业化专项，当时全社会对转基因技术毫无争议并寄予厚望，但2008年我国启动国家转基因生物新品种培育重大专项时，"转基因"一词已逐渐被妖魔化，被误导为食用转基因产品后人体可能被转基因甚至断子绝孙，引起国内公众的巨大恐慌。2009年，农业部颁发抗虫转基因水稻和饲用转基因玉米的安全证书，引发了全社会对转基因安全的空前关注，"挺转"和"反转"两方在转基因食用安全、环境风险、产品标识、政策法规和生物伦理等方方面面展开激烈论战。尽管面临巨大争议，我国转基因重大专项仍然顺利实施并取得显著成效，带动我国农业生物技术实现了总体跨越，在重要农艺性状基因鉴定、克隆，以及植物基因组学相关基础学科方面取得了突破性进展，水稻转基因育种等领域已处于世界领先水平。

科学家在从事科学研究过程中，必须遵循共同的道德和伦理准则，包括保护研究对象、保护环境、安全性研究，确保科学的良性发展。科学家在这方面比公众有更多认知，必须以负责任的态度参与决策、提供咨询、科学传播，有责任向公众普及科学知识，提升公众对科学的认知，弘扬科学精神，理性对待科学技术发展中的不确定性。

中国农业的现代化和可持续发展，需要高科技。现代生物技术，包括转基因技术，基因组编辑、分子模块育种、合成生物学技术等，必将会在我国现代农业发展中发挥更大的作用。近十几年，我国由于各种原因，除了棉花和番木瓜外，再没有批准新的转基因作物在农业生产上应用，在转基因农作物产业化方面，我们跟国际的差距在拉大。诺贝尔和平奖得主诺曼·博洛格曾讲过：我们需要那些仍然别无选择地使用陈旧、低效方法进行种植的农民所在的国家的领导人拿出勇气。绿色革命和现在的植物生物技术正帮助我们在满足对粮食生产需求的同时，为下一代保护好环境。

2021年，中央经济工作会议和中央一号文件都提出，要尊重科学、严格监管，有序推进生物育种产业化应用；农业农村部办公厅《关于鼓励农业转基因生物原始创新和规范生物材料转移转让转育的通知》，鼓励开展农业转基因生物研究，加速成果推广应用。这些政策文件的出台，将极大推动农业转基因的技术研究，并推动农业转基因的相关产业化应用。

第二节　发展转基因的意义

转基因技术是现代生物技术的核心，运用转基因技术培育高产、优质、多抗、高效的新品种，能够降低农药、肥料的投入，对缓解资源约束、保护生态环境、改善产品品质、拓展农业功能等具有重要作用。转基因作物对环境、人类和动物健康，以及对改善农民和公众的社会经济条件的巨大益处，全球都在应用转基因作物。1996—2018年，转基因作物为全球带来了2 249亿美元的经济效益，惠及1 600万～1 700万农民（其中95%来自发展中国家）。

一、转基因能够促进全球可持续性发展

转基因技术是一种节约耕地的技术，可在现有耕地上获得更高的生产率，因此有助于防止砍伐森林和保护生物多样性。2010年转基因作物产出2.76亿t额外的粮食、饲料和纤维，相当于9 100万hm² 土地种植传统作物以获得相同产量，如果要新开垦增加

9 100 万 hm² 耕地面积，极有可能需要耕作生态脆弱的贫瘠土地和砍伐富有生物多样性的热带雨林。1996—2018 年，作物产量增加了 8.22 亿 t，价值 2 249 亿美元，其中，仅 2018 年就增产 8 690 万 t，价值 189 亿美元。

转基因技术有利于减轻贫困和饥饿，减少农业生产污染和改善生态环境。到目前为止，转基因棉花已经在中国、印度、巴基斯坦、布基纳法索及南非等发展中国家为 1 500 万资源贫乏的小农户的收入做出了重要贡献，并且这一贡献在今后还将继续增强。传统农业需要施用大量农药，对环境有严重影响，转基因技术能够减少这种不利影响。1996—2018 年，使农药活性成分用量减少了 7.76 亿 kg，仅 2018 年就使农药的环境释放量减少了 5 170 万 kg；1996—2018 年农药使用减少 8.3%，仅 2018 年就减少了 8.6%。

目前全球 70% 的淡水被用于农业。抗旱性状作物的应用将对世界范围内，尤其是干旱严重的发展中国家的农业体系可持续性产生重大影响，转基因技术有助于减缓气候变化及减少温室气体，通过减少使用矿物燃料、杀虫剂和除草剂。2018 年减少二氧化碳排放 230 亿 kg，相当于一年减少了 1 530 万辆汽车上路。随着全球气候变暖，人类面临的干旱、洪涝等灾害将更为频繁且更为严重，全球粮食安全问题日益突出，与传统育种技术相比，转基因技术能加快育种进程，培育更多的抗逆优良品种，以满足日益增长的世界人口对粮食的巨大需求。

全球有 3 万多种可食用的植物，但是养育这个世界的植物主要也就有 30 多种，其中最重要的有 5 种谷物，水稻、小麦、玉米、粟类、高粱，这五类谷物提供了人类所需能量的 60%。全球产量最高的前 10 种作物为人和家养动物提供了所消耗食物的 95%。到目前为止，全世界农民大规模种植的作物也仅有几十种。全球的主粮中，水稻、小麦、玉米等谷物占了 3/4。另外，全球还有 1/4 主粮来自马铃薯、红薯、木薯、山药等薯类作物。除了主粮外，我们所必需的很大一部分油和蛋白质也来自植物，大豆是世界上最重要的植物蛋白质原料，也是最重要的油料作物之一，在我国也是最重要的粮油作物。人们食用最多的是大豆油，其他还有菜籽油、花生油等。在全世界植物蛋白中，大豆蛋白占了 67%。大豆给中国人提供了很大一部分的蛋白质。世界粮食及农业组织预测 2050 年全球粮食需求要翻番，这就意味着全球的作物产量需保持年增长 2.4% 以上。但是目前水稻、玉米、小麦和大豆产量的年增长率都没有超过 2.4%。我国对粮食的刚性需求还在增加，要养活这么多人口，这是严峻的任务。

我国用大约 7% 的世界耕地，养育超过 20% 的世界人口。中国生产的稻米占世界 30%，玉米占 20%，棉花占 26%，油菜籽占 33%。尽管如此，我国自产的农产品尚无法全部满足自己消费。我国每年要进口大量的大豆（占消费量的 80% 以上），还要进口数量不等的玉米、棉花和稻米等作物产品。1992 年以来，我国谷物增长幅度低于人口增长幅度，我国对国外农产品的依存度在逐年上升。据统计数据显示：2020 年全年中国累计进口大豆 10 032.82 万 t，同比增幅 11.7%，首次超过 1 亿 t。如何保障我国的食物安全和可持续发展，问题摆在了所有中国人的面前。

当前，影响我国粮食生产的关键因素是粮食播种面积和粮食单产水平。由于工业化和城镇化进程加快等，我国粮食总播种面积呈下降趋势，但随着科技进步、农业投入加大等因素影响，我国粮食作物单产水平却不断上升。2004—2019 年，我国粮食取得历史性的"十六连丰",总产量增加了54%,单产提高对总产增长的贡献达到66%。自1996年转基因作物商业化种植以来,全球种植面积已达28.6亿亩^①,将农作物平均单产提高了21.6%。美国通过转基因技术的应用,玉米、大豆平均单产比中国高40%左右。据联合国粮农组织预测,未来世界粮食增产总量约20%来自播种面积的增加,约80%来自单产的提高。可见,确保粮食安全的关键是稳步提高粮食的单产水平。因此,大力发展转基因农作物将是保障全球人口粮食问题的重要措施。

同时,我国农业面临新的严峻挑战,主要经济作物的病虫害逐年加重,大量喷施农药造成环境污染,严重危害人类健康;过量施肥加重农民经济负担,使土壤种植能力退化,还造成江河湖海等水域的富营养化。此外,我国近年水资源短缺且旱灾频繁,北方及沿海地区盐碱地多,南方热带、亚热带地区土壤普遍为酸性,这些不良环境对作物的种植和产量有很大影响。提高种质资源,发掘低消耗、高产量并且具备较强抗逆能力的新品种,才是从根本上解决问题的方法。外源基因转化的方法可使那些重要经济作物获得各种新的性状,由此可以培育出抗病虫害、耐高盐碱并且具有更高产量和品质的新品种。

二、转基因育种是良种的必然选择

自从人类社会进入农耕文明时代以来,就从未停止过对农作物的遗传改良。转基因技术是人类改良农作物的一种最为有效的技术途径。转基因技术与传统育种技术一脉相承,本质上都是通过基因转移获得优良品种,但转基因技术可以打破物种界限,实现更为精准、快速、可控的基因重组和转移,提高育种效率,引领现代农业发展的新方向。因而,转基因技术在抗病虫、抗逆、高产、优质等性状改良方面具有不可替代的作用,同时在缓解资源约束、保障粮食安全、保护生态环境、拓展农业功能等方面应用前景广阔。

转基因技术及其产业在经历了"技术成熟时期"和"产业发展时期"两个阶段之后,目前已进入至关重要的抢占技术制高点与经济增长点的"战略机遇时期"。随着新基因、新性状、新方法和新产品不断涌现,转基因技术得到不断创新和发展,主要表现在:首先,功能基因种类不断增加。我国转基因重大专项启动实施以来,鉴定具有自主知识产权的功能基因300多个,完成了80个以上营养品质、抗旱、耐盐碱、耐热、养分高效利用和产量等经济性状基因的功能验证;其次,转基因性状日益丰富。转基因作物从抗病虫和除草剂等第一代特性向抗逆、改良营养品质、改变代谢途径、工业或医药用生物反应器等第二、三代特性发展,将在更广阔的领域改变传统农业的面貌;再次,转基因方法更加多样,新的基因操作技术和遗传转化方法不断出现。近年来兴起的锌指核酸酶(ZFN)和寡聚核苷酸定向诱变(ODM)等新技术,使植物基因定点突变成为可能。另一个技术发展趋势是把转基因作为育种过程的一个环节,利用转基因技术培育非转基因品种。

转基因技术是传统育种技术的延伸,培育良种的方法主要有4种:一是选择育种,直接从一个品种群体中选择自然变异个体,培育成新品种;二是杂交育种,通过不同品种杂交和多代自交,在后代中选择具备双亲优良特性的品种;三是诱变育种,利用射线

---

① 1 亩≈667 m², 15 亩 =1 hm², 全书同。

等物理因素或诱变剂等化学因素处理植物组织，人工创造遗传变异，从中选择所需要的突变类型；四是转基因育种，从一种生物中分离需要的目的基因，导入另一物种中，培育新品种。

随着科学技术的发展，人们现在可以打破物种界限进行基因转移，从而达到品种创新和品种改良的目的，这种不受物种生殖隔离限制而进行基因转移的方法就是转基因技术。它是将已知功能的基因人工分离出来后直接加入生物体内使生物发生相应变异的技术。

转基因技术与传统育种技术有两点重要区别。第一，传统杂交育种技术只能在相同生物物种内进行基因转移，而转基因技术则不受生物物种生殖隔离限制，可以在不同物种间转移基因。例如，将鱼的基因转到农作物上提高农作物的抗寒性，将细菌的基因转到农作物上使农作物免受害虫为害等。第二，传统的杂交育种技术是在生物个体水平上进行的，两个品种杂交后，来自母本的基因和来自父本的基因混到一起，通过父母基因的重新组合产生新的变异。而转基因技术是从一个物种获得一个功能清楚的基因，并将这个基因转移到需要它的物种中，达到品种改良的目的。因此传统的杂交育种往往是一次转移大量的基因，对于后代的表现较难预期和把握，转基因技术只转移一个或少数具有明确功能的基因，后代表现容易预期和把握，可见，转基因技术是传统育种技术的发展和延伸。

当前，随着全球人口的增加，人均资源贫乏。传统技术（杂交育种、化肥、农药等）的使用已经无法满足未来社会和人口发展的需要，发展转基因技术是不可犹豫的选择。发展转基因技术不但可以大幅度提高农业综合生产能力，确保农产品有效供给，保障我国粮食安全，还可以显著减少农药用量，减少家畜养殖污染，提高水肥利用效率，改善农业生态环境，大幅度提高农业生态安全保障能力，明显降低农业生产成本，减轻农民劳动强度，大幅度提高种植业和养殖业的经济效益。

三、我国发展转基因技术是出于现实需求

我国是一个农业大国，基本特点是人多地少，资源短缺。此外，我国也是一个自然条件并不优越的国家，南咸、北碱、东西部寒冷，半壁江山干旱。改革开放以来，我国农业和农村发展取得了举世瞩目的成就，但同时面临人口增加、资源短缺、环境恶化、气候异常、市场竞争等越来越大的压力，粮食中长期供求形势依然十分严峻。多年来我国粮食增产主要依靠单产的提高，目前主要作物的单产已经达到了相当高的水平。但要想进一步提高，确保我国粮食基本自给率95%以上，必须突破现有技术的瓶颈。因此，加快转基因生物技术的发展与常规技术的紧密结合，大幅度提高农产品的产量和品质，才能满足我国社会经济发展对农产品持续增长的需求。

推动转基因生物品种产业化已成为我国既定的战略决策。中央一号文件连续多次强调加快农业生物技术的发展，国家高技术研究发展计划（以下简称"863"计划）、国家重点基础研究发展计划（以下简称"973"计划）等科技计划都将转基因技术研究作为重大项目予以支持。2008年，我国启动实施了基因生物新品种培育重大专项，是中华人民共和国成立以来农业科技领域投入最大的高技术项目。转基因生物新品种培育科技重大

专项是《国家中长期科学和技术发展规划纲要（2006—2020 年）》16 个国家科技重大专项之一，累计投入资金总计约 200 亿元，开发了一批具有重要应用价值和自主知识产权的功能基因和生物新品种，在科学评估、依法管理基础上，推进转基因新品种产业化。

在国家系列科技计划的支持下，中国转基因育种的技术水平已经进入国际第二方阵的前列，我国已经初步建成了包括功能基因克隆、遗传转化、品种选育、安全评价、产品开发、应用推广等各环节在内的转基因育种科技创新和产业发展体系，形成了自主基因、自主技术、自主品种的创新格局，育种研发取得重大进展，实现了由跟踪国际先进水平到自主创新的跨越式转变。转基因品种研发由专项实施之初的少数农产品扩展到粮食和重要畜产品，一批自主克隆的重要性状基因开始应用于育种，转基因品种遗传转化效率达到国际先进水平，建立了完备的转基因育种技术产业化体系和生物安全技术保障体系；国产抗虫棉在印度、巴基斯坦等国大面积推广种植，抗虫水稻在美国获准上市，耐除草剂大豆在阿根廷获准种植；优质功能稻、抗旱节水小麦、抗旱玉米、抗虫大豆、耐盐碱棉花、抗蓝耳病猪等产品研发取得重要进展；育成新型抗虫棉 188 个，国内市场份额占 99% 以上，创造经济效益 500 亿元。目前，国产抗虫棉市场占有率从 1999 年的 10% 提升到 99% 以上。

2009 年，我国科学家拥有自主知识产权的转基因杂交水稻品系"华恢 1 号"和"Bt 汕优 63"获得安全证书，进入处于产业化应用的关键阶段，这是我国转基因作物技术研发历史上极具现实意义的一个事件。转基因水稻在生产试验中已显示出巨大的应用潜力。据中国科学院农业政策研究中心研究，转基因抗虫水稻杀虫效果显著，可以减少稻田防治害虫农药用量的 80%，显著减轻环境污染和农药残留。若我国 50% 的稻田种植转基因抗虫水稻，每年可减少农药用量 28.8 万 t。

第三节　转基因技术未来发展趋势

随着生命科学的发展，转基因技术研究日新月异，研究手段、装备水平不断提高，基因克隆技术突飞猛进，一些新基因、新性状和新产品不断涌现。

一、转基因技术的发展方向

安全高效、多基因聚合、规模化已成为转基因作物育种技术的主要发展方向。新型载体、受体、时空表达调控元件（启动子、终止子等），叶绿体遗传转化等新型转化方法，无选择标记基因的安全转基因植物技术等也在开发过程中，并得到初步应用。

（一）规模化转基因技术

标准化、工厂化和流水线式基因转化是提高转基因育种效率的重要发展方向。完善的农杆菌介导法、花粉管通道法和基因枪轰击法等转基因技术，并通过系统集成，建立了规模化、工厂化高效转化体系，有效降低了转基因运行成本，拓宽了受体的基因型范围，显著提高了转基因效率。

（二）多基因聚合转化技术

由于作物中绝大多数性状是由多基因控制的，将多个基因按照育种目标进行组装后同时导入一个受体中，使其多个性状同时得到改良，将提高目标基因的表达，降低或去除连锁累赘，有效地聚合多个有利基因。

（三）高效转化技术

转化效率低是阻碍转基因作物研发进程的重要原因。在作物上，载体改良、定点整合、基因时空表达调控等技术创新，将突破基因型限制，提高转化效率。

（四）品种分子设计技术

"品种设计"是系统生物学的思想和方法在作物品种培育领域中的实际应用。近年来出现的品种分子设计把转基因技术、分子标记辅助选择技术、DNA shuffling 技术和常规育种技术进行集成创新，已成为国际上提高育种效率的主要途径之一。

（五）外源基因清除技术

综合利用了两套位点特异重组酶的元件，即来源于细菌噬菌体的 Cre/LoxP 系统和来自酵母的 FLP/FRT 系统，这两套系统均通过重组酶识别特定的重组位点将插入该位点间的所有外源基因删除。外源基因清除技术具有几个显著优点：一是能够将转基因植物花粉和种子中的外源基因全部清除。二是大幅度地提高了转基因植物中外源基因的删除效率。三是外源基因清除技术更适合于生产上应用，尤其是在第二代和第三代转基因产品生产中更有应用价值。

二、转基因技术的未来发展趋势

（一）全球转基因技术发展趋势

自 1996 年首例转基因农作物商业化应用以来，发达国家纷纷把转基因技术作为抢占科技制高点和增强农业国际竞争力的战略重点，发展中国家也积极跟进，全球转基因技术研究与产业快速发展。主要呈现以下特点。

一是技术创新日新月异。转基因技术研究手段、装备水平不断提高，基因克隆技术突飞猛进，新基因、新性状、新方法和新产品不断涌现。二是品种培育呈现出代际特征。国际上转基因生物新品种已从抗虫和耐除草剂等第一代产品，向改善营养品质和提高产量等第二代产品，以及工业、医药和生物反应器等第三代产品转变，多基因聚合的复合性状正成为转基因技术研究与应用的重点。三是产业化应用规模迅速扩大。2019年，有 29 个国家种植了 1.904 亿 hm^2 的转基因作物，全球 79% 的棉花、74% 的大豆、31% 的玉米和 27% 的油菜是生物技术 / 转基因作物，五大转基因作物种植国的转基因作物平均应用率依次为美国95%（大豆、玉米和油菜的平均应用率）、巴西94%、阿根廷约100%、加拿大90%、印度94%。四是生态效益、经济效益十分显著。抗虫农作物可以减少农药使用，加强农业生态环境保护。五是国际竞争日益激烈。美国、加拿大、澳大利亚正在加快转基因小麦的研究和安全评价进程，印度转基因抗虫棉种植规模已超过我国，巴西由于种植转基因大豆，大豆产业国际竞争力大幅提升。

美国国家情报委员会（NIC）发布《全球趋势2040：一个竞争加剧的世界》。报告指出，生物技术在农业、制造业以及医疗保健行业的应用非常广泛，到2040年可能会占到全球经济的20%左右。生物技术创新将为人类社会带来大量福利，包括减少疾病和饥饿的发生、减少对石油化工的依赖，但也需要解决生物技术（如转基因作物和食品）的市场、管控、安全及伦理问题。据了解，作为美国情报机构战略思考的中心，NIC每4年发布一次报告，评估未来20年美国和全球的发展趋势和不确定性，并为美国政策的制定提供指导信息。因此，未来转基因技术将成为高技术领域的支柱产业和国家战略性新兴产业。

（二）我国转基因技术发展趋势

加强农业转基因生物技术研究，是中国一贯的政策，转基因技术是大有发展前途的新技术、新产业。中国在转基因研究领域，起步较早，有一支很好的科学家队伍，虽然总体上跟发达国家存在明显差距，但在有些领域，比如转基因水稻和玉米，处在领先水平。中国支持科学家抢占农业转基因生物技术的制高点，在研究方面不能够落伍。我国转基因技术研发和应用将在以下三方面发力。

一是生物育种产业蓄势待发。转基因抗虫棉花品种培育和产业化取得巨大成效；转基因抗虫水稻、转植酸酶基因玉米获得安全证书，具备产业化条件；抗旱、耐除草剂作物品种培育步伐加快；抗病、高产、品质改良等动物新品种培育进展顺利。二是提升自主创新能力。获得营养品质、抗旱、耐盐碱、耐热、养分高效利用等重要性状基因300多个，筛选出具有自主知识产权和重要育种价值的功能基因46个，下一步将更大力度投入研发，提升自主创新能力。三是提升生物安全保障能力。建立了我国转基因生物环境安全、食用安全评价和检测监测技术平台，研制高通量精准检测新技术30余项，开发一批检测试剂盒和专用检测设备，颁布转基因安全技术标准，大幅度提高了我国的生物安全保障能力。

三、创新发展我国农业转基因产业

科学发展规律告诉我们，科技成长之路充满曲折和艰辛。许多新技术发展之初往往不被公众理解和接受，特别是围绕一些具有重大产业变革前景、对未来经济社会发展具有重大影响的"颠覆性"技术，少数人出于种种原因更会妄加攻击和阻挠，争议就更加激烈。然而，新生事物的成长、新技术革命的发展是不以人的意志为转移的，对于发展中国家而言，"倒逼"技术发展的现象是经常发生的。人们或因生产急需，或为形势所迫而不得不接受技术和产业的变革。此时若能乘势而上，奋起直追，倒有可能抓住新科技革命的机遇，甚至实现经济的腾飞；若是故步自封，抱残守缺，则将步步落后，终被飞速前进的时代所遗弃。

转基因技术发展今后更要靠创新驱动，转基因技术是一项先端技术，也是各国科技竞争的主要领域，中国对转基因的态度和做法也十分明确，那就是"积极研究、坚持创新、慎重推广、确保安全"。在"发展高科技，实现产业化"方针的指引下，经过30年的努力我国已经初步建成了世界上为数不多的，包括基因克隆、遗传转化、品种选育、安全评价、产品开发、应用推广等环节在内的转基因育种科技创新和产业发展体系；拥有了一支达到国际水准的优秀人才队伍；一批创新型生物育种企业脱颖而出并迅速成长。

第三章 农业转基因生产应用

第一节 转基因技术应用

一、转基因技术应用广泛

生物技术的发展，有望从根本上解决人类社会发展面临的一些重大问题，如资源衰竭、人类健康以及环境污染问题。生物技术产业具有非常强的产业关联效应，其产业化发展对社会、经济和环境的协调可持续发展，具有非常突出的带动效应。转基因技术在医药、工业、农业、环保、能源领域得到广泛应用。

（一）医药领域

转基因技术最早在医药领域应用，主要用于生物制药和疫苗开发方面的应用非常普遍。如胰岛素、乙肝疫苗、抑生长素、干扰素、人生长激素等。目前已有50多种基因工程药物上市，应用于肿瘤、心脑血管病、免疫系统疾病和遗传病的治疗，特别是部分疑难病症，其治疗效果远超传统化学药物，给众多疾病患者带来了福音。1982年重组人胰岛素经美国 FDA 批准作为第一例基因工程药物上市，开创了转基因微生物产业化发展的先河。

（二）工业领域

在工业领域，转基因技术被用于改造传统产业。食品生产中经常使用的食品添加剂和加工助剂，都可以通过转基因技术进行菌种改良，如酶制剂、氨基酸、甜味剂和香料等，从而获得更符合要求的食品品质。除此之外，一些工业常用的糖类、脂肪和工业用酶可通过转基因植物生产。传统的化学工业过程，多数需要高温高压的反应条件。转基因技术则基本在常温常压条件下生产，不仅能减少能源消耗，还能避免环境污染。例如，用常规的方法生产农药不仅投资多、耗能高，而且严重污染环境，而把苏云金杆菌毒蛋白基因转移到大肠杆菌体内，通过发酵生产天然杀虫剂，不仅投资少、耗能低，而且避免了环境污染。传统农业对环境造成严重伤害，转基因技术可以大大减少农业对环境的影响。包括杀虫剂的使用明显减少，化石燃料的节省，通过少耕或免耕减少二氧化碳排放在新能源领域，转基因技术在生物发酵燃料酒精方面得到了很好的应用。在发酵工业中，微生物发酵法可以生产许多化工原料，如乙醇、丁醇、乙酸、乳酸、柠檬酸、苹果酸等，利用基因工程的方法可以改造传统的旧工业。用转基因技术构建工程菌，可以大大改进产品质量并提高产量，生产制造塑料的原料聚羟基丁酸可以被微生物分解，从而消除白色污染。我国在 20 世纪 50—60 年代就有比较成熟的工业菌种育种技术和生物发酵产业，我国的柠檬酸、味精、山梨醇、酵母等产品的生产技术工艺已经达到国际先进水平。目前，我国已建成世界最大的年产 2 万 t 生物基丁二酸的产业化生产线，以及年产 1 万 t 的高光学纯度 D− 乳酸生产线，聚羟基脂肪酸酯（PHA）年总产能超过 2 万 t，产品类型和产量国际领先。

（三）环保领域

转基因技术用于环境治理和环境保护。在污染物的生物降解与去除方面，可以利用基因工程的方法构建工程菌，对工业废水和生活污水进行净化处理，在治理环境的同时也可获取食用和饲料用单细胞蛋白。转基因技术还广泛应用于环境保护，如原油泄漏造成的污染、重金属污染的微生物降解、生活污水的微生物处理等。原理是将高效降解不同垃圾的基因，转到宿主细菌中，培育出环境治理效果较强的"超级细菌"。这些"超级细菌"有的能够分解石油中的多种烃类化合物，有的还能吞食转化汞、镉等重金属，有的还可以分解双对氯苯三氯乙烷（Dichlorodiphenyltrichloroethane，DDT）等毒性物质，从而达到改善环境的作用。1980 年，美国最高法院宣布授予第一个生物遗传工程专利———一种用来吞噬泄漏到海洋中的石油的微生物。利用 DNA 重组技术改造微生物，可以使微生物降解农药的能力大幅度提高，降解酶比产生这类酶的微生物菌体更能忍受异常环境条件，而且酶的降解效果远胜于微生物本身。降解酶基因经过生物工程技术改造之后可以高效表达，显著提高了对农药的降解率。转基因微生物也可以应用于生活污水和工业废水的处理，通过重组与有机污染物处理相关的基因构建同时处理重金属和有机污染物的基因工程藻株。传统的乙醇生产以各种含糖、淀粉或纤维素的农产品、林产品等为原料，通过发酵的方法获得乙醇。该方法不足之处在于需要消耗过多的原材料。通过转基因的方法可以构建多功能超级工程菌，使之分解纤维素和木质素，从而利用稻草、木屑、植物秸秆、食物的下脚料等生产酒精，并显著提高酒精产量。酒精可以用作发动机燃料，也被称为绿色石油。

（四）能源领域

在新能源领域，转基因技术在生物发酵燃料酒精方面得到了很好的应用。传统的乙醇生产以各种含糖、淀粉或纤维素的农产品、林产品等为原料，通过发酵的方法获得乙醇。该方法不足之处在于需要消耗过多的原材料。这些植物纤维原料的主要有效成分是木糖，充分利用木糖，能够使乙醇产量提高 25% 左右。酿酒酵母具有较高的乙醇耐受浓度，酿酒酵母菌自身不能利用木糖。运用转基因技术，可以增强重组酿酒酵母菌对木糖的利用，并加快重组菌的生长，从而可以显著提高乙醇的产量。

二、转基因技术在农业中的应用

根据《农业转基因生物安全管理条例》，农业转基因生物是指利用基因工程技术改变基因组构成，用于农业生产或者农产品加工的动植物、微生物及其产品，主要包括：转基因动植物（含种子、种畜禽、水产苗种）和微生物；转基因动植物、微生物产品；转基因农产品的直接加工品；含有转基因动植物、微生物或者其产品成分的种子、种畜禽、水产苗种、农药、兽药、肥料和添加剂等产品。其中转基因作物发展最快，截至2019年，全球转基因作物种植面积分别为大豆9 190万 hm^2、玉米6 090万 hm^2、棉花2 570万 hm^2、油菜1 010万 hm^2、苜蓿130万 hm^2、甜菜47.3万 hm^2、甘蔗2万 hm^2、木瓜1.2万 hm^2、红花3 500 hm^2、马铃薯2 265 hm^2、茄子1 931 hm^2，以及不到1 000 hm^2 的南瓜、苹果和菠萝。不同国家批准数量最多的前10个转化体包括：耐除草剂玉米转化体NK603（在28个国家/地区＋欧盟28国获得61个批文）、耐除草剂大豆GTS40-3-2（在28个国家/地区＋欧盟28国获得57个批文）、抗虫玉米MON810（在27个国家/地区＋欧盟28国获得55个批文）、耐除草剂和抗虫玉米TC1507（在27个国家/地区＋欧盟28国获得55个批文）、耐除草剂和抗虫玉米Bt11（在26个国家/地区＋欧盟28国获得54个批文）、抗虫玉米MON89034（在25个国家/地区＋欧盟28国获得51个批文）、耐除草剂玉米GA21（在24个国家/地区＋欧盟28国获得50个批文）、耐除草剂大豆A2704-12（在25个国家/地区＋欧盟28国获得45个批文）、耐除草剂和抗虫玉米MON88017（在24个国家/地区＋欧盟28国获得45个批文）。转基因玉米、大豆、棉花、油菜、紫花苜蓿、甜菜、木瓜、南瓜、茄子、马铃薯和苹果等转基因作物均已上市销售，为全球消费者和食品生产商提供了更多选择。

（一）抗除草剂转基因植物

杂草是农作物生产的大害，将抗除草剂基因转入栽培作物，能有效地防治田间杂草，保护作物免除药害。目前从植物和微生物中已克隆出多种不同类型抗除草剂的基因。抗除草剂转基因植物是最先进入田间生产的转基因植物，转基因耐除草剂大豆仍然是主要的转基因作物。

（二）抗病毒、抗细菌、抗真菌转基因植物

通过导入植物病毒的外壳蛋白基因、病毒复制酶基因、核糖体失活蛋白基因、干扰素基因等来提高植物抗病毒能力，商业化应用的转基因番木瓜具有显著的抗病效果。非植物起源的杀菌肽基因在植物上表达可使植物获得对病原细菌的抗性；植物也拥有抗细菌基因，如拟南芥 *Rps2* 基因和番茄 *Pto* 基因，这些基因的转基因植物也可使植物表达对病原细菌的抗性。与抗虫和抗病毒基因工程相比，抗真菌基因工程难度较大。2021年，由江苏里下河地区农业科学研究所小麦研究室主任高德荣科研团队，经过不懈努力，采取分子育种技术，在国内首次成功选育出高抗赤霉病、抗白粉病的"双抗"高产新品种——扬麦33号，通过江苏省农业科学院组织的专家组评鉴，有望成为我国新一代主导品种。

（三）抗虫转基因植物

昆虫对农作物的为害极大，目前对付昆虫的主要方法仍然是化学杀虫剂。采用转基因技术可以将抗虫基因转入作物体中，由作物本身合成杀虫剂，使其获得抗虫特性，减少杀虫剂的使用。抗虫基因主要有毒蛋白基因、蛋白酶抑制剂基因、植物凝集素基因、淀粉酶抑制剂基因等。自从将苏云金杆菌（Bacillus thuringiensis，Bt）的 Bt 毒蛋白基因导入烟草并成功表达出抗虫特性以来，抗虫转基因作物发展迅速，转基因抗虫棉、抗虫玉米等均已进入商业化生产。

（四）抗逆境转基因植物

植物对逆境的抵抗一直是人们关心的问题，为提高植物对干旱、低温、盐碱等逆境的抗性，研究人员试图将一些抗逆境基因克隆后转入植物。例如，科学家目前已成功地将北冰洋比目鱼的抗冻基因导入草莓中，并在美国上市销售。

（五）改良品质的转基因植物

通过转基因技术手段，可以提高植物的营养价值（提高蛋白品质、提高能量品质、提高维生素含量、提高微量元素含量），改进食用和非食用油料作物的脂肪酸成分，改善水果及蔬菜的口味等。例如，利用转基因技术在植物中表达编码半乳糖内脂脱氢酶的基因，可以提高维生素 C 的水平；将由玉米种子克隆的富含必需氨基酸的基因导入马铃薯后，转基因马铃薯块茎中的必需氨基酸提高 10% 以上。

（六）控制果实成熟的转基因植物

乙烯是植物果实成熟时重要的内源激素，通过控制乙烯合成的关键酶可延长某些水果和蔬菜瓜果的保鲜期；也可通过控制与细胞壁成分降解有关的酶的反义基因，来控制果实变软，延长保鲜期。

（七）复合性状转基因植物

复合性状是转基因作物一个非常重要的特点，也是未来的发展趋势。2010 年，美国投放 Smartstax TM 玉米，此种转基因玉米具有八种不同的新型编码基因，呈现 3 种性状，两种为抗虫性（一种抗地上害虫，一种抗地下害虫），第三种为除草剂耐性。复合性状还包括抗虫、抗除草剂和耐干旱性，加上营养改善性状，如高 Ω-3 油用大豆或增强型维生素原 A 的金米。2020 年，由西北农林科技大学等单位完成的"优质早熟抗寒抗赤霉病小麦新品种西农 979 的选育与应用"项目，获国家科学技术进步奖二等奖。

（八）转基因植物疫苗

转基因植物疫苗是利用分子生物学与基因工程技术将抗原编码基因通过构建植物表达载体导入受体植物，利用植物的全能性使其在体内表达出具有免疫活性的蛋白质，得到能使机体具有免疫原性的基因重组疫苗，机体通过注射或食用含目标抗原的转基因植物蛋白，激发免疫系统产生免疫应答，从而产生特异性的抗病能力。截至目前，常见转基因植物疫苗的目标抗原包含细菌类［如霍乱毒素 B 亚单位（Choleratoxin B subunit, CTB）、大肠杆菌不耐热肠毒素 B 亚单位（*Escherichia coli* heat–labile toxin B subunit, LTB）、结核杆菌素（Mycobacterium tuberculosis）、幽门螺旋杆菌细胞毒素相关蛋白（*Helicobacter pylori* Cytotoxin associated protein）等］、病毒类［如乙型肝炎病毒（Hepatitis B virus）、口蹄疫病毒（Foot and Mouth Disease Virus, FMDV）、轮状病毒（R otavirus, R V）、诺沃克病毒（Norwalk Virus, NV）等］、寄生虫类［如疟原虫（Plasmodium）、血吸虫（Schistosoma）、肝片吸虫（Fasciola hepatica）等］、避孕类［如透明带（Zona Pellucida, ZP）］及糖尿病类［如胰岛素原（Proinsulin, PROIN）、GAD65 抗原表位等］，受体植物从较为简单的模式植物烟草、拟南芥，逐渐扩展为表达量相对较高的番茄、莴苣、白菜（Brassicapekineniss）、大豆、羽扇豆、玉米、马铃薯等。

第二节　农业生物育种

生物育种是生物技术育种的简称。20 世纪末到 21 世纪初，随着组学、系统生物学、合成生物学和计算生物学等前沿科学交叉融合，培育革命性和颠覆性重大品种的现代生物育种技术应运而生，其中最具代表性的技术包括全基因组选择、基因编辑和合成生物技术。全基因组选择技术颠覆了以往表型选择测定的育种理念和技术路线，能够在个体全基因水平上对其育种值进行评估，大幅度提高育种效率。基因编辑技术的出现，为快速精准改良动植物重要性状提供了强大的技术工具，正在快速推动农业生物育种并实现产业化。合成生物技术作为改变世界的十大颠覆性技术之一，将开创人工设计和从头合成农业生物品种的新纪元。

一、生物育种技术发展历程

生物育种属于从转基因育种 3.0 版跨入精准智能育种 4.0 版的新一代分子育种技术。21 世纪初，由于结构解析、定向突变、计算机模拟等技术的不断突破，使分子水平上对生命及其大分子的人工设计和改造成为可能，农业生物育种进入分子育种的新阶段。

"分子育种"一词首先出现在蛋白质设计研究文献中，主要针对自然界中存在的许多物种来源不同、基因序列有所差异但功能相似的基因家族，采用 DNA 洗牌（DNA shuffling）等体外定向分子进化技术，合成具有新结构和新功能的人工融合蛋白，譬如 2001 年 Mepherson 等采用分子育种技术，获得一系列豇豆胰蛋白酶抑制剂（CpTI）基因突变体，其蛋白产物具有线虫广谱抗性。其后，随着高精度遗传作图、高分辨率染色体单倍型和高通量表型分析等方法不断完善，一种利用分子标记与决定目标性状基因紧密连锁特点、快速准确选择目标性状的育种新技术，即分子标记辅助选择技术诞生。组学和基因芯片技术的飞速发展，让作物育种技术进入基于组学的分子育种新时代。我国科学家相继提出将品种资源、基因组和分子育种技术紧密结合的"绿色超级稻"计划和利用智能不育杂交育种技术实现隐性雄性核不育材料在杂交水稻中应用的新策略，并获得国家 863 计划重点项目支持。这一时期，各种新兴的生物技术迅猛发展并广泛应用于农业育种，同时面对当时欧盟等国现行的转基因作物管理法规，科学界出现了各种质疑，认为欧盟在所定义的转基因作物与所谓非转基因的新生物技术作物方面存在缺陷与矛盾，因为二者均携带非自然发生的遗传变异。由于当时已有的转基因安全管理法规并不完全适用于生物育种新技术，特别是面对生物技术作物新品种的不断涌现，由此带来的各种问题受到科学界和产业界的广泛关注。

2007 年，《Nature Communications》系列杂志发文，针对当时生物育种及生物技术作物商业化及其管理法规现状，通过分析新型生物技术农作物的注册审批业务成本，得出结论：现行转基因管理法规对于生物育种和生物技术作物商业化而言，审批时间缓慢、研发成本昂贵，已成为生物育种发展的最主要障碍。鉴于上述背景，"生物技术育种"（简称生物育种）这样一个涵盖了"转基因"，同时技术内涵更为科学的概念在国际上被逐步接受。2008 年，一篇综述文章在总结植物生物技术发展 25 年历史时特别强调：分子育种正在成为植物改良和生物技术（转基因）作物育种重要而有效的工具。2010 年，国际农业生物技术应用服务组织（International Service for the Acquisition of Agri-biotech Applications，ISAAA）主席詹姆士博士发表综述文章指出，国际上转基因育种逐步被归类到现代生物育种的范畴。2012 年，由巴斯夫、先正达、拜耳、先锋、杜邦等种业跨国公司联合发文，总结了农业生物育种从发现到产业化的技术流程和安全评价过程，认为生物技术作物可以减少农药使用、防止水土流失、减轻霉菌毒素污染和减少化石能源消耗，增加生物多样性，同时指出利用生物技术研发的作物品种是人类科技史上研究最为透彻的食物，与传统作物一样安全。美国等西方发达国家从商业化角度出发，为避免无谓的转基因争议，在农业育种领域已逐步采用生物育种概念替代转基因育种，采用生物技术作物替代转基因作物。

二、生物育种技术发展趋势

当前，新兴学科高度交叉，前沿技术深度融合，重大理论与技术创新不断涌现，生物育种的技术内涵不断扩展，其关键核心技术如全基因组选择、基因编辑和合成生物等前沿新兴技术发展势头强劲，正在孕育和催生新一轮农业科技与新兴产业革命。2020 年，《Nature Communications》杂志发文，把人造肉汉堡、高效固氮工程菌肥和基因编辑高油酸大豆列为正在改变世界并已面向市场的高科技产品。

（一）全基因组选择育种技术应用广泛

全基因组选择育种技术通过计算生物学模型预测和高通量基因型分析，在全基因组水平上聚合优良基因型，改良重要农艺性状。与传统分子标记辅助选择相比，全基因组选择育种技术有两大优势：一是基因组定位的双亲群体可以直接应用于育种；二是更适合于改良由效应较小的多基因控制的数量性状。特别是随着高通量测序、组学大数据和基因芯片技术的突飞猛进，全基因组选择育种技术越来越多地被应用于农业生物品种育種實踐中。目前，全基因組選擇技術已經給動植物育種帶來了革命性的變化，使動植物育種效率大幅提高，成為國際動植物育種領域的研究熱點和跨國公司競爭的焦點。

2001年，繆維森等首次提出基因組選擇的概念，預見在整個基因組中海量遺傳標記可用於準確預測個體的遺傳優勢。2009年，美國和加拿大率先向全球發布了奶牛基因組選擇成果。從2010年起，英國PIC豬育種公司每年育種群芯片檢測已達10萬頭。目前，全球主要發達國家都已實現了奶牛、肉牛、豬、羊、雞等的全基因組選擇，選擇進程大大加快，選育成本也大幅減少。在作物育種領域，國際研究機構和跨國公司率先開展了玉米、小麥等作物的全基因組選擇研究，形成了針對特定育種資源的全基因組選擇數據、預測模型和育種方案，例如結合高效表型技術和作物生長模型對玉米雜交種進行工業級的評估結果表明，利用全基因組選擇技術選育出的玉米品種能夠顯著提升玉米品種在缺水條件下的穩產特性。

我國已經初步建立了奶牛、玉米、小麥等動植物全基因組選擇技術體系，例如系統研究了奶牛基因組選擇理論和方法，建立了中國荷斯坦牛基因組選擇技術體系，並實現了大規模產業化應用，使我國奶牛育種技術躋身於國際先進行列。我國先後設計出"中芯一號豬育種芯片""鳳芯一號蛋雞芯片""京芯一號肉雞芯片"，有望打破跨國公司對該行業的壟斷。國家重點研發計劃"七大農作物育種"項目對17 000多份重要種質材料進行了全基因組水平的基因型鑒定，獲得了海量基因型數據。初步建立了以育種芯片為核心的水稻全基因組選擇育種技術體系，包括利用高通量SSR標記技術鑒定篩選目標基因、利用Open Array芯片技術鑒定篩選染色體區段單倍型、利用全基因組育種芯片技術鑒定篩選遺傳背景等。

（二）基因編輯育種技術日新月異

基因編輯技術特別是CRISPR/Cas9介導的基因組編輯系統，以其定向精確、簡易高效和多樣化等特點，成為農業領域最為有效的育種工具，近年來其發展日新月異並不斷升級換代。基於CRISPR–Cas9系統開發的單鹼基編輯技術（base editing）是快速、高效且精準的新一代基因編輯技術，利用胞嘧啶脫氨酶或人工進化的腺嘌呤脫氨酶對靶位點上一定範圍的胞嘧啶（C）或腺嘌呤（A）進行脫氨基反應，實現C–T或A–G的精準替換。2020年，我國科學家利用胞嘧啶和腺嘌呤雙鹼基編輯器對水稻基因進行定向或隨機誘變，C>T單鹼基誘變效率高達61.61%，C>T和A>G雙鹼基誘變效率也高達15.10%。近幾年開發的另一種全新的引導編輯系統，無須依賴DNA模板便可實現任意類型的鹼基替換、小片段的精準插入與刪除，並在水稻和小麥上成功應用。此外，將CRISPR–Cas9系統融合到目標修飾酶中，可以產生一套完整的植物表觀遺傳編輯工具。2021年，一種名為CRISPR off的升級版表觀遺傳編輯系統被報道可以在不改變DNA序列的情況下，以高特異性甲基化導致目標基因沉默，可用於作物育種和植物保護。

雙單倍體技術在加速作物育種進程上具有極大的應用價值。2020年，先正達公司在小麥中通過篩選基因編輯著絲粒特異組蛋白CENH3基因的TaCENH3α–雜種等位基因組合，鑒定出在商業上可操作、單倍體誘導率約為7%的父系單倍體誘導系，可大大減少三系小麥雜交制種成本。我國科學家採用基於單倍體誘導介導的基因組編輯策略，对玉米骨干自交系 B73 中的 *ZmLG1*（控制叶夹角）和 *UB2*（控制雄穗分枝数）两个基因进行成功编辑，获得这两个位点改造成功的单倍体，并通过自然染色体加倍，获得编辑成功的双单倍体。结合高质量基因组和泛基因组海量数据，采用基因组编辑技术对野生种进行从头驯化，是一个非常有前景的育种策略。2018 年，高彩霞等选择 4 种野生番茄，利用基因编辑技术，根据人们的需求，重新"驯化"出了一种同时具有天然抗性（野性）和高、优质的新型番茄。2021 年，李家洋等在筛选异源四倍体野生稻资源基础上，建立了野生稻快速从头驯化技术体系，包括高质量参考基因组的绘制和基因功能注释、高效遗传转化体系和高效基因组编辑技术体系，成功创制了落粒性降低、芒长变短、株高降低、粒长变长、茎秆变粗、抽穗时间不同程度缩短的各种基因编辑材料，为未来四倍体水稻新品种培育提供了一种新的可行策略。

基因编辑技术已广泛应用于主要农作物、农业动物以及林木种质资源创制与性状改良。目前，已获得抗旱玉米、抗病小麦和水稻、油品品质改良的大豆、存储质量改良的马铃薯、抗腹泻猪、抗蓝耳病猪、双肌臀猪牛羊、基因编辑无角牛等基因编辑动植物。2016 年，美国农业部宣布利用基因组编辑技术研发出的具有抗褐变能力的双孢菇品种可以直接用于种植和销售，成为全球第一例获得监管豁免的商品化基因编辑品种。2020 年，美国食品药品监督管理局批准 Revivicor 医疗公司研发的基因编辑猪用于生产食品和器官移植。2021 年，日本厚生劳动省批准由日本筑波大学和企业共同研发的基因编辑番茄销售申请，其所含 γ–氨基丁酸含量比天然品种高 4～5 倍。基因编辑技术已经显示出巨大的发展潜力，预计 3～5 年内会有一大批基因编辑品种逐步实现产业化。我国在农业生物基因编辑应用研究领域已达到国际先进水平，先后培育出了抗除草剂基因编辑水稻、小麦、油菜，具有抗褐飞虱、抗螟虫、耐镉富集或耐干旱等特殊性能的基因编辑水稻等一批优良新材料和新品种，率先获得抗结核病牛、β 乳球蛋白基因敲除牛、抗布病羊、蓝耳病和流行性胃肠炎双抗猪新品种，大多数均属于国际首创，具备良好的产业化基础。

目前，国际上对基因编辑育种存在两种截然不同的监管态度。美国、日本均对基因编辑育种采取宽松态度，而欧盟则仍对此采取严格监管的态度。我国农业农村部于 2022 年 1 月颁布了《农业用基因编辑植物安全评价指南（试行）》，将基因编辑育种技术纳入监管范围。

（三）合成生物育种技术引领未来

合成生物技术采用工程学的模块化概念和系统设计理论，改造和优化现有自然生物体系，或者从头合成具有预定功能的全新人工生物体系，不断突破生命的自然遗传法则，标志着现代生命科学已从认识生命进入设计和改造生命的新阶段。合成生物技术在农业领域的应用，为光合作用（高光效固碳）、生物固氮（节肥增效）、生物抗逆（节水耐旱）、生物转化（生物质资源化）和未来合成食品（人造肉奶）等世界性农业生产难题提供了革命性解决方案。目前，利用合成生物技术提高作物光合效率的策略主要包括提高 Rubisco 酶活性、引入碳浓缩机制和减少碳损耗，以及提高光能利用效率等，以 C_4 光合途径导入 C_3 水稻为例，理论上 C_4 水稻光合效率和产量能够提高 50%，同时水和氮利用效率显著增强。2017年，比尔·盖茨基金会、美国粮食与农业研究基金会和英国政府国际发展部联合资助实现提高光合效率项目（Realizing Increased Photosynthetic Efficiency，https：//ripe.illinois.edu/），旨在全方位提高光合效率，大幅提高主要粮食作物产量。目前，超过80%的农业用地种植的是缺乏CO_2浓缩机制的C_3植物，在C_3植物中引入CO_2浓缩机制，有望提高光合固碳效率。比如向水稻中引入5个外源酶，在水稻中构建了新的生化合成途径，使得CO_2以C_4途径的方式被富集；或在植物叶绿体中引入藻类或蓝细菌中的碳浓缩机制，抑制Rubisco加氧酶活性，提高光合固碳效率。2019年，美国科学家人工设计出3条额外的光呼吸替代路径，大大缩短了光呼吸原本迂回复杂的反应路径，培育的高光效烟草生长更快、更高、茎部更粗大，生物量比对照植株增加40%。

　　国际上，高效人工固氮体系的设计思路包括：①改造根际固氮微生物及其宿主植物底盘，构建人工高效抗逆固氮体系；②扩大根瘤菌的寄主范围，构建非豆科作物结瘤固氮体系；③人工设计最简固氮装置，创建作物自主固氮体系。英国科学家借助菌根共生体系的部分信号通路并将其引入非豆科植物体，人工构建非豆科作物结瘤固氮体系，实现非豆科植物自主固氮。此外，通过定位突变铵同化、铵转运或固氮负调节基因或通过人工设计固氮激活蛋白NifA功能模块和人工小RNA模块，构建耐铵泌铵固氮工程菌。我国科学家首次在联合固氮菌中鉴定了直接参与固氮基因表达调控的非编码RNA，首次解析了光依赖型原叶绿素酸酯氧化还原酶LPOR（类固氮酶）的结构及催化机制，为生物固氮智能调控和新型固氮酶合成设计提供了理论依据；通过人工设计超简固氮基因组或重构植物靶细胞器电子传递链模块，证明植物源电子传递链模块与人工固氮系统功能适配，向构建自主固氮植物，实现农业节肥增产增效的目标迈出里程碑意义的一步。利用合成生物技术等颠覆性创新技术手段，构建具有特定合成能力的细胞工厂，生产人类所需的淀粉、蛋白质、油脂、糖、奶、肉等各类农产品，近年来已取得重要进展。人造肉、人造奶的生物合成工艺具备显著的低碳环保优势，其生产过程无须养殖动物，可以有效节约资源与能源，比如能够减少98%的用水量、91%的土地需求、84%温室气体排放和节约65%的能源，是一种颠覆传统养殖业的未来食品生产新模式，将引领未来食品产业和细胞农业发展方向。美国Perfect Day、Beyond Meat和Impossible Food等科技初创公司已开启人造肉、人造奶等产品的车间量产模式，所研发的人造肉三明治和人造奶冰激凌等合成食品已上市销售。根据2021年波士顿咨询公司等联合发布的研究报告，由于动物蛋白资源短缺和生物技术创新推动，未来15年内动植物或微生物的替代蛋白产品将占据全球22%的食用蛋白市场份额，产业规模达到2 900亿美元，预示着以人造肉奶为代表的未来食品将逐步占据餐桌，引发更加激烈的国际竞争。

第三节 转基因微生物

一、转基因微生物在工业生产领域的应用

在工业方面，经过改造的工程菌主要用于生产食品酶制剂、添加剂和洗涤的酶制剂等产品。从食品工业角度来看，目前，市场上没有直接作为食品食用转基因微生物存在，而主要是利用基因工程技术进行的微生物菌种改造，生产食品酶制剂和添加剂广泛地用于食品工业如酒类、酱油、食醋、发酵乳制品等。而在非食品工业方面，目前人们利用工程菌生产用于洗涤的酶制剂，如纤维素酶、蛋白酶等。

（一）利用基因工程生产 α－乙酰乳酸脱羧酶

双乙酰是啤酒生产工艺中重要的风味物质，但如果双乙酰含量超过 0.15 mg/L 时就会产生令人不愉快的馊饭味，严重影响啤酒的品质。啤酒成熟的重要标准是双乙酰浓度应在其口味阈值以下（0.02 ～ 0.10 mg/L）。人们最初认为，双乙酰是由于啤酒生产中受到了乳酸菌的污染所产生的。直到 20 世纪 60 年代后发现，啤酒生产过程中产生的双乙酰主要来自酵母，在缬氨酸合成过程中，中间产物 α－乙酰乳酸在酵母体内大量积累，然后分泌到细胞外，通过氧化脱羧形成双乙酰。此外，酵母糖代谢过程中，乙酰辅酶 A 与羟乙基硫胺素的焦磷酸盐（又称活性乙醛）直接缩合，进一步放出辅酶 A 而形成双乙酰。如何降低啤酒生产过程产生的双乙酰含量是许多科学家和企业所关注的焦点。目前，所采用方法是利用基因工程技术改造啤酒酵母使其合成 α－乙酰乳酸脱羧酶，降低双乙酰的前体 α－乙酰乳酸的含量，从而达到降低啤酒中双乙酰含量的目的。

1997 年，广西大学生物技术中心黄日波科研团队利用基因工程方法从克雷伯氏土生菌中克隆出 α－乙酰乳酸脱羧酶的基因，将专门用于在大肠杆菌中表达的分泌信号肽 NP470 连入该基因，然后将这段改造过 α－乙酰乳酸脱羧酶的基因置于极强的可诱导性噬菌体 T7 启动子的控制下，在 IPTG 的诱导下，含有这些改造好的基因的大肠杆菌即可产生大量的 α－乙酰乳酸脱羧酶，每毫升发酵液的酶活力达到 300 单位以上，大大优于天然菌株。尤其可贵的是，在信号肽 NP470 的作用下，大肠杆菌产生的 α－乙酰乳酸脱羧酶源源不断地分泌出细胞外，成为具有极佳稳定性的胞外酶，大大延长了该酶的保存期。广西大学生物技术中心研发的 α－乙酰乳酸脱羧酶制剂中独有的保护剂成分，保证了该酶在 10 ℃、pH 值 4.0 条件下仍具有其最佳温度、pH 值下活力的 50%，大大优于天然酶。

（二）利用基因工程生产凝乳酶

在食品加工领域，利用转基因微生物生产的酶制剂对降低生产成本、获得更加可口的食品方面，应用前景很广，欧洲和美国等发达国家和地区有很多酶制剂是利用基因

工程技术改造的发酵微生物生产获得的。利用基因工程技术改良菌种而生产的第一种食品酶制剂是凝乳酶。凝乳酶是干酪生产中使乳液凝固的关键性酶，它对干酪的质构形成及特有风味的形成有非常重要的作用。1989 年，瑞士政府第一个批准了转牛凝乳酶的转基因微生物商业化生产，这种凝乳酶可以用来生产奶酪。由于生产凝乳酶的转基因微生物不会残留在最终产物上，随后美国食品药物管理局（FDA）认定，它是安全的，符合 GRAS（Generally Recognized as Safe）标准，1990 年批准来自大肠杆菌 K12 生产的重组凝乳酶可应用于干酪的生产，在产品上也不需标识。加拿大准许按符合良好制造规范最高使用标准，允许使用单峰驼携带凝乳酶基因的转基因黑曲霉 A. nigre var. awamori（pccex3）派生凝乳酶。这种凝乳酶将按符合良好制造规范最高使用标准，用于生产切达奶酪、奶酪（列明品种）、干酪、奶油奶酪及含（列明添加成分）奶油奶酪、奶油芝士酱、酸奶油和以非标准牛奶为主的加工甜品。

（三）利用基因工程生产乳糖酶

乳糖酶，系统名为 β–D– 半乳糖甘半乳糖水解酶，或简称 β– 半乳糖苷酶。乳糖酶主要功能是使乳糖水解为葡萄糖和半乳糖。在乳制品中含有大量的乳糖，这些乳糖只有被乳糖酶水解为半乳糖和葡萄糖后才能被机体吸收利用。如果体内缺乏乳糖酶，饮用牛乳或乳制品中乳糖则不能被消化吸收，使其保留在肠腔中，造成等渗性潴留和结肠菌酵解乳糖产生多种气体及短链脂肪酸，从而形成排气增多、腹胀、腹泻、腹痛等胃肠不良症状，形成"乳糖不耐症"。人们利用乳糖酶大幅度地降低了乳制品和牛乳中的乳糖含量，从而生产出诸如乳糖、解乳、低乳糖奶粉等低乳糖制品，以消除人体对乳糖不耐受症状。乳糖酶也可使低甜度和低溶解度的乳糖转变为较甜的、溶解度较大的单糖；使冰激凌、浓缩乳、淡炼乳中乳糖结晶析出的可能性降低，同时增加甜度。此外，乳糖酶还可用于乳制品发酵生产中，有效地减少蔗糖用量和缩短乳制品发酵时间，大大改善了发酵乳的品质，改良含乳面包的口感和风味，同时，乳糖酶也可作为助消化类药物被广泛应用于医药领域。2002 年，傅晓燕等将耐热乳糖酶的编码基因 bgaB 分别克隆到大肠杆菌和枯草芽孢杆菌系统并分离、纯化得到具有良好热稳定性的乳糖酶。2010 年，中国农业科学院生物技术研究所研发的表达乳糖酶基因的重组毕赤酵母 GS115 获得农业部的批准，正式进入商业化生产。

（四）利用基因工程生产氨基酸

氨基酸是构成蛋白质的基础，作为医药、食品、饲料的添加剂，在食品工业、畜牧业、化妆品行业以及人类健康等方面，应用越来越广泛。据统计，目前，氨基酸世界年产量已超过 200 万 t，全世界氨基酸产量中作为调味品及食品添加剂的约占 50%，饲料添加剂约占 30%，药用和保健、化妆品及其他用途的氨基酸约为 20%。2010 年，我国氨基酸工业总产量居世界第一，超过 300 万 t，占世界总产量的 70% 以上，其中大宗氨基酸产品谷氨酸及其盐产量达 220 万 t，较 2009 年增长 2.67%。

传统的氨基酸提取法、酶法和化学合成法等氨基酸生产方法，具有生产成本高、工艺复杂等特点，致使氨基酸的工业化生产难以实现。人们试图利用紫外线、60co 等方法诱变微生物以筛选氨基酸高产菌株，用于氨基酸的工业生产，但由于存在高盲目性、工作量大以及诱变产生的菌株生理完全失调或状态不佳等原因，造成氨基酸产量的提高遇到了瓶颈。20世纪70年代，基因工程的发展为发酵工程的发展提供了新的方向，1979年，苏联首次成功地构建了苏氨酸基因工程菌，随后美国、日本、德国等国家也相继开展了氨基酸基因工程菌的研究工作。基因分离、鉴定、克隆、转移和表达的一系列方法已日趋成熟，对氨基酸代谢途径及调控机理做的深入研究也取得了令人瞩目的成就。

二、转基因微生物在农业生产领域的应用

在农业领域，利用野生型菌株进行选育开发微生物肥料、农药、饲料取得了一定的成就。但是，由于野生型菌株选育周期长和不确定性等因素，使农业微生物的产业化受到很大限制。随着基因工程研究为微生物遗传改良提供了有效手段，为农业微生物发展注入新的活力。1991年，世界第一例商品化生产的植物病害生物防治基因工程细菌菌剂在美国和澳大利亚获准登记，1995年，第一例商品化生产的重组根瘤菌种衣剂在美国进入商业化生产。我国农业微生物基因工程研究始于20世纪80年代，主要涉及包括杀虫、抗病、共生和联合固氮等微生物的遗传改造和应用。在饲料工业中，转基因微生物可用于生产酶制剂、氨基酸、有机酸、维生素等。

（一）转基因微生物农药

微生物农药是指非化学合成，利用细菌、真菌和病毒等产生的天然活性物质或生物活体本身，对植物病虫草害进行防治的农药。如微生物杀虫剂、杀菌剂、农用抗生素等。

在杀虫微生物农药中，苏云金芽孢杆菌（Bt）是当今研究最多的杀虫细菌。1901年，日本人石渡从家蚕病尸虫体中分离出苏云金芽孢杆菌，Bt杀虫活性成分主要是 γ－内毒素（伴胞晶体），它本身无毒，但在昆虫体内 γ－内毒素在专一性活化酶的作用下，分解成毒蛋白，使害虫在几分钟内停止取食，发挥杀虫效力。这种微生物杀虫剂对部分鳞翅目害虫如棉铃虫、玉米螟、水稻螟虫等20多种农林害虫具有良好的防治效果，且不伤害天敌，对人畜安全，不影响农产品品质。20世纪80年代以来，人们对Bt杀虫作用的分子机理开展了大量的研究工作。据统计，到2003年，国际上已有250多个cry和Cyt杀虫蛋白基因被命名。在我国发现数十种新的杀虫蛋白或分子伴侣（molecular chaperone）基因 如 *crylAclO*、*crylAalO*、*cr1Ea6*、*crylFb3*、*cry2Aa5*、*cry2Aa6*、*cry2Aa7*、*cry2Ab3*、*cry2ba8*、*cry3Aa7*、*cryca6*、*crylCab* 和 *P2lzb* 等。人们利用这些基因分别构建了对甜菜夜蛾、小菜蛾、棉铃虫、斜纹夜蛾和马铃薯甲虫等害虫具有较强杀伤能力的工程菌。国外目前已有几十余种杀虫工程菌获得相关部门的批准进入市场销售。美国科学家将 *crylc* 基因导入库斯塔克亚种以形成产品和新制剂，它能够有效地杀死甜菜夜蛾等灰翅夜蛾属的害虫，也有学者将 *cry3A* 基因导入库斯塔克亚种既可以杀鳞翅目的害虫，也可杀鞘翅目的害虫，并以此形成Foil、SAN418和广效BTLCJ–12产品。

研究人员把 *cry* 基因转入蓝细菌、极毛杆菌和根瘤菌中，成功地改善了杀虫晶体蛋

白在水体和土壤中的活性，使苏云金芽孢杆菌杀虫晶体蛋白可以用于防治蚊子幼虫以及地下害虫。而在提高苏云金芽孢杆菌工程菌杀虫晶体蛋白的表达量、增强苏云金芽孢杆菌的杀虫效力方面，科研人员发现通过增加杀虫晶体蛋白基因拷贝数，改造启动子或者利用定点突变等方法，可以获得高量表达或超量表达苏云金芽孢杆菌杀虫晶体蛋白基因和高毒力的杀虫晶体蛋白。2005 年，高家合等从烟叶、土壤、烟叶仓库粉尘等样品分离出 27 株的含 *Cry I* 或 *Cry V* 毒素蛋白基因 Bt 菌用烟草甲二龄幼虫进行生物测定，试验后 9 d 有 18 个 Bt 菌株生物毒力测定校正死亡率均超过 80%；试验后 12 d 有 9 个 Bt 菌株生物毒力测定校正死亡率均超过 95%，占被测试菌株总数的 30%。用 Bt 杀虫剂防治烟叶仓储害是有潜力的。2000 年，Bt 菌剂 WG-001 成为我国第一个获准商品化生产的基因工程微生物农药产品。

昆虫杆状病毒也是一类重要的、较早应用的昆虫病原微生物。一小部分节肢动物昆虫、一些甲壳类常常成为杆状病毒科的宿主。已知感染昆虫病毒中有 60% 以上是杆状病毒，杆状病毒对植物和脊椎动物无致病性，在农业生产应用上比较安全。目前，杆状病毒至少可感染 600 多种昆虫主要是鳞翅目昆虫和其他无脊椎动物，并常常引起昆虫流行病的发生。因此，杆状病毒可作为调节昆虫种群密度的重要的生物因子。作为微生物杀虫剂，杆状病毒具有优异的性能：①杆状病毒的宿主范围很窄，对其他非目标昆虫的影响很小，对人畜、天敌和环境安全；②杆状病毒的杀虫效果较好，如在虫害发生前期使用，其防治效率可达 99% 以上；③杆状病毒产生的包涵体具有侵染性病毒颗粒，对环境的生物稳定性有一定作用；④便于利用传统技术来制造和应用病毒。早在 20 世纪 70 年代，昆虫杆状病毒就被美国食品药物管理局和世界卫生组织推荐为安全的生物杀虫剂用于害虫的防治。2003 年 9 月，多个昆虫杆状病毒杀虫剂产品被我国农业部列入《无公害农产品生产推荐农药品种名单》。由于杆状病毒具有对人畜、天敌和环境比较安全的特点，使其在绿色食品生产过程中，成为市场前景看好的必不可少的生物农药。与传统的化学农药相比，杆状病毒虽然具有良好的安全性，但其存在毒力较低、杀虫速度缓慢、高龄害虫用药量大等不足之处。利用基因重组改造的方法对其进行分子改造，可有效地解决杆状病毒杀虫剂的这一难题。传统的重组病毒构建方法，病毒基因组插入特异性毒素基因（昆虫特异性的毒素基因或酶基因），构建重组病毒。目前，涉及的毒素主要集中在 Buthuseupeus 蝎毒素、北非蝎毒毒素 AalT、弛缓型蝎毒素 LqhIT2 和苏云金芽孢杆菌 Bt 毒素。插入的这些基因在病毒感染后可表达出活性蛋白质，然后作用于相应的靶器官，可以造成昆虫的麻痹达到杀虫的目的。目前，已成功将外源基因蛋白如蝎子毒素、以色列亚种子［δ-内毒素、植物蛋白酶抑制剂、几丁质酶基因、马（黄）蜂毒素、利尿激素、羽化激素、保幼激素酯酶、慈姑蛋白酶抑制剂 B 基因 *API-B*、昆虫病毒增强蛋白基因等插入杆状病毒］。研究发现将蝎毒基因 *Aalt* 或 *Belt* 插入苜蓿银纹夜蛾核多角体病毒（Ac-NPV）后，昆虫的进食量可下降 30% ~ 50%，对害虫致病的时间缩短 25% ~ 40%，取得较好的害虫防治效果。此外，还可以通过缺失杆状病毒基因组中的特定基因，如 egt 的缺失可使害虫迅速蜕皮和停止取食而加速死亡。1975 年，我国在湖北省蒋湖农场投资建立第一个棉铃虫病毒杀虫剂工厂，其后，已有多种病毒杀虫剂研制成功，并进入批量生产环节。20 世纪 80 年代，黎豆夜蛾（Anticarsia gemmatalis）成为巴西大豆生产主要害虫，巴西应用黎豆夜蛾核型多角体病毒（Ag–NPV）来防治黎豆夜蛾，取得了较好的效果。到 2005 年为止，AgNPV 生物杀虫剂应用的面积已达约 200 万 hm²。

（二）转基因微生物肥料

微生物肥料指一类含有活微生物的特定制品，通过其中所含微生物的生命活动，增加植物养分的供应量或促进植物生长，改善农产品品质及农业生态环境生物制剂的总称，亦称菌肥、生物肥料、接种剂等。其中，活微生物起关键作用，主要包括固氮菌类肥料、根瘤菌类肥料、光合细菌肥料、芽孢杆菌制剂、微生物生长调节剂类、复合微生物肥料类、与植物生长有促进类联合使用的制剂以及菌根真菌肥料、抗生菌肥料等。与传统化学农业肥料相比，微生物肥料能够有效地改良土壤肥力，提高化肥的利用率，同时提高能源的利用率。实践证明，微生物肥料在绿色有机食品生产、农业生态环境保护以及高产、优质、高效农业的持续发展中发挥着重要的作用。

氮素是自然界中动物、植物、微生物不可缺少的生命元素，也是限制农业生产的重要营养元素。世界农业对氮的需求平均每年增加 2%，但同时氮肥的过量使用对环境造成了严重的污染。固氮菌能把空气中的气态氮，转化成可以直接吸收的氨态氮供植物吸收利用。20 世纪 80 年代以来，联合固氮菌由于具有在禾本科作物上的固氮活性且能促进植物生长而成为国内外开发研究的热点。随着遗传工程技术的迅速发展，采用分子技术对外源固氮基因及其调控基因进行转移，构建新型重组固氮微生物已进入大规模田间试验和商品化生产阶段。现已分别克隆了以肺炎克氏杆菌（*Klebsiella pneumoniae*）、巴西固氮螺菌（*Azospirillum Brasilense*）、固氮粪产碱菌（*Alcaligene faecalis*）和斯氏假单胞菌（*Pseudomonas stutzeri*）A1501 的 *nifHDK*、*nifAL*、*ntrBC* 等固氮酶结构基因和调控基因，初步揭示了不同联合固氮菌之间在基因表达与调控上的多样性，并从分子结构水平上揭示他们之间的相互关系，从而为耐铵和泌铵工程菌株的构建提供了多种选择。例如，自然发生的联合固氮菌在高铵条件下往往脱离与根表的联系而不具有固氮作用，将 *nifA* 固氮基因导入联合固氮菌构建耐酸工程菌在日本率先获得成功，在同样的高铵条件下仍能与植物根表结合，保持良好的固氮能力。美国 Bosworth 等构建成含 *nifA* 和 *detABD* 等多种固氮相关基因的重组根瘤菌，田间试验表明，固氮效率明显提高，苜蓿增产效果显著。美国 Researeh Seeds 公司的转基因中华苜蓿根瘤菌（Sinorkizobium me-liloti）RMBPC–2 已于 1997 年获准进行有限商品化生产，这是美国环境保护局批准进入商品化生产的第一例属间重组固氮微生物。2000 年，广东省微生物研究所的柯玉诗等将 *nifA* 基因引进到水稻根际固氮菌，水稻平均可增产 7%。中国科学院上海植物生理研究所的研究者采用 DHA 重组方式将肺炎克氏杆菌 *nifA* 基因引入大豆根瘤菌中，也已获得大豆根瘤菌工程菌。2000 年，中国科学院植物研究所李永兴等报道通过把载有组成型表达 *nifA* 基因的质粒 pCK3 导入玉米根际联合固氮菌日沟维肠杆菌（Enterobacter gergoviae 5727）构建成具有耐酸能力的工程菌 E7。盆栽试验证明，工程菌 E7 较野生型菌能提供玉米较多的氮素，接种工程菌 E7 对玉米幼苗根系生长的促进作用比接种野生型菌更显著。在国家"863"高技术计划的资助下，陈三凤等对巴西固氮螺菌进行了遗传改造，将载有组成型表达 nifA 基因的 pCK3 质粒导入 Azospirillum brasilense draT 突变株获得了抗铵工程菌株 UB37。1999—2000 年连续两年的田间试验表明：在肥力中等的轻质沙壤土中，在不同水平氮肥的条件下，接种工程菌比接种野生菌和不接菌的对照都有不同程度的增产，增产幅度在 10% ～ 19%。2003 年，叶小梅等通过 5 年的田间试验，对含肺炎克氏杆菌 nifA 基因的重组大豆根瘤菌的施用效应进行了研究，大豆根瘤菌工程菌株的固氮能力较之出发菌提高 5% 左右。中国农业科学院原子能研究所等单位研制出了具有显著节肥促生作用的基因工程联合固氮菌剂 AC1541。试验结果证实重组的工程菌 AC1541 固氮作用明显优于自然菌株，该菌株在田间应用可以有效促进植物生长发育和减少氮肥的施用量。这一成果在国际尚属首创，有关菌株保护和工程菌发酵已申请了两项发明专利，并于 2000 年通过安全性评估，成为我国第一个获准商品化生产的基因工程产品，并列为国家高技术产业化推进项目，在辽宁省首先投产应用。另外，中国科学院植物研究所和中国农业大学联合进行了玉米联合固氮的研究，研制出的玉米联合固氮菌 E7 已获准在黑龙江省进行环境释放。

（三）应用转基因微生物生产饲料酶制剂

植酸酶属于磷酸单酯水解酶，是一类特殊的酸性磷酸酶，它能水解植酸和一些有机磷化合物。饲料中玉米、大豆、豆饼及谷物中的磷多以植酸和植酸盐的形式存在，动物不能或很少利用这种形式的磷。同时，植酸和植酸盐还对动物体内微量元素消化利用的螯合剂产生影响，二价阳离子矿质元素的利用率降低。这不仅增加动物饲料的成本，也造成环境污染和磷源浪费。在饲料中添加植酸酶，可将植酸和植酸盐水解成肌醇和磷酸盐，提高动物对磷的利用率和增强动物骨骼的矿化程度，可提高矿物元素，如钙、锌、铜、镁和铁的生物学利用率以及蛋白质、氨基酸、淀粉和脂类等营养物质的利用率，减少饲料中磷源的添加和粪便中磷的排出，减少对环境的磷污染。

基因工程技术在植酸酶中的应用主要包括两个方面：一方面，利用重组微生物反应器高效表达目的酶，降低饲料用植酸酶制剂的生产成本。另一方面，利用基因工程手段改良饲料用植酸酶制剂，如通过基因工程的方法，克隆并改造植酸酶编码基因使其进行高效表达，还可利用基因工程手段对饲用植酸酶进行各种特性改造，如高酶活、耐热性，对动物胃蛋白酶、胰蛋白酶的抗性等。最先分离出的植酸酶基因是无花果曲霉（Aspergillus ficuum NRRL 3135）的 phyA 基因。1995 年，VanGorcomd 等将来源于黑曲霉的淀粉葡萄糖苷酶（AG）启动子连接在植酸酶基因 phyA 上游，分别使用 AG 信号肽的 18 个氨基酸序列、AG 信号肽的 24 个氨基酸序列及植酸酶原来的信号肽序列作为信号肽序列构建 3 种重组菌，获得了重组植酸酶基因的黑曲霉阳性克隆，植酸酶在这 3 种构建重组菌株中的表达量均大幅度的增加。从 1996 年开始，中国农业科学院饲料研究所和生物技术研究所进行了微生物生产植酸酶合作研究。科研人员从黑曲霉中克隆了适合在饲料中使用的植酸酶基因，利用生物反应器大规模、低成本生产植酸酶。1998 年，两家单位共同承担了饲料用植酸酶课题，在分离克隆和修饰改造植酸酶基因的基础上，首创利用重组的基因工程毕赤酵母（Pichia pastoris）高效表达植酸酶基因 phyA。该研究组对其结构基因进行了分子改造，把 phyA 基因中的内含子和信号肽编码序列去掉，在不改变所编码氨基酸的情况下定点突变优化了对此基因在酵母中高效表达起关键作用的 Arg 密码子，从而使植酸酶在毕赤酵母中进行高水平表达，改造后的植酸酶基因与来源于酿酒酵母的 α - 因子信号肽编码序列 3′端以正确的阅读框架融合，启动子采用诱导型高效 AOX1 启动子（乙醇氧化酶 1 启动子），电击转化后将植酸酶基因整合到毕赤酵母基因组中，重组酵母中表达的植酸酶能分泌到培养基中，与天然植酸酶在酶学性质上没有差异，具有正常的生物学活性，Arg 密码子经优化改造后，其植酸酶表达量比未经优化的高约 37 倍。重组酵母经高密度发酵后，植酸酶的表达量比原植酸酶产生菌 A. niger 963 的表达量高约 3 000 倍，超过国外工程菌株 50 倍，达到 $6 \times 10^5 \sim 8 \times 10^5$ U/mL。利用该重组酵母进行植酸酶的生产，具有发酵原料易得、工艺简便、成本低、周期短的特点，适合大、中、小型企业进行推广应用，整套技术达到了国际领先水平。该项技术于 1998 年申请了发明专利，拥有我国自主知识产权，1999 年通过安全性评估，获准进入商业化生产阶段，并取得了农业部颁发的新产品文号。继适用于猪、鸡等单胃动物的酸性植酸酶之后，该课题组根据我国发展淡水养殖的需要，又创制了国际尚属空白的耐高温、鱼类用中性植酸酶。中试结果显示，这种新型植酸酶产量比原始菌株 Aspergillus sp. 98 提高了 4 000 多倍，可达 5.2×10^5 U/mL。

三、转基因微生物在医药生产领域的应用

随着生物制药技术的进步，以生物类似药为代表的生物技术药物异军突起。分子生物学、基因组学、蛋白质组学等生命科学不断突破，促进了药物递送、单分子测序、蛋白质工程等生物技术的进步，进而驱动了药物研发、高效基因测序平台、CAR-T、融合蛋白等产业领域的发展。在生物医药领域，利用基因重组微生物生产基因工程药物和基因工程疫苗。

（一）利用基因工程生产胰岛素

胰岛素是由动物胰腺的胰岛 β 细胞分泌的一种蛋白类激素，胰岛素是治疗糖尿病最有效的药物。其分子由两个分子间二硫键连接的 A 链和 B 链组成，其中，A 链由 21 个氨基酸残基组成，链内有一个二硫键，B 链由 30 个氨基酸残基组成。1921 年，Banting 和 Best 首次从犬的胰腺中成功获得了胰岛素；1922 年，动物胰岛素即应用于临床。直到 1982 年，第一个利用微生物基因工程技术生产的重组人胰岛素被美国食品药物管理局批准进入商业化生产，源于动物的胰岛素才逐渐被基因工程人胰岛素所取代。1998 年，我国成功研制出拥有自主知识产权的中国第一支基因重组人胰岛素制剂"甘舒霖"，使中国成为继美国、丹麦之后第三个能够生产人胰岛素制品的国家。

重组 DNA 技术的出现为利用微生物生产人胰岛素铺平了道路。重组人胰岛素的生产中应用的宿主表达系统主要有大肠杆菌、枯草芽孢杆菌、链霉菌和酵母表达系统。1979 年，美国 Genentech 公司的 Goedell 等报道了化学合成的人胰岛素基因在大肠杆菌中的表达。大肠杆菌系统生产胰岛素有 2 条途径：第一条途径是在大肠杆菌中分别合成 A 链和 B 链，然后通过化学氧化作用把 2 条链连接起来形成胰岛素。A 链和 B 链基因

分别与半乳糖苷酶基因连接，形成融合基因，发酵生产包涵体融合蛋白，用 CNBr 切除 Met–肽键，使 A 链和 B 链与载体蛋白分开，通过化学法连接，折叠得到有活性的重组人胰岛素，缺点是步骤多，产量低，活性受到限制；第二条途径是生产胰岛素原，然后再酶水解，形成胰岛素，该途径是大肠杆菌生产胰岛素的主要途径。1993 年，唐建国等以非融合蛋白的形式，利用温度诱导启动子诱导人胰岛素原在大肠杆菌中快速、高效的表达。2002 年，陈来同等通过基因定点突变方法在 B 链的转角区回折点 B23 和 B24 之间插入一个甘氨酸（Gly），表达的 B23–Gly–B24 人胰岛素放免活性和受体活性分别是人胰岛素的 116% 和 111%。

（二）利用基因工程生产干扰素

干扰素是一类高活性多功能的糖蛋白，是生物体内一类古老的保护因子，数亿年前便存在生物细胞中。1957 年，Isaacs 和 Lindenmann 首先发现受到病毒感染的细胞能产生一种物质，可以保护其他细胞抗御多种病毒的感染，并命名为干扰素。后来人们发现病毒、细菌、立克次氏体、真菌以及原虫等都能诱导细胞产生干扰素。1980 年，Derynck 等首次克隆了人干扰素基因。随后，1981 年，Goeddel 成功克隆出了干扰素 2γ 基因。重组干扰素生产过程是从人和动物细胞中克隆出干扰素基因，将此基因与工程菌表达载体连接构成重组表达质粒，然后转化到工程菌中，含重组干扰素基因工程菌经发酵，产生大量菌体，将菌体破裂，从菌体中分离、纯化重组干扰素。1980 年，美国生物化学家 Boyer 和 Cohen 创建的基因工程公司，通过各种不同基因组合得到几种生产干扰素的细菌。1981 年，在酵母菌中生产干扰素也获得了成功。1982 年，我国也已经开始用基因工程方法构建了生产干扰素的大肠杆菌工程菌，产生出与天然干扰素一样的具有抗病毒活性的重组干扰素。2008 年，Zhuang 等使用乳酸链球菌素的控制基因表达系统把重组人干扰素 IFN-β 基因成功导入食品级乳酸乳球菌，重组干扰素 IFN-β 在培养基分泌比率达到 95%，最大表达量为 20 ug/L。2002 年，胡荣等通过改造干扰素功能结合域，提高工程菌表达的干扰素生物学活性，干扰素 IFN-a1C AB 环内通过点突变技术引入 2 个独立酶切位点 EcRV 和 EstEⅡ，用 PCR 技术将干扰素 AB 环的 31 位甲硫氨酸换成天冬氨酸，32 位天冬氨酸换成脯氨酸，将重组基因在大肠杆菌中表达，表达的干扰素显著地提高了抗病毒活性。

（三）利用基因工程生产疫苗

疫苗是将病原微生物（如细菌、立克次氏体、病毒等）及其代谢产物，经过人工减毒、灭活或利用基因工程等方法制成的可使机体产生特异性免疫的生物制剂，通过疫苗接种使接受方获得免疫力。疫苗保留了病原菌刺激动物体免疫系统的特性，当人和动物体接触到这种不具伤害力的病原菌后，免疫系统便会产生一定的保护物质，在下一次遇到这种病原体，能快速地激活免疫系统发起免疫保护作用阻止病原菌的伤害。回顾疫苗发展的整个历程，可将疫苗的发展史划分为 4 个阶段：第一阶段即古典疫苗阶段，在病原体发现前，人们通过不断观察和摸索研制疫苗阶段，如早期的天花疫苗和禽霍乱弱毒疫苗；第二阶段为传统疫苗阶段，在这一阶段人们利用病变组织、鸡胚或细胞增殖以及用培养病原菌来制备灭活疫苗和弱毒疫苗；第三阶段为基因工程疫苗阶段或称 DNA 重组疫苗阶段，在这一阶段采用 DNA 重组技术生产疫苗；第四阶段为 DNA 疫苗阶段，在这一阶段是用基因工程方法或分子克隆技术，分离出病原的保护性抗原基因，将其转入原核或真核系统使表达出该病原的保护性抗原，制成疫苗，或者将病原的毒力相关基因删除掉，使其成为不带毒力相关基因的基因缺失苗。

1986 年，Merck 公司开发了重组乙肝疫苗，这是第一例基因工程疫苗。1992 年，我国哺乳动物基因工程乙肝疫苗开始进入商业化生产。1998 年，冻干口服福氏、宋内氏痢疾双价活疫苗开始投放市场。自 1981 年成功地将口蹄疫病毒的抗原性多肽基因 VP3 克隆到大肠杆菌内进行表达，研制出用于牛和猪的口蹄疫病毒疫苗后，基因工程疫苗的研究越来越广泛。1988 年，Rutter 等成功地将一个含有 163 个氨基酸的乙型肝炎病毒（HBV）S 基因克隆在含有 ADH1 启动子的酵母表达载体上，在酵母中表达出了 HbsAg 蛋白疫苗，在酵母细胞中获得的 HbsAg 蛋白能聚集成约 22 nm 的球形颗粒，并有较强的免疫原性，用表达的产物制成的疫苗可以有效地预防黑猩猩对 HBV 的感染。2004 年，曾政等利用 PCR 扩增布氏杆菌核蛋白 *L7/L12* 基因分别构建至原核表达载体 PET32a（＋），重组质粒 PET32a‒L7/12 转化到大肠杆菌中，所构建的布氏杆菌疫苗具有诱导特异性细胞和体液免疫应答的能力。2001 年，姜永厚利用已克隆到的新城疫 D26 株 *F* 基因和鸡 *IL-2* 基因，经过载体改建，将他们共同克隆于真核表达质粒 pCDNA3 上，成功构建了共表达鸡新城疫病毒 *F* 基因和鸡 *IL-2* 基因的重组质粒，在大肠杆菌 JM83 中进行复制。一次性提取即可获得表达用于佐剂的 U‒2 和用于 DNA 疫苗的 *NDV-F* 基因的质粒，而不必 2 次分别提取，免疫接种时，则可以一针注射完成，且提高了疫苗的接种效率。

目前，我国已批准使用的动物基因工程疫苗有：猪 "O" 形口蹄疫病毒基因工程亚单位疫苗、抗牛布氏杆菌单克隆抗体 A7、猪伪狂犬病毒三基因和双基因缺失疫苗、犊牛羔羊腹泻双价基因工程疫苗、猪大肠杆菌 K88、K99 基因工程疫苗、禽流感 H5 亚型的血凝素基因与人型 H1N1 病毒重组的新型禽流感病毒灭活疫苗、新城疫基因 Ⅶ 型疫苗、禽流感 H5 亚型的血凝素基因新城疫 Lasota 株重组活载体疫苗、鸡传染性喉气管炎病毒 *gB* 基因重组禽痘病毒疫苗等。鱼用基因工程弱毒疫苗——鳗弧菌 MVAV6203 株已于 2019 年 4 月 4 日获得国内 I 类新兽药证书（〔2019〕新兽药证字 15 号），获得生产上市许可。

第四节　转基因农作物

一、我国转基因作物情况

目前，我国已批准商业化种植的转基因作物仅棉花和番木瓜，已获得安全证书的有转基因玉米和水稻，已批准进口的转基因作物包括大豆、棉花、木瓜、油菜、甜菜和玉米等。

玉米国外有 30 余个商业化种植的转基因品种，我国批准进口 20 余个转基因玉米品种（MON87427、DAS–4Ø278–9、5307、Bt11×GA21、MIR162、T25、DP4114、MIR604、TC1507、MON87460、MON 89034、Bt176、3272、Bt11、59122 等），全都用作原料，主要用于饲料加工、榨油和工业原料。目前，我国禁止种植转基因玉米，因此新鲜的、带有玉米果穗的均为非转基因玉米。

我国批准进口的转基因大豆品种（系）有 18 个（A2704–12、A5547–127、DAS–44406–6、DP305423、GTS40–3–2、MON87701、MON87705、MON87708、MON87769、MON89788、SYHT0H2、DBN–09004–6、MON87751、305423×GTS40–3–2 等），都是用作加工原料，制成大豆油、腐竹、豆腐等豆制品进行售卖。目前，我国禁止种植转基因大豆品种，因此从田间地头采摘和收获的大豆都是非转基因的。

棉花是目前我国种植最为广泛的转基因作物，包括我国自主研发和进口的品种，主要为转 Bt 杀虫基因的抗虫棉以及耐除草剂的品种，由于其对棉铃虫的抗性效果非常显著，深受棉农喜爱，因此，大田和市面上的棉花绝大多数为转基因棉花。

油菜目前国外有 30 余个转基因油菜品种，我国批准进口的转基因油菜包括Ms1Rf1、MON88302、T45、Oxy–235、Ms8Rf3、Ms1Rf2、Topas19/2、GT73 等抗除草剂品种，都是用作加工原料，主要是制成菜籽油进行售卖。

甜菜目前国外有 3 个转基因甜菜品种，我国批准进口的甜菜用作加工原料。

番木瓜包括我国自主研发的品种（华南农业大学培育"华农 1 号"）和进口的品种（夏威夷大学培育的抗病番木瓜 55–1）等，"华农 1 号"于 2010 年获得农业部颁发的安全性证书后在我国大规模种植，对于我国番木瓜产业的健康发展起到了十分重要的作用，目前市场上销售的番木瓜大多为转基因抗病品种。

二、转基因玉米

转基因技术是提升玉米发展潜力的重要途径，转基因抗虫耐除草剂玉米、抗旱玉米、高赖氨酸玉米已在美国、阿根廷、巴西等国家得到广泛应用，并带来巨大的经济效益。自 1996 年抗虫转基因玉米商业化以来，转基因玉米已从第一代的单基因性状发展为第二代的多基因性状，抗逆、优质、专用的第三代转基因玉米产品已经陆续进入产业化或者产业化准备阶段。截至 2019 年 8 月，全球共有 238 个玉米转化体通过审批，共计审批通过 1 895 个转基因玉米安全证书，其中食用安全证书 928 个，饲用安全证书 630 个，种植安全证书 337 个。

全球转基因玉米应用实践表明，抗虫、耐除草剂和抗旱等转基因玉米种植能够显著提高玉米的抗虫、耐除草剂和抗旱能力，从而增加玉米产量，减少生产成本，促进农业增效。目前转基因玉米商业化性状主要是抗虫、耐除草剂、抗逆、产量性状改良、品质性状改良、杂种优势改良以及非生物胁迫耐性。审批通过的 238 个转基因玉米转化体中，仅有 42 个是包含单一商业化性状的转化体；其他 196 个均为包含两个或以上商业化性状的转化体，其中 184 个是包含两个商业化性状的转化体，12 个是包含 3 个商业化性状的转化体。

（一）抗虫转基因玉米

抗虫转基因玉米是将来源于土壤微生物苏云金芽孢杆菌（*Bacillus thuringiensis*，Bt）基因通过转基因技术导入玉米基因组中，进而培育成转基因株系，与对照相比，转基因株系各组织器官的抗虫性能得到大幅度提高。抗虫基因主要包括编码杀虫晶体蛋白（Insecticidal crystal proteins，ICPs）的 Cry 类和 Cyt 类基因、编码营养期杀虫蛋白（Vegetative Insecticidal Proteins，VIPs）的 Vip 类基因等。其中，Cry 类基因应用最为广泛，主要有 *Cry1Ab*、*Cry1Ac*、*Cry1Fa*、*Cry2Ab2*、*Cry3Bbl*、*Cry34AbI*、*Cry35Abl* 等，主要杀虫谱是鳞翅目和鞘翅目昆虫；Cyt 类基因主要有 *Cyt1Aa*、*Cyt1Ab*、*CytBa*、*Cyt2Aal*、*Cyt2Bal* 等，主要杀虫谱为双翅目，部分基因的杀虫谱为鳞翅目和鞘翅目，如 *Cyt1Aa*。商业化的抗虫基因主要是防治玉米螟的 *Cry1Ab/c*、*Cry1F*、*Cry2A*、*Vip3A* 等。

（二）耐除草剂转基因玉米

耐除草剂转基因玉米是将除草剂抗性基因（如抗草甘膦、烟嘧磺隆、咪唑啉酮、草甘膦 / 草丁膦、2,4–D、稀禾定等）转入玉米基因组，进而培育出转基因耐除草剂玉米。种植耐除草剂转基因玉米的田间可以喷施除草剂，转基因玉米由于具有耐除草剂特性，不会受到除草剂的药害，杂草因没有除草剂抗性或抗性较低而死亡，最终达到除草的目的。耐除草剂转基因玉米种植能够免除人工除草，大大减少劳动力投入，降低生产成本，同时还可以减少人工除草所带来的对玉米生产影响而提高产量。

目前，商业化种植的耐除草剂转基因玉米主要是耐草甘膦玉米。草甘膦（Glyphosate）是由孟山都公司在 1970 年研发的除草剂，具有良好内吸收性，能够快速到达生长点等特性，是一种土壤友好型的除草剂。全球种植耐草甘膦玉米占世界总种植面积的 30% 以上。1996 年，DeKalb 公司注册耐草甘膦（又称农达）的玉米转化体 GA21；1998 年，GA21 获商业化种植；2000 年，孟山都公司推出第二代抗草甘膦玉米 NK603。

（三）抗旱转基因玉米

将抗旱相关基因转入玉米基因组，进而培育出抗旱性大大提升的转基因玉米。抗旱转基因玉米的种植能够减少干旱对玉米产量的影响，同时还能够提高水资源利用效率。孟山都公司利用源于枯草芽孢杆菌（*Bacillus subtilis*）中的 RNA 分子伴侣基因 cspB，培育出抗旱玉米 MON87460。在人工控制的干旱环境下，转基因玉米较非转基因对照每亩增产 50 kg 左右，产量增加 15% 以上。2011 年 12 月，美国农业部动植物卫生检疫局（APHIS）正式批准 MON87460 商业化种植，2012 年在美国西部干旱州种植 6 万亩，2013 年种植超过 30 万亩抗旱玉米。通过两年大面积种植示范推广，在美国中西部干旱地区，抗旱转基因玉米较当地大面积推广品种（亩产 205 ~ 512.5 kg）亩产能够提高 20.5 kg 以上。2014 年抗旱转基因玉米在美国中西部地区的种植面积达到 300 万亩以上。

（四）雄性不育制种转基因玉米

通过转基因方法，将育性恢复基因和种子筛选标记基因同时转入雄性不育玉米基因组，获得能够生产非转基因雄性不育系的转基因株系。雄性不育转基因玉米主要用于玉米雄性不育制种技术，克服了细胞质不育系恢复难和不育细胞质资源狭窄等缺点，免除了人工或机械去雄程序，降低制种成本和风险，提高制种质量，是玉米雄性不育制种技术的重大突破。该技术使用的基因包括雄性不育恢复基因（如 *Ms*45、*Ms*26）、标记基因（如红色荧光蛋白基因 *DsRed*2）、籽粒大小基因 *mnl* 等。为提升不育系产率，还可以增加花粉败育基因，如 *zm-aal*。美国杜邦先锋公司利用该技术实现了核不育化制种（Seed Production Techonology，SPT）。美国农业部、日本食品卫生审议会、澳大利亚和新西兰食品标准局等组织已批准 SPT 技术生产的不育系和杂交种无须受到转基因条例的监管。我国也启动雄性不育转基因玉米的研发，将控制玉米雄性育性基因和玉米籽粒大小基因连在一起转入玉米的雄性不育系基因组，在杂交果穗上可以同时得到大量不育系和保持系种子，只需要通过机械分选方法便可以分别获得不育系和保持系种子。该方法具有筛选简便和精度高的双重优点，在不育化制种中具有很好的应用前景。目前，已经商业化的转化体有美国杜邦先锋公司研制的 DP32138-1 等。

（五）品质改良转基因玉米

品质改良转基因玉米是通过转基因技术提高玉米籽粒或其他组织器官的营养成分，进而改善和提高玉米品质。

1. 高赖氨酸玉米

玉米作为饲料的主要来源，缺乏人体及单胃动物生长发育必需的赖氨酸和色氨酸，在作为饲料时必须额外添加赖氨酸等必需氨基酸才能够满足畜禽的正常生长。国际上通过转基因方法获得高赖氨酸转基因玉米品种，基因有来源于微生物的谷氨酸棒状杆菌（*Corynebacterium glutamicum*）基因 *cordap*A，该基因编码一种对赖氨酸不敏感的酶——二氢吡啶二羧酸合酶（Lysine-insensitive dihydropicolinate synthase，cDHDPS），是一种在赖氨酸合成途径中的调控酶，对赖氨酸反馈抑制不敏感，进而提高籽粒赖氨酸的含量。含有该基因的转化体已经在美国、加拿大、日本等国获得商业化种植许可。

2. 耐高温淀粉酶玉米

玉米除用于动物饲料和人类食品外，也用来生产乙醇作为生物燃料而替代石油。淀粉分子水解是从玉米中生产乙醇的第一步，在玉米中表达的 α–淀粉酶能够提高水解效率，而且该酶可以耐高温达 105 ℃左右。

3. 高植酸酶玉米

高植酸酶玉米可以减少无机磷使用，延缓磷矿资源的枯竭，显著节省成本，还可以增进牲畜对铁、锌、钙、镁、铜、铬、锰等矿物质元素的吸收；高植酸酶玉米还能有效减少牲畜粪便中磷对环境造成的污染。

三、转基因大豆

我国作为大豆原产地，曾是全球最大的大豆生产国和出口国，但 1996 年以来，受进口大豆冲击及比较效益低等因素影响，国产大豆自给率逐渐下降，大豆进口依存度长期保持在 80% 以上的高位。我国大豆产业逐步萎缩，与转基因技术发展有一定关系。巴西、美国、阿根廷这 3 个国家的大豆种植面积和产量均居全球前三，其转基因技术的利用率均超过了 90%，阿根廷更是接近 100%，转基因技术为这 3 个国家的大豆产业发展注入了强劲动力。相比而言，我国大豆转基因研究起步较晚，基础薄弱，影响了产业化进程，目前还没有一个转基因品种获准商业化种植。2019 年，我国提出大豆振兴计划，旨在通过扩大种植面积、增加产量、提高品质等手段，逐步提升国产大豆自给水平。在当前难以大幅增加大豆种植面积的背景下，利用现代生物技术培育高产优质转基因大豆新品种，对于促进大豆产业振兴具有十分重要的意义。

（一）国外转基因大豆研发现状

大豆是最早实现转基因技术商业化应用的农作物，也是国际上种植面积最大的转基因作物，在美国、巴西、阿根廷等国家已推广应用 25 年。孟山都、拜耳、杜邦、先正达、陶氏、巴斯夫等跨国企业是全球最主要的转基因大豆研发商，拥有几乎所有已商业化转基因大豆转化体的产权。

1. 研究进展

（1）耐除草剂大豆

杂草是大豆生产中最主要的为害因子之一，一般可造成大豆减产 10% ~ 20%。将耐除草剂基因转入大豆，培育转基因大豆新品种，配套施用目标除草剂，是低成本、高效率防控豆田杂草的主要方式。耐除草剂性状一直是应用面积最大的一类性状，最早商业化应用的耐除草剂基因为来源于根癌农杆菌 CP4 的 5- 烯醇式丙酮莽草酸 -3- 磷酸合酶基因（epsps），孟山都公司将其导入常规大豆品种 A5403 中，获得了能耐受灭生性除草剂草甘膦的转基因大豆 GTS40-3-2。除了 *CP4-epsps* 基因，草铵膦乙酰转移酶基因（*pat*）、草甘膦乙酰转移酶基因（*gat*）、乙酰乳酸合成酶基因（*als*）等其他耐除草剂基因也在转基因大豆中得到广泛应用。

（2）抗虫大豆

虫害是大豆生产中的另一个主要生物限制因子，通常采用喷施杀虫剂的方式加以控制，与抗虫玉米、棉花相比，抗虫转基因大豆研发较晚，抗虫基因主要来源于苏云金芽孢杆菌（*Bacillus thuringiensis*，Bt）。孟山都公司将 *cry1Ac* 基因导入大豆，获得高抗大豆斜纹夜蛾、豆小卷叶蛾等鳞翅目害虫的转基因大豆 MON87701，该转化体于 2010 年获准商业化种植，是首个进入商业化应用的抗虫大豆。除了 *cry1Ac* 基因，同样来源于 Bt 菌株的抗虫基因 *cry2Ab2*、*cry1A.105* 也已成功应用于抗虫大豆。

（3）品质改良大豆

大豆油是全球重要的食用油种，消费量保持稳定增长，大豆油在我国的消费量位居食用油种之首。大豆油中的多不饱和脂肪酸比例偏高，影响油脂的稳定性，因此，提高大豆油中的单不饱和脂肪酸（18∶1油酸）含量，是大豆品质改良育种的主要方向，已有多个高油酸转化体获准商业化应用。利用反义RNA或RNAi技术沉默大豆内源的脂肪酸生物合成关键基因表达（如fad2、fatb等），阻断油酸向亚油酸转化途径，能显著降低饱和脂肪酸含量、提高油酸含量，从而改善大豆油的品质。此外，向常规大豆中导入来源于报春花（Primula juliae）的Δ6去饱和酶基因Pj.D6D以及来源于粗糙脉孢菌（Neurospora crassa）的Δ15去饱和酶基因Nc.Fad3，能提高大豆籽粒中的亚麻油酸含量。

（4）复合性状大豆

复合性状可通过共转化（同时转化多个基因）、再转化（以转基因作物为受体再次转入新基因）、杂交育种（多个转基因作物杂交）等多种方式获得。耐除草剂和品质改良大豆MON87705、DP305423，抗虫和耐除草剂大豆DAS81419等都是通过共转化方式获得的具有复合性状的转化体，抗虫和耐除草剂大豆MON87751×MON87701×MON87708×MON89788则是利用常规杂交育种获得的复合性状新品种，在同一品种中聚合了5个目的基因，使得产品更具市场竞争力。

2. 生产应用情况

（1）种植面积

转基因作物于1996年开始在全球大规模商业化种植，1997年转基因大豆超过棉花成为种植面积最大的转基因作物，2018年达到峰值9 590万hm²。2019年受农产品价格影响，转基因大豆种植面积较上一年度略有下降，为9 190万hm²，占当年转基因作物种植总面积的48.27%，而且转基因技术在全球大豆生产中的利用率超过70%。

（2）主要种植国家和应用区域

转基因作物种植国家从1996年的5个增长到2019年的29个，包括5个发达国家和24个发展中国家。就转基因大豆而言，2019年种植面积居世界前3位的国家依次为巴西（3 510万hm²）、美国（3 043万hm²）、阿根廷（1 750万hm²），其中，巴西首次超过美国跃居第一，这3个国家的转基因大豆种植面积之和占全球转基因大豆种植总面积的90.35%，大豆转基因技术应用率均已接近100%。此外，加拿大、巴拉圭、南非、玻利维亚、乌拉圭等国家和地区也有种植转基因大豆。除了这8个种植国和地区外，还有20多个国家和地区批准进口转基因大豆用于食用或饲用，包括欧盟、日本、韩国、俄罗斯、英国、澳大利亚、新西兰、印度、瑞士等，其中，耐除草剂大豆GTS40-3-2获批应用的地域最广，达到29个国家和地区，其次是耐除草剂大豆A2704-12，获得了25个国家和地区的许可。

3. 主要研发机构

从全球转基因技术的发展来看，寡头企业是农业生物技术创新和品种研发的主体。孟山都、拜耳、杜邦、陶氏、巴斯夫这5家种业公司几乎掌控着国外转基因大豆研发的全部市场，占据了领先世界的大豆生物技术科技创新主导地位。随着拜耳收购孟山都、陶氏与杜邦合并、巴斯夫收购拜耳的部分业务、中化收购先正达等一系列种业并购案的完成，大豆转基因研发资源进一步集中，寡头企业技术优势更加凸显，给全球转基因技术应用带来更大影响。

（二）我国转基因大豆研发现状

在国家"863"计划、"973"计划、转基因重大专项等项目资助下，我国在转基因大豆研究领域取得了显著进展，挖掘了一批具有自主知识产权和生产应用价值的功能基因，大豆规模化遗传转化效率不断提高，越来越多的转化体进入高阶段的安全评价试验，离商业化种植越来越近。

2021年，为解决当前农业生产中面临的草地贪夜蛾和草害问题，农业农村部对已获得生产应用安全证书的耐除草剂转基因大豆和抗虫耐除草剂转基因玉米开展了产业化试点。从试点结果看，转基因大豆玉米抗虫耐除草剂特性优良，增产增效和生态效果显著，其中，转基因大豆除草效果在95%以上，可降低除草成本50%，增产12%。转基因玉米对草地贪夜蛾的防治效果可达95%，增产6.7%～10.7%，大幅减少防虫成本。

1. 研究进展

（1）新品种培育

我国转基因大豆研究主要聚焦在耐除草剂、抗病虫、抗逆、品质改良、养分高效利用等性状上，其中，耐除草剂性状新品种培育进展最快，通过导入 *g2epsps*、*g10evo-epsps* 等自主知识产权基因获得转基因大豆中黄6106、SHZD3201、ZUTS-33 等，均能耐受高剂量的草甘膦除草剂，为高效控制豆田杂草提供优良的解决方案。在抗病虫大豆开发方面，利用 *cry1C*、*cry1Ac/Ab* 等 Bt 抗虫基因，获得一系列抗虫大豆新品系，对大豆食心虫、斜纹夜蛾、甜菜夜蛾等豆田主要鳞翅目害虫均表现为高抗；应用 RNAi 技术原理将大豆花叶病毒的 *P3*、*N1b* 等基因的 dsRNA 干扰片段导入受体大豆，获得广谱抗病毒转基因大豆新品系，对我国大豆主要产区的花叶病毒小种普遍达到高抗。在抗病虫新品系培育过程中，通过同步转入 *bar* 等耐除草剂基因，使这些品系在具备抗病虫等主效性状的同时，也兼具除草剂耐受性，在生产上应用更为广泛。在品质改良方面，过表达基因来源于大豆和玉米的转录因子 *GmWRI1*、*ZmWRI1* 等基因，获得高油转化体大豆新品系，含油量较对照相比提高10%以上。利用反义 RNA 或 RNAi 技术抑制大豆内源 *Gmfad2-1B* 基因转录，阻断亚油酸合成，获得高油酸转基因大豆新品系。将拟南芥 *AtD-CGS* 基因导入受体大豆基因组，转基因大豆成熟籽粒中蛋氨酸含量显著提高。此外，在高蛋白、高异黄酮等营养改良方面，也取得了一系列进展。

（2）审批情况

转基因作物在应用之前要经过严格的安全评价，我国于2004年发放第一个转基因大豆的进口用作加工原料安全证书，之后的17年内共批准19种转基因大豆进口我国用作加工原料，其中，18种为国外公司研发产品、1种为我国企业自主研发产品。2019年，上海交通大学自主研发的耐除草剂大豆 SHZD3201 获得国内首个转基因大豆生产应用安全证书，中黄6106、DBN9004 两个耐除草剂大豆也在2020年相继获得生产应用安全证书。除了这3个获得安全证书的产品，还有一系列抗病虫、耐除草剂、抗逆、品质改良转基因大豆新品系获准进入了环境释放、生产性试验等高阶段试验，这些国产转基因大豆的成功研发，为我国转基因大豆的种植推广奠定了坚实基础。

2. 进口情况

受种植结构调整、产品经济效益等诸多因素的影响，我国大豆种植面积和产量相比水稻、玉米、小麦等主粮作物差距显著，国产大豆远远满足不了持续增长的豆油、食用大豆及豆粕需求，需要大量进口大豆。我国从 1996 年起就成为大豆净进口国，进口量呈逐年增长态势，2000 年超 1 000 万 t，2 010 年超 5 000 万 t，2020 年超 1 亿 t，进口来源国主要有巴西、美国、阿根廷、乌拉圭、加拿大、俄罗斯等，进口大豆中的转基因大豆占比在 95% 以上。我国大豆对外依存度近 10 年均维持在 80% 以上，是世界上最大的转基因大豆消费国和净进口国。

四、转基因水稻

我国水稻种植历史悠久，据悉至少已达 7 000 年之久。在我国的主要粮食作物中水稻是食用人口比重最大的，达 65% 以上。然而，每年水稻虫害、病害以及不良环境因素在很大程度上制约了我国水稻的稳产、高产和稻米质量，每年仅因病虫害造成的产量损失高达 10% ～ 20%，故水稻品种改良势在必行。传统的育种方法因其自身缺陷（例如育种周期长、缺乏抗性亲本）使人们难以获得所需要的优良品种，因而需要寻找新的育种技术。1988 年，转基因技术首次在水稻的研究领域运用成功。目前，主要研究抗除草剂水稻、抗病水稻、抗虫水稻、抗逆境水稻以及品质改良水稻等转基因水稻。

（一）抗除草剂水稻研究

抗除草剂基因是转基因技术里研究最早的。抗除草剂转基因水稻的成功研发解决了稻田除草难问题。此外，它还解决了一个关键的技术问题，即杂交稻育种的纯度问题。1942 年出现杂草统防统治技术，为了能够减少因使用除草剂而导致作物发生药害，研究将抗除草剂的基因引入水稻中得到抗除草剂的品种。胡利华将抗草甘膦除草剂基因和柠檬酸合酶（CS）基因导入水稻品种明恢 86 的愈伤组织中，经培养获得的转基因阳性植株对草甘膦除草剂更具有抗性。王蕾以 EPSPS 基因作为目的基因，通过农杆菌导入法将其导入水稻品种吉农大 838 中，培养之后筛选得到具有抗草甘膦除草剂的水稻植株。

（二）抗虫与抗病水稻研究

转基因技术在水稻抗虫、抗病的研究应用方面，张长伟将苜蓿防御素基因 *alfAFP*、苦瓜几丁质酶基因 *McCHIT1* 及其双价基因采用根癌农杆菌介导法导入水稻恢复系缙恢 35 中，得到对稻瘟病、纹枯病具有明显抗性的转基因植株。杨清华通过构建双元表达载体，将苏云金芽孢杆菌毒蛋白基因导入水稻的愈伤组织中，经过培养后筛选获得转 Bt 毒蛋白水稻品种。基因编辑技术介导的基因定点突变可用来创建白叶枯抗性水稻。Li 等利用 TALEN 技术对水稻蔗糖转运蛋白基因 *OsSWEET14* 的启动子区与白叶枯病原菌效应蛋白结合的顺式元件进行定点突变，降低了水稻白叶枯病原菌分泌的效应蛋白与 OsSWEET14 的启动。

（三）抗逆境水稻研究

水稻的特质使它成为重要的功能基因研究，如冻害、干旱和盐碱地这些逆境对自然界的植物生长和发育影响重大，尤其是农作物。为了提高水稻抗逆境的能力，在进行水稻品种改良时引入抗逆性基因，比如耐旱基因、耐寒基因、耐盐碱基因以及耐淹基因等相关的抗性基因。李道恒通过应用农杆菌介导法，将水稻耐盐诱导基因 *OsCYP2* 经不断筛选培育获得了高世代耐盐水稻新种质。2013 年，Shan 等利用 CRISPR 技术编辑水稻 *OsBADH2*、*OsPDS* 基因，获得 osbadh2 和 ospds 突变体，适用在香米株系和耐冷性株系的培育上。也是在 2013 年，Feng 等对水稻 *ROC5*、*OsWaxy* 基因进行突变，培育水稻卷叶育种及糯性育种。

（四）品质改良水稻研究

除了上述抗性转基因水稻研究外，还有对水稻品质改良的研究，比如提水稻产量的相关基因研究、改善水稻营养含量的基因如高赖氨酸蛋白基因等。2000 年瑞士联邦技术研究所波特里库斯教授等将黄水仙中 β-胡萝卜素基因整合到水稻基因组中，成功研发了第一代黄金大米，其中 β-胡萝卜素含量为每克大米约含 1.6 μg。2005 年，英国剑桥的兴根塔育种公司的研究人员已经培育出了一种命名为"金稻-2"的新型转基因水稻，其维生素 A 原（胡萝卜素），的含量比传统水稻提高了 20 多倍。维生素 A 原能在人体内转变成维生素 A，对防止儿童夜盲症十分重要。目前，全世界每年约有 50 万儿童患夜盲症。

五、转基因棉花

利用基因工程技术对棉花进行遗传改良是棉花分子设计育种的主要途径，有效地弥补了传统育种方法不能解决的问题，快速地培育出多种新型棉花育种材料。棉花遗传改良主要涉及抗逆、抗除草剂、纤维品质和早衰等重要农艺性状改良。其中，抗逆基因工程培育的抗虫转基因棉花和抗除草剂转基因棉花得到了广泛的生产应用，并取得了巨大的经济和生态效益。

（一）抗虫转基因棉花

中国抗虫基因的研制起始于 20 世纪 90 年代初期，通过遗传转化方法使棉花获得抗虫功能的基因主要包括三类：来源于苏云金芽孢杆菌的杀虫蛋白基因（Bt）、从植物中分离的昆虫蛋白酶抑制剂基因（PI）和植物凝集素基因（1ectin）。当前，大规模生产应用的国产转基因抗虫棉主要为单价抗虫棉和双价抗虫棉，其遗传转化的抗虫基因为 Bt 杀虫基因 *GFM Cry1A* 和豇豆胰蛋白酶抑制剂基因 *Cpti*。1992 年，郭三堆等利用分子设计技术人工合成了具有高杀虫活性的 Bt 杀虫基因 *GFM Cry1A* 并于 1994 年将该基因导入棉花，在此基础上与育种单位合作，成功选育出 GK1、GK12、GK19、GKZ1 和晋棉 26 国产单价转基因抗虫棉品种，并大面积推广应用，使中国成为继美国之后世界上第二个研制成功转基因抗虫棉的国家。

（二）抗旱耐盐碱转基因棉花

中国水资源的短缺，土壤盐渍化和频繁的极端天气严重影响作物的生产，此外，在有限耕地的前提条件下，粮棉争地的矛盾日益凸显，通过研究抗逆基因提高棉花的抗逆能力，将有效地提高土地利用率，拓展可利用土地资源。吕素莲将来自大肠杆菌的编码胆碱脱氢酶（CDH）基因 *betA* 导入棉花，发现该基因能够显著提高转基因棉花的抗旱和耐盐性，通过棉花苗期和蕾期的渗透（干旱）及盐胁迫试验发现来自盐芥的 TsVP 可以提高转基因棉花的抗渗透（干旱）和盐能力。张慧军等将克隆自山菠菜（Atriplex hortensis）的 *AhCMO* 基因导入泗棉 3 号棉花，盐胁迫试验结果表明，转 *AhCMO* 基因的棉花耐盐性显著优于对照组棉株。

（三）抗除草剂转基因棉花

草害是影响棉花生产的主要因素之一，棉田杂草种类严重影响棉花的生长。除草剂和抗除草剂棉花的协同使用是棉田杂草防除的重要对策。目前，抗除草剂主要有 3 种方法：一是修饰除草剂作用的靶蛋白，使棉花对除草剂不敏感或者促使靶蛋白过量表达使除草剂作用后还能正常代谢；二是引入降解除草剂的酶，在除草剂作用于棉花靶蛋白前将其分解；三是编码转运体蛋白，使毒素从植物体内输出。雷凯健等 2006 年从土壤总 DNA 中克隆到草甘膦 N- 乙酸转移酶基因，并对其表达蛋白的酶学特性进行了分析，为其在抗草甘膦转基因作物中的应用积累了理论依据。山西省棉花研究所陈志贤等与澳大利亚 CSIRO 及中国农业科学院生物技术中心合作，将 tfda 导入晋棉 7 号、冀合 321 等棉花品种，对其后代进行田间抗药性鉴定表明转基因系对 2,4-D 的耐受性超过了大田使用浓度。

（四）抗病转基因棉花

棉花黄萎病是黄萎病菌经土壤传播、侵染到棉花植株最终引发维管束疾病的一种真菌性病害，具有为害严重、分布范围大、寄主种类多及存活时间长等特点，可造成棉花大量减产甚至绝收，被形象地称为棉花的"癌症"。针对以黄萎病为代表的主要病害，采用传统的防治手段，如通过传统育种的方法培育抗病品种、农药防治等方法收效甚微，而且存在培育周期长，严重污染环境等问题。倪萌等采用叶片针刺接种法从细胞学方面分析转 hpa1xoo 棉花与棉花黄萎病菌互作产生的微过敏抗病反应，通过细胞显微观察表明，转 hpa1xoo 棉花 T-34 与非转基因棉花在抗病性表型方面存在明显差异，转 hpa1xoo 棉花较非转基因棉花有较强的抗病性。

（五）纤维品质改良转基因棉花

棉纤维是棉花产量形成的主要部分，其品质决定经济价值。在生产实践中，高产棉花不优质、优质棉花不高产是限制棉花种植业发展的主要因素之一。随着纺织工业的不断发展，对棉花纤维品质不断提出新的要求，传统的遗传育种技术已经不能解决生产实践中关于棉花产量和品质之间存在的矛盾。利用基因工程技术将棉花纤维发育相关基因导入棉花，提高棉花纤维产量和品质，成为当前棉花增产和品质改良的主要途径。李德谋等将 GhASN–Like 导入棉花，提高了转基因植株的单株成铃数和单铃种子数，增加了籽棉和皮棉的产量。李晓荣等利用 35S 启动子驱动棉花尿甘二磷酸葡萄糖焦磷酸化酶基因 *GhUGP1* 在棉花中表达，获得的转基因棉花材料纤维长度比对照增加 18.5%，断裂比强度增加 31.85%。

（六）其他性状如早衰、耐涝以及特殊用途等转基因棉花

目前，生产应用的高产、优质棉花品种均具有早衰的特征，限制了高产、优质棉花品种的推广应用。利用基因工程技术延缓棉花的生长发育过程中的早衰现象，对具有早衰特性的棉花高产品种的培育和推广应用具有重要意义。李静等克隆获得了异戊烯基转移酶基因 *ipt*，该基因编码的蛋白是细胞分裂素生物合成途径中的关键酶。将该基因导入早衰型陆地棉品种中棉所 10 号中，通过对转基因棉花进行叶绿素和细胞分裂素含量的测定及形态观察，发现转基因棉花的早衰性状得到延迟。中国农业科学院生物技术研究所作物分子育种课题组将来源于透明颤菌血红蛋白基因（*vgb*）经过密码子优化设计后导入棉花，培育出高耐涝的转基因棉花新材料，该材料在地下部分封闭的涝池内表现良好，比对照材料增产 20% 以上。

六、转基因油菜

转基因油菜也是全球广泛种植的农作物，ISAAA 统计表明，2018 年转基因油菜的种植面积达 1 010 万 hm²。美国、加拿大是最早商业化种植转基因油菜的国家，截至 2017 年，美国已获批 40 余个商业化转基因耐除草剂油菜品种，美国种植的油菜均为转基因品种。目前，商业化的转基因油菜主要为耐除草剂转基因油菜、高月桂酸转基因油菜、含 ω–3 脂肪酸的转基因油菜等几大类。

七、转基因番木瓜

番木瓜是热带和亚热带地区广泛种植的植物，但番木瓜环斑病毒会给番木瓜生产带来毁灭性病害。1990 年，世界首个转抗番木瓜环斑病毒基因的木瓜品系在美国培育成功，1998 年美国批准商业化种植转基因番木瓜品种"日出"和"彩虹"，挽救了美国的木瓜产业。2003 年被加拿大、2011 年被日本批准进口，2011 年底被日本批准种植。为培育抗病番木瓜，20 世纪 90 年代中期，我国开始抗病基因分离研究，1998 年开始进行转化载体构建，2000 年完成了转化再生和温室评价等中间试验，2002 年开始进行限制性田间试验，进入环境释放阶段，最终于 2006 年选育了 4 个新品系，并在广东省示范种植。同时，我国于 2010 年发布了华南农业大学转基因抗环斑病毒番木瓜"华农 1 号"在华南地区生产的安全证书，由此，转基因番木瓜全面进入商业化生产阶段。此外，2019 年中国热带农业科学院的"YK1601"转基因抗病番木瓜品种获得了农业转基因生

物安全证书。

第五节　转基因家畜动物

转基因动物育种是指通过 DNA 重组技术实现基因在物种间的水平转移，从而培育肉质、生长、抗病等性状优良的品种，或者生产疾病模型、药用蛋白以及人异种医用组织和器官。同常规遗传育种相比，转基因动物育种打破了自然繁殖中的种间隔离，使基因能在种系关系很远的个体间转移，在定向改变动物性状上具有无可比拟的优势。克隆羊"多莉"出生之后，世界各国科学家利用核移植克隆技术先后获得了一批转基因动物，其效率要高于传统的原核显微注射转基因技术。尤其是近年来转座子转基因技术、病毒载体转基因技术等新的外源基因导入技术的发展和锌指核酸酶、TALEN 和 CRISPR/Cas9 核酸酶等基因编辑技术的应用，加快了转基因动物育种的速度。随着家畜基因组和功能基因研究的不断深入，人们对控制家畜性状的基因的研究、家畜发育和生长过程中基因调控的分子基础的理解更为系统和全面，为家畜基因组的遗传改造提供了理论基础。

一、转基因家畜育种应用

利用转基因技术对动物进行品种改造的研究主要集中在改善农业畜牧动物的生产性状上，包括生长速率、畜产品产量和质量以及提高动物的抗病能力。此外，通过基因修饰改变动物的分子特征而将其应用到医学上，也是转基因动物育种研究的热门方向。通过动物生物反应器来生产特殊功能蛋白质以及药用蛋白质，是目前转基因动物育种产业化进展最为迅速的一个方向。

（一）改善农业家畜的生产性状

提高农业动物的生产能力，为社会提供更优质的动物产品，提高畜牧业的生产效率一直以来都是动物育种的研究重点。通过转基因技术改良动物的生长速度、肉质组成、乳成分和产毛性能等性状，可以在短时间内大幅改良动物特定的重要的生产性状，具有重要的应用价值。

1. 提高生长速率

利用转基因技术改良动物的生产性状，最早应用于提高动物个体大小和生长速率方面的研究叫生长激素（growth hormone，GH），是一种单链肽类激素，它可以促进神经系统以外的所有其他组织的生长，促进机体合成代谢和蛋白质分解。在早期研究中，科学家将生长激素基因分别导入了猪和鱼的体内，得到的转基因猪和转基因鱼的生长速度显著提高。Hammer 和 Pursel 分别于 1985 年和 1989 年将人和牛的生长激素基因导入猪体内，得到的转基因猪饲料利用率均提高 17% 左右，生长速度都提高 10% 以上，使用类胰岛素样生长因子 1（IGF1）构建的转基因猪具有更快的生长速度。1989 年，Pursel

等首次获得表达 IGF1 的转基因猪。1998 年，对培育出的 IGF1 转基因猪群进行研究，结果表明，转基因猪与非转基因猪相比，其瘦肉含量增加 6% ～ 8%，脂肪含量减少 10%，利用转基因技术培育出的"微型动物"也具有良好的生产性状。墨西哥科学家通过改良巨型瘤牛，制备出了第一代"微型牛"，这种牛成年体重仅为 150 ～ 200 kg，体高 60 ～ 100 cm，特点是对气候环境适应力强、生长快、肉质嫩、产奶量高，一般饲养 6 个月即可屠宰。

2. 改良肉质组成

利用转基因技术可以改善畜产品的肉质组成，得到的畜产品具有瘦肉率高、脂肪量少、肉质成分得到改良的特点。*Myostatin* 基因是肌肉生长抑制素基因，其自发突变的牛、狗和人的肌肉生长显著增强，表现出"双肌性状"。1997 年，McPherron 等通过基因敲除技术得到了 *Myostatin* 基因突变纯合体小鼠，这种敲除小鼠个体显著增大，肌肉量明显升高，单个骨骼肌的重量比野生型小鼠重 2 ～ 3 倍，预示着 *Myostatin* 可调节动物的肌肉量和脂肪量。

研究表明，膳食中 ω–3 和 ω–6 两大系列的多不饱和脂肪酸的含量在平衡体内环境的稳定和正常生长中起着重要作用。由于 ω–3 多不饱和脂肪酸来源没有 ω–6 多不饱和脂肪酸丰富，因此，生产富含多不饱和脂肪酸的家畜是对肉品质的极大改良。2004 年，日本科学家 Saeki 等将菠菜的 Δ–12 去饱和酶基因转入猪体内，得到的转基因猪体内含有的不饱和脂肪酸要比一般的猪高约 20%。2006 年，赖良学等将线虫的 *fat-1* 基因转移到猪细胞中，最终成功获得了转 *fat-1* 基因猪，其结果发表在《Nature Biotechnology》杂志。这种基因编码的蛋白质可将猪自然产生的并不太理想的 ω–6 脂肪酸转化为 ω–3 脂肪酸。研究人员称，这种转基因猪组织中有较高含量的 ω–3 以及较低含量的 ω–6，而脂肪酸总量和正常猪体内的含量相同，因此其可作为一种替代肉源，大大提升了猪肉的营养价值，也可作为研究心血管疾病以及自体免疫疾病的理想模型。

3. 改善乳成分

牛奶是最常见的乳产品，也是很多婴幼儿的替代和补充营养来源。但是，有 2% ～ 3% 的婴儿对牛奶过敏，这是由于牛乳和人乳的成分不同造成的。β–乳球蛋白（BLG）是牛乳中的主要过敏原，在牛乳中，BLG 约占总蛋白的 10%，但是在人乳中则不存在。通过转基因和基因敲除技术，降低牛奶中的 BLG 含量，可以改善牛奶的品质，提高牛奶的使用价值。通过锌指核酸酶技术，于胜利等在体外培养的牛体细胞中对 *BLG* 基因进行了双等位基因敲除，并且通过以其作为供核细胞培育出了转基因牛。Anower Jabed 等通过 RNAi 技术，设计了针对 BLG 的特异性 miRNA 靶点，得到了转基因牛，通过检测发现，转基因牛的牛奶中几乎没有 BLG 表达，而酪蛋白的含量有了显著的增加，α–酪蛋白和 β–酪蛋白表达量提高了 2 倍，而 κ–酪蛋白的含量提高了 4 倍。

乳糖是一种二糖，存在于哺乳动物乳汁中，在牛奶中含量为 3.6% ～ 4.8%。乳糖不耐受指的是由于小肠黏膜乳糖酶缺乏导致乳糖消化吸收障碍而引起的以腹胀、腹泻为主的一系列临床症状。我国属于乳糖不耐受高发区，据调查，我国乳糖不耐受人群的比重高达 75% ～ 95%。Jost 等在乳腺中特异性表达了乳糖酶，使牛奶中乳糖含量降低了 50% ～ 80%，而脂肪和其他蛋白质含量则不受影响。

通过转基因技术，在牛奶中表达人乳所特有的成分，可以得到"人乳化牛奶"。乳铁蛋白能够促进婴儿对铁的吸收，提高婴儿的免疫力，抵抗消化道疾病的感染。乳铁蛋白在人乳中的含量为 1 ～ 2 g/L，而在牛奶中的含量仅为 0.1 g/L。通过转基因的方法使奶牛产出的牛奶中乳铁蛋白的含量达到人乳的水平，是牛奶"人乳化"重要的一步。溶菌酶是人乳中重要的抗菌蛋白，可以增强婴儿对肠道感染的抵抗力。李宁等利用转基因克隆技术成功获得了人乳铁蛋白、人溶菌酶转基因克隆奶牛，人乳铁蛋白在转基因牛牛乳中的平均表达量达到 3.43 g/L，为我国"人乳化牛奶"产业化奠定了重要的基础。

4. 改善羊毛产量和品质

羊毛的产量和品质是羊的一个重要的生产性状，通过转基因技术可以获得羊毛的产量和品质都得到极大提高的绵羊和山羊新品种。Nancarrow 等培育的 A2 蛋白转基因绵羊羊毛产量增产 5%。Bawden 等在转基因绵羊皮质细胞中特异性表达毛角蛋白 II 型中间的细丝蛋白，得到的转基因羊的羊毛具有色泽亮丽和毛脂含量高等显著特点。科研人员计划通过转基因技术生产超细羊毛和彩色羊毛等特殊羊毛，这必将为纺织业带来巨大的影响。2017 年，新疆畜牧科学院刘明军课题组使用 CRISPR/Cas9 技术生产出彩色的绵羊（Zhang et al.，2017）。他们通过敲除刺鼠信号蛋白（agouti sig-naling protein，ASIP）基因改变绵羊的毛色，基因编辑羔羊表现出全身黑色，或全身及部分块状棕褐色的羊毛颜色，不同的颜色与基因编辑的特定类型相关，他们还证实 ASIP 基因的拷贝数变异也会对羊毛颜色产生显著的影响。

（二）提高抗病能力

随着现代畜牧业向着集约化和规模化的方向发展，动物生产能力提升的同时，其抗性也逐渐下降，各种动物疫病的暴发也越来越频繁，这与商品化品种遗传多样性下降也有关系。随着转基因技术的出现，通过遗传修饰来提高动物的抗病性能，不仅可以减少疫苗和药物的使用，减少药物残留，提高动物产品的安全性，还可以减少病原体变异，减少由传染病带来的损失。

疯牛病和羊瘙痒症都可以称为海绵状脑病，是由细胞内正常的朊病毒蛋白（prion protein，PrP）的错误折叠所引起的一类疾病。朊蛋白是由 PRNP 基因编码的一种糖蛋白。2001 年，Denning 等因通过体细胞核移植的方法得到了 PRNP+/- 单敲转基因羊，这个研究首次证实了可以通过核移植的方法生产靶基因敲除羊。2006 年，Golding 等应用体细胞核移植和显微注射技术生产 RNAi 介导的抗 PrP 转基因山羊和牛，检测发现转基因动物体内 PRNP 基因的表达得到了很好的抑制。2007 年，Richt 等通过基因连续打靶方法生产朊病毒蛋白 PRNP 基因双敲牛，得到的转基因牛的体内检测不到朊蛋白，并且在临床、生理学、免疫学、组织病理学以及生殖检测方面均表现正常，为将来生产抗疯牛病新品种展示了光明的前景。

奶牛乳房炎是严重危害奶牛养殖业的一种传染性疾病。在美国，每年由奶牛乳房炎造成的经济损失约为 20 亿美元。金黄色葡萄球菌是引起这种疾病的"祸首"，多数抗生素对金黄色葡萄球菌都有抗性，所以很难被控制。溶葡萄球菌酶是一种菌体自分泌的金属蛋白酶，可以通过破坏细胞壁的完整性来溶解菌体。2005 年，Donovan 等获得乳腺中表达溶葡萄球菌酶的转基因牛，该转基因牛被葡萄球菌的感染率由 71% 降低到了 14%，有力地证明了转溶葡萄球菌酶的转基因牛可以有效抵抗乳房炎的发生。

猪口蹄疫和猪繁殖与呼吸综合征（蓝耳病）是我国养猪业主要面对的两种病毒性疾病，分别由口蹄疫病毒和蓝耳病病毒引起的。这两种病毒可在宿主体内快速繁殖而致病，并且造成大规模的感染。近年来，RNA 干扰技术的出现为此类疾病的解决提供了新的途径。应用 RNA 干扰技术，针对病毒基因设计特异的干扰 RNA，在体外研究这些干扰 RNA 抑制病毒增殖的效率，检测干扰 RNA 对病毒的抑制效果。对 shRNA 重组表达质粒进行改造后，利用体细胞核移植技术构建转基因猪，检测基因的转录水平并对转基因猪进行攻毒实验，建立转基因抗病猪。研究表明，利用单个 shRNA 或者串联表达 shRNA 培育的抗口蹄疫和蓝耳病转基因猪新品种，同非转基因猪相比，个体攻毒实验可以显著地抑制病毒在转基因猪体内的复制，延缓发病时间，缓解发病症状，某些个体在特定的攻毒条件下具有完全的抗病毒作用，具有非常好的应用前景。

（三）在医学上的应用

1. 建立动物疾病模型

转基因动物疾病模型是指通过转基因或者基因敲除技术对模式动物或者医用动物进行定向改造，使动物对原本不易感的病原体易感或者出现一些与人类相似的病变。转基因动物模型在发病机理研究、药物筛选和基因治疗等方面发挥着巨大作用。乙肝病毒（HBV）是一种逆转录病毒，可以整合到宿主细胞基因组中。通过转基因技术将 HBV 整合到小鼠基因组中，得到了 HBV 的小鼠模型。利用该小鼠模型可以对不同发育阶段的肝脏基因表达谱和蛋白组学进行研究，还可用于发现早期诊断的功能基因。Rogers 等通过基因敲除的方法构建了囊性纤维化双敲的猪疾病模型（CFTR+/−），这是首个除小鼠外人类遗传性疾病基因打靶的哺乳动物模型。2009 年，Kragh 等利用徒手克隆建立了 7 头人类老年痴呆症的小型猪疾病模型。

目前建立的动物疾病模型主要用于人类遗传性疾病的研究，已建立的疾病模型有阿尔茨海默病、帕金森病、动脉粥样硬化、糖尿病和肿瘤等，这对于人们认识、预防和治疗疾病有着不可替代的作用。

2. 提供异种移植器官来源

利用器官移植治疗人类退行性疾病的限制在于供体器官严重不足。据统计，全世界需要进行器官移植手术的病人数量与所捐献的人体器官的数量之比为 20：1。异种器官移植是指将其他物种的器官、组织、细胞或与其他物种的活组织接触过的人类器官、组织、细胞、体液移植或植入人体的过程。如果使用不加任何修饰的异种动物来源的器官，由于物种之间的差异，不仅不能起到治疗作用，反而会加速病人的死亡。

利用基因修饰猪作为器官移植的供体器官来源，既利用了猪的器官大小、形态与人的相似的特点，又克服了物种间的免疫排斥反应。美国 Revivicor 公司已经制备了敲除 α-1,3- 半乳糖苷酶基因（Gal）及转入人类基因（CD46）的转基因敲除猪

（Galsafe ™ pig），这种猪的细胞免疫原性更接近人类细胞，免疫排斥反应小。目前，研究人员已将 Galsafe ™猪的胰岛细胞移植到患有糖尿病的猴子体内，其血糖水平完全正常达 1 年以上，为异种动物间器官移植的可行性研究奠定了良好的基础。2022 年 1 月 10 日，美国马里兰大学医学中心发布消息说，医学专家将经基因改造的猪心脏移植入一名美国心脏病人体内，属全球首例。移植手术中使用的猪已通过 CRISPER/Cas9 等基因编辑技术进行基因改造——将猪体内 3 个会引起人类对猪器官产生排异反应的基因关闭；另有 1 个特定的基因被"敲除"，以预防移植入人体的猪心脏组织过度成长；此外，研究人员将 6 个相关的人类基因嵌入猪的基因组，以使其器官更易被人体免疫系统接受；同时手术团队还使用了抗排异药物，旨在抑制人体免疫系统，防止器官排异反应。

3. 利用生物反应器生产药用蛋白和生物材料

通过动物转基因技术，对动物进行基因工程方面的改造，可以使动物生产重组蛋白如包括单克隆抗体、疫苗、血液因子、激素、生长因子、细胞因子、酶、乳蛋白、胶原蛋白、纤维蛋白原等。如运用转基因技术可以将编码药用蛋白的外源基因导入雌性家畜的体内，使其在家畜的乳腺中特异性表达出相应的药用蛋白，实现动物"生物反应器"的功能。与传统发酵方法相比较，利用动物生物反应器来生产药用蛋白以及其他生物材料具有成本低、产量高、生产条件简单和目的蛋白活性高的特点。利用动物生物反应器生产的抗血栓类药物 ATryn 和遗传性血管水肿的治疗药物 Ruconest 已经分别于 2006 年和 2010 年获得欧盟批准上市。ATryn 于 2009 年获得美国 FDA 批准上市，打开了新时代农业与医药堡垒的大门。

动物乳腺生物反应器是应用最广泛的动物生物反应器。世界上第一例乳腺生物反应器是 1987 年 Gordon 等建立的小鼠乳腺生物反应器，成功地表达了人组织纤维酶原激活剂（tPA）。1990 年，荷兰科学家 Krimpenfort 获得了利用酪蛋白启动子表达人乳铁蛋白的转基因公牛，其后代母牛乳汁中表达了人乳铁蛋白，表达量高达 1 mg/mL。

除乳腺生物反应器外，研究人员还通过膀胱、血液和鸡输卵管等培育了新型的动物生物反应器，在生产某些特定蛋白上具有巨大的应用前景。

二、我国转基因家畜育种的发展

自 20 世纪 80 年代以来，生物育种先后被列入"863"计划项目、"973"计划项目和国家重大科技专项，一直是我国生物技术发展的重点领域。特别是 2008 年"转基因生物新品种培育"重大科技专项实施以来，进展喜人，成效显著。目前，我国已初步建成世界上为数不多的，包括基因发掘、遗传转化、良种培育、产业开发、应用推广以及安全评价等关键环节在内的生物育种创新和产业开发体系。国务院陆续颁布的《促进生物产业加快发展的若干政策》《关于加快培育和发展战略性新兴产业的决定》《生物产业发展规划》等一系列政策措施，为促进生物农业的发展，提供了良好的政策环境。中国农业大学承担研发的中国奶牛基因组选择技术体系建立表明，我国奶牛育种已步入全基因组选择时代，建立起规模在 5 000 头以上的中国自主的参考群体，提高了公牛选择的准确性，大幅度缩短了公牛的世代间隔，加快了群体遗传进展。2013 年，由华南农业大学和广东温氏食品集团组建的国家生猪种业工程技术研究中心完成的我国首例采用全基因组选择技术选育出的杜洛克特级种公猪，实现了对候选个体从表型选择到基因选择的突破，解决了动物个体肉质和抗性等性状难以选育的技术障碍，降低了早期选择的成本。目前，我国动物基因组编辑技术走在了世界的前列。中国农业大学成功获得了一系列优质的基因组编辑动物：研发的过表达 Toll 样受体（TLR4）转基因羊的抗布鲁氏菌（Brucella melitensis）能力提升了 15%（Deng et al.，2013）；β–乳球蛋白编辑牛产生的牛奶中不含 β–乳球蛋白，成分更接近人奶（Yu et al.，2011，Jabed et al.，2012）。西北农林科技大学张涌教授团队创建了 PhiC31 整合酶介导的定点插入技术、锌指切口酶介导的基因精确插入技术、TALEN 切口酶介导的基因精确插入技术等多项技术。通过精确控制外源基因插入的位点，减少了对动物自身基因组的影响，提高了牛羊转基因技术的精确性和安全性，对提升我国牛羊业种质创新水平具有重大意义。张涌教授通过基因定点整合和精确编辑技术与体细胞高效克隆技术有效结合，首次研制出人 β–防御素 3 基因定点插入抗乳腺炎奶牛、溶葡萄球菌素基因打靶抗乳腺炎奶牛（Liu et al.，2013）、人溶菌酶基因打靶抗乳腺炎奶牛（Liu et al.，2014），Ipr1 基因定点敲入抗结核克隆奶牛（Wu et al.，2015），人 β–防御素 3 基因定点插入抗结核奶牛 5 个抗病育种材料和人血清白蛋白基因定点插入奶牛、人乳铁蛋白定点敲入奶山羊（Capra hircus）2 种乳腺生物反应器育种材料（Cui et al.，2015）。中国农业科学院北京畜牧兽医研究所构建了高效、安全的猪基因组编辑技术体系：采用 ZFN 技术，成功构建了梅山肌抑素基因（MSTN）基因编辑猪群体，MSTN–/– 基因型梅山猪（Meishan）的瘦肉率较野生型梅山猪提高了 11.62%（Qian et al.，2015）；在生长激素（growth hormone，GH）转基因猪的制备过程中，引入并改造了四环素诱导的基因表达（Tet–on）系统，以实现外源 GH 基因表达的安全、可控，结果表明，该育种新材料具有良好的高瘦肉率表型（Ju et al.，2015）；首次结合 CRISPR/Cas9 与体细胞核移植技术获得了位点特异性的基因敲入猪模型，这项研究在猪基因组中寻找到新的基因组"避风港"–pH11 位点，该位点可以实现外源基因在细胞、胚胎与个体水平高效稳定的表达，同时研究显示，CRISPR/Cas9 系统能介导外源基因在 pH11 位点的高效插入，有药物筛选的情况下效率可达 54%，无药物筛选的情况下效率可达 6%（Ruanetal.，2015）。

第六节　转基因鱼

20 世纪 80 年代，我国成功地培育了世界上首例转基因鱼。与哺乳类相比，鱼类的怀卵量大、胚胎经基因转移操作后不需放回母体内培育，且携带的与人类相关的病原体较少，因此硬骨鱼类成为脊椎动物生物学研究的理想模型动物之一。转基因技术极大地促进了发育生物学、遗传学与生理学等基础学科研究的纵深发展。在应用研究方面，通过转基因技术可培育经济性状得到改善的鱼类新品种，以提高其生长速度和饲料转化率、改善品质、增强抗性等；转基因鱼可作为生物反应器表达生产重要药物或生物活性物质；通过转基因改变观赏鱼的表型提高其观赏价值等。鱼类转基因技术除了应用于鱼类品种改良，进一步提高生长速度和饲料转化率，增强抗逆、抗病性，还可以应用于发育生物学及人类疾病研究，作为生物反应器用于重要药物或生物活性物质的研究。转基因鱼是基因调控与表达研究的理想材料，利用荧光蛋白和骨骼形态发生蛋白的融合表达，研究转基因斑马鱼胚胎发育时期骨形态发生蛋白的信号机制、组织修复和相关病变机理；将胰岛素基因和荧光蛋白重组，获得转基因斑马鱼，探索胰腺的发育、损伤和恢复；以转基因斑马鱼为模式生物开展阿尔茨海默病、帕金森病、心血管疾病、肿瘤疾病的相关研究，对于人类的疾病研究具有重要的意义。基于基因组技术的不断发展，精准育种能够精准创制鱼类的优异经济性状和品种，培育出肉质好、产量高、病害少、繁殖快的"完美鱼"。基因编辑技术在银鲫鱼、黄颡鱼、鲤鱼、团头鲂、金鱼等多种养殖或观赏鱼类中得到了应用，加快了精准育种进程。

已报道的开展转基因研究的鱼达30多种，包括经济鱼类与小型鱼类。经济鱼类的转基因研究主要集中在生长、抗寒及抗病等性状，以生长激素、抗冻蛋白、抗菌肽和溶菌酶等为主要的目的基因，研究对象包括鲑鳟类、鲤鱼、鲫鱼、泥鳅、罗非鱼、斑点叉尾鮰、草鱼等；小型鱼类则以改变表型为主，红色或绿色荧光蛋白基因为常用基因，研究对象包括生命周期较短、易在实验室中饲养的小型鱼或观赏鱼，如斑马鱼、青鳉、唐鱼和神仙鱼等。在众多转基因鱼的研制中，转生长激素（GH）基因鱼和转荧光蛋白基因鱼的研制较为成功。

我国转 GH 基因鲤的研究取得较好的进展。目前中国科学院水生生物研究所已建立了 5 个稳定遗传的、具有快速生长效应的转"全鱼"*GH* 基因黄河鲤（Cyprinus carpios）家系，其中一个转"全鱼"GH 基因鲤品系 F_1 代的平均体重是对照鱼的 1.6 倍；F_2 代的平均体重是对照鱼的 1.8 ～ 2.5 倍，特定生长率比对照鱼高出 10% ～ 13%。除生长速度快之外，转基因鲤的饲料利用率也较高。中国水产科学研究院黑龙江水产研究所使用鲤金属硫蛋白基因启动子与大麻哈鱼 *GH* 基因，培育出转基因黑龙江鲤，其中最大个体的体重超出对照鱼的 1 倍，转基因可遗传给子代，现已建立了快速生长转基因黑龙江鲤核心群家系，并开展转基因鱼食用与环境安全的各项评价实验。

美国将美洲大绵鳚（Macrozoarces americanus）的抗冻蛋白基因 AFP 的启动子与大鳞大麻哈鱼（Oncorhynchus tshawytscha）的 *GH* 基因转植于大西洋鲑中，经过 15 年的时间培育了一个快长转 *GH* 基因大西洋鲑品系。养殖该转基因鲑达上市所需的时间可比野生型鲑缩短 1 年，并已建立了不育、全雌转基因鲑培育技术，全雌不育个体在内陆封闭式水环境中养殖可完全解决转基因鲑的生态环境安全问题。美国转基因银大麻哈鱼（Oncorhynchus kisutch）的研究也获得成功，将"全鲑"转基因构件（pOnMTGH1），即来自红大麻哈鱼（Oncorhynchus nerka）的金属硫 mMT-B 启动子与 *GH*-I 全长基因，转植于银大麻哈鱼中，转基因鱼的平均体重是对照鱼的 11 倍，最大的可达 37 倍。古巴培育的转 *GH* 基因（CMV-tiGH-SV40）荷那龙罗非鱼（Oreochromis hornorum）品系 F_{70}，生长速度比野生型的快 60% ～ 80%。快长转 *GH* 基因鱼的培育对于提高养殖产量与养殖经济效益、缓解世界粮食紧缺问题具有十分重要的意义。2015 年 11 月，美国食品药品管理局最终批准了转基因三文鱼的上市申请。这是世界上首个获批的供食用的转基因动物。研究人员在大西洋三文鱼的受精卵中转入了两种基因：一种是来自大鳞大马哈鱼的生长激素基因，刺激三文鱼快速生长；另一种是来自美国绵鳚（大洋鳕鱼）的抗冻蛋白基因的启动子，使其即使在大西洋寒冷的底部也能够持续生长。

转基因观赏鱼方面，转红色荧光蛋白基因斑马鱼（*Danio rerio*）作为第一种上市的转基因动物已于 2004 年获批在美国市场作为观赏鱼销售。2004 年，中国水产科学研究院珠江水产研究所的转绿色荧光蛋白基因斑马鱼取得成功，由斑马鱼 Mylz2 启动子驱动，成鱼在紫外灯下用肉眼即可观察到绿色荧光。2009 年，中国水产科学研究院珠江水产研究所的转红色荧光蛋白基因唐鱼（*Tanichthys atbonubes*）也获得成功，由斑马鱼 Mylz2 启动子驱动的红色荧光蛋白基因在唐鱼中高水平表达，普通光下肉眼即可观察到转基因鱼体表的红色荧光。

在鱼肉品质改良方面，基于基因编辑技术途径导入有益基因或移除不利基因，例如培育无肌间刺鱼。中国水产科学研究院黑龙江水产研究所利用建立的无肌间刺鲫基因编辑技术于 2019 年构建了鲫 F_0 代肌间刺突变群体，2020 年获得 F_1 代无肌间刺鲫突变体，2021 年获得正常发育的无肌间刺鲫 F_2 代可遗传群体。2022 年 1 月 14 日，由中国科学院水生生物研究所桂建芳院士、中国水产科学研究院黄海水产研究所陈松林院士领衔的专家组，对该所鲤科鱼类基因组学创新团队利用基因编辑技术创制的无肌间刺鲫新种质进行了现场验收。专家组认为黑龙江水产研究所在"无肌间刺鲫新种质创制"研究中取得的重要进展，为鱼类肌间刺性状的遗传改良提供了典范，是鲤科鱼类品质改良的重大突破，将有望破解食用大宗淡水鱼的"卡嗓子"问题，也会对未来水产品的终端消费形式产生深远影响。

第四章　农业转基因商业化应用和
消费选择

转基因作物为消费者提供了更加多样化的选择，为农民提供更多的种植选择和更高的种植效益。转基因技术发展过程中产生了的各种各样的争议，国内反对转基因技术及食品的声音一直存在，特别是 2009 年农业部发放转基因水稻品系安全证书以来，质疑、反对转基因技术及食品的声音更为强烈。世界卫生组织、经济合作与发展组织、联合国粮食及农业组织和欧盟委员会等国际机构、发达国家和中国转基因食品监管机构均认为，通过安全评价、获得安全证书的转基因生物及其产品都是安全的。科学界已经达成共识，转基因作物具有抗病虫、抗逆、改善营养和品质的潜力。但是，转基因反对者坚称，转基因技术及食品可能会造成环境和食品安全问题，会危机国家的粮食主权。这些争论加剧了社会公众对转基因技术及食品的疑虑，影响了政府和企业对转基因技术的研究与投资，制约了转基因产业的发展。

第一节　农业转基因商业化应用的权利与义务

从 1996 年到 2019 年，转基因作物种植面积累计达到 27 亿 hm^2，继续为全球 77 亿人口提供食物、饲料和避难所；使 1 800 万农民及其家庭（其中 95% 为小农）获得了 2 294 亿美元的经济效益（1996—2018 年）；向消费者提供了更丰富的作物品种，以维持充足、有营养的食物需求；向农民提供改良的农艺性状，以减轻与气候变化有关的生物和非生物农业问题。

公众接受度和政府的扶持政策是转基因作物的农业、社会经济和环境效益惠及穷人和饥饿者的关键，更重要的是，区域性监管数据的协调共享将加快生物安全决策，确保上述效益的持续获得，还有赖于科学、前瞻的监管流程，批判性地看待利益而不是风险，环保和可持续发展的农业生产力，最重要的是要考虑到数以百万计的饥饿和贫困人口对资源的需求。

一、转基因商业化应用中农民的权利

农业生产的现代化，大大降低了生产、管理的成本，提高了生产效率，使农民从

繁重而低效的传统农业生产中解放出来。今天，转基因技术的进步给这种发展进一步提供了强大的技术保障，但是，转基因技术的运用也侵蚀着农户的一些权利，直接影响着农户的生存与发展。农户的权利有很多，例如农业经营权、农产品所有权、农产品销售权、种子权（育种权、选种权、留种权）等。这些权利都是由人的基本权利——生存权、发展权、劳动权或工作权等衍生的，在市场化分工明确的今天，这些权利对农户而言更为重要，这些权利的丧失意味着农户的生存与发展受到威胁，丧失一项权利就丧失一个生存与发展的手段，丧失一个生存与发展的机会。

在不考虑转基因生物有可能造成的生态风险的情况下，随着转基因农业的推进，农户被迫种植转基因农作物，这冲击着农户的工作权。被迫选择种植转基因农作物的压力主要来自以下几个方面：一是转基因作物的优势无形中增加了农户生产的竞争压力。如果农户不选择这种转基因品种，在生产经营竞争中就会处于劣势，严重时甚至会破产。因此，为了避免眼前的竞争劣势，分散的、单个的农户不得不选择转基因品种；二是转基因产品往往根据消费者的喜好而设计出新的性状，如更好的口感、更多的瘦肉等，在消费者消费转基因产品成为习惯后，农民只能被迫种植转基因作物，这样下去，种子市场就会成为转基因种子的天下，传统的种子、品种就会从种子市场消失，这种现象可以用现在流行的一句话来描述"我消灭你，但与你无关。"当然，有人可能会说这是科学技术进步的趋势，是历史发展的趋势。这种说法值得商榷。且不说转基因农业是不是代表着历史发展的趋势，姑且假定转基因农业就是历史发展的趋势，农户的生存权又如何得到保障。

转基因作物还会以另一种方式剥夺农户的工作权。例如，传统咖啡豆的成熟时间参差不齐，所以，它的采摘不能采用现代化收割的方式，而需要采用大量人工采摘的方式。目前，世界上 70% 的咖啡豆都是靠人工采摘的，大批劳动力以采摘咖啡豆为生，但是，随着咖啡豆同步成熟的转基因咖啡树的成功研制与推广，这些以采摘为生的劳动力的工作、生存就受到了直接影响，这种情形在非洲表现得更明显。

转基因作物还冲击着农户的留种权。转基因种子的生产者、供给者往往会采取各种方法来"封杀"传统的种子。例如夸大宣传转基因种子在某些方面的优良特性，给贫穷的农民种子信贷以吸引他们种植转基因种子，即使农民反对转基因，这些生产者、供给者也不甘心，还是要继续为转基因种子的推广想尽各种办法。在印度，由于农民们都对基因改良农作物避而远之，他们日益成为大型的目标。在一个类似的广告中，用整个版面的篇幅刊登了一篇以"Bt 棉农的真实故事"为题的广告，在广告中，一位农民站在拖拉机前面，而读者被告知，这个农民使用了基因改良种子，因而能够买得起这台拖拉机。事实上，这个农民在拍这张照片时被告知，他要站在这台拖拉机前面，因为他借了银行贷款才买了这台拖拉机，如果他站到拖拉机前面拍下这张照片，他就有获得免费到孟买旅游的机会。

转基因农业还以另一种可怕的方式剥夺农户的留种权，就是维护转基因种子专利权，这种专利权往往由转基因种子公司（现代生物科技公司）持有。我们通过一个案例来看转基因种子是如何剥夺农户留种权的。1998 年，在加拿大注册的美国生物技术公司孟山都公司私自雇用调查人员在加拿大萨斯喀彻温省农民 Percy Sohmeiser 的田地和收割物中采集样品，发现 Schmeiser 在没有得到任何许可的情况下种植了孟山都公司的抗除草剂转基因油菜，遂对 Schmeiser 提起了侵权诉讼，加拿大高等法院最终以 54 票的表决结果判孟山都公司胜诉。此案的争议焦点之一是 Schmeiser 是如何获得转基因油菜种子的。尽管没有证据表明是他盗窃的，但是，有事实证明他有意收集了这种具有抗除草剂基因的油菜种子。1997 年，Sohrneiser 给作物喷洒除草剂后发现他所种的部分油菜具有抗除草剂的特性，这些抗除草剂特性油菜有可能是孟山都的转基因油菜花粉经由风力或水力传播到 Schmeiser 的田地上，发生了交互授粉，或者是转基因油菜种子从运送货车上掉落到 Schmeiser 的田地上，而这些 Schmeiser 都不知情，从自己种植的植物、养殖的动物中挑选优良后代作为种子是上百年来农民的习惯做法。对所留的种子，既可自己使用，也可有偿或无偿转让，这就是农民的留种权。这种权利在理论上的概括就是指农民对动植物品种所享有的权利，特别是留种自用的权利。这种权利源于过去、现在和将来的农民在保存、改良和提供动植物遗传资源（尤其是那些集中体现物种起源与多样性的遗传资源）过程中所做的贡献。农民的留种权是在百年的农业实践中形成的，是一种习惯权利。Schmeiser 只是按照习惯的做法留种、种植。所以，从留种权的角度来看，Schmeiser 的所作所为并无不妥，但是，孟山都却以侵犯知识产权为由提起诉讼并且胜诉，在此案件中，Schmeiser 在不知情的情况下留种侵犯了孟山都的专利权。如果Schmeiser 种植了具有知识产权的转基因作物，那么，依据知识产权相关制度，他是不能留种的。所以，在现有制度下，转基因作物实际上剥夺了农民的留种权。农民如果要想种植转基因作物，必须购买转基因种子，这无疑增加了农民的生产经营成本。

就像软件行业为了防止盗版而开发了"防止复制"功能（Copy protection）一样，为了防止农户在种植转基因作物后私自留种，生物技术公司开发出了基因利用限制技术。基因利用限制技术有两种基本形式：一种是品种水平上的基因利用限制技术。这项技术叫终止子技术，是由美国的 Delaand Pineland 种子公司和美国联邦政府农业部联合申请、美国专利局于 1998 年 3 月批准的一项专利。终止子技术，通过一系列基因修改技术修改所售转基因种子的基因，使种植转基因种子收获的新种子不会发芽，成为不育种子而不可用于留种。这种限制是对作物品种水平的限制，品种水平限制技术使农户完全失去了留种的机会，彻底剥夺了农户的留种权，终止子技术一经问世便受到了社会各界的谴责。另一种是"特性水平上的基因利用限制技术（背叛者技术），指将某种基因插入作物中，该基因直至作物被施用一种由生物技术公司销售的化学物质才会发挥作用。农场主们不向种子专利持有者购买化学诱导剂，就不能够使作物被转基因增强的特性发生效用。表面上，背叛者技术没有剥夺农户的留种权，实质上还是存在着剥夺，这就是前文所说的转基因种子对传统种子的"封杀"、挤压。

转基因作物剥夺农户的留种权不是由技术本身造成的，而是由现代社会的相关制度造成的，这个制度就是知识产权制度。研发新技术、新产品要付出巨大成本，承担巨大的失败风险，因此，为了激励和保障科技创新活动，很有必要设立专利制度，依法确认和保护专利权利人对专利技术及产品享有一定期限的垄断权，以使专利权利人借助此垄断权收回研发成本并获得风险投资收益。但是，一项权利不能以影响或损害他人的权利、公共利益为前提。否则，这项权利就是变相的"剥削"。

我国国务院颁布的《中华人民共和国植物新品种保护条例》（以下简称《植物新品种保护条例》）第六条规定：完成育种的单位或者个人对其授权品种，享有排他的独占权。任何单位或者个人未经品种权所有人（以下称品种权人）许可，不得为商业目的生产或者销售该授权品种的繁殖材料，不得为商业目的将该授权品种的繁殖材料重复使用于生产另一品种的繁殖材料。根据农业部制定的《中华人民共和国植物新品种保护条例实施细则》（2011年修订版）第十八条、第三十条规定，授权品种应当包括利用转基因技术获得的植物品种。由此可推知，授权转基因品种权人享有排他的独占权。但是，我国的《植物新品种保护条例》并没有将此权利设定为绝对的，而是加了"本条例另有规定的除外"。这里的"另有规定"是指《植物新品种保护条例》第十条的规定："在下列情况下使用授权品种的，可以不经品种权人许可，不向其支付使用费，但是不得侵犯品种权人依照本条例享有的其他权利：一是利用授权品种进行育种及其他科研活动；二是农民自繁自用授权品种的繁殖材料。这说明，我国肯定了农民的留种权，即使自繁自用授权转基因品种也是无偿的。"

那么，我国是否允许授权转基因品种使用基因利用限制技术？我国法律没有明确规定，《植物新品种保护条例》虽然规定农民可以留种，但这是以转基因品种可以留种为前提的。如果授权转基因品种使用了基因利用限制技术，农民无法根据《植物新品种保护条例》来维护自己的留种权。因此，如果要维护农民的留种权，法律应该明确规定限制使用基因限制技术。

二、转基因商业化应用中消费者的权利

由于转基因产品有着庞大的潜在市场与可观的巨大商业利润，所以，当今世界上许多国家和地区、企业争先恐后地开发、推广转基因生物及产品。据我国农业农村部披露，到2015年全球种植转基因作物的国家已经增加到29个，年种植面积超过27亿亩。我国批准种植的转基因作物只有棉花和番木瓜，2015年转基因棉花推广种植5 000万亩，番木瓜种植15万亩。截至2018年年底，我国批准种植的转基因作物种类没有发生变化，但种植面积有所下降。

对转基因产品的安全性，尤其是转基因食品的安全性，目前生物科技公司、多数转基因研究人员、一些政府机构、国际机构持乐观、积极的态度，但是，社会公众，尤其是消费者则对转基因食品的安全性疑虑重重。

笼统地说转基因食品是安全或不安全的，都是不正确的。在现有的知识水平下，我们已知有些转基因食品是不安全的。例如，美国阿凡迪斯（Aventis）公司研制的"星联"（Starlink）玉米，就会引起一些人出现皮疹、腹泻、呼吸系统过敏反应，而且还有潜伏效应。对于大多数转基因食品，我们并不能确定它们是不安全的，有些转基因食品至今未发现对人体有什么不利影响或能引起人的不良反应。不过，未发现不利影响或目前未引起人体的不良反应并不等于这些食品就是安全的。相比于传统食品，转基因食品被人类食用的历史还非常短，有些转基因食品甚至是刚研发出来，或许这些不利影响还处于潜伏期。至于它是"黑天鹅"还是"灰犀牛"，我们亦无从知晓。

对于转基因问题而言，其复杂性恰恰在于，一方面，由于其安全性的不确定，我们不能停止发展转基因食品；另一方面，消费者对转基因食品态度并不一致，有的消费者担忧其安全性，有的消费者则愿意接受。欧洲消费者与美国消费者对转基因食品的态度就不一样，为了解决安全不确定性风险与消费者需求、技术发展之间的矛盾，最佳的办法就是由消费者自主决定是否食用转基因食品。

消费者自主决定体现了转基因问题的正义原则，从生产者、经营者与消费者的关系来看，给消费者提供安全的商品或服务是生产者、经营者的义务。这是现代社会对生产经营者的基本要求，也是消费者的基本权益。例如，《中华人民共和国消费者权益保护法》第十八条规定："经营者应当保证其提供的商品或者服务符合保障人身、财产安全的要求。对可能危及人身、财产安全的商品和服务，应当向消费者作出真实的说明和明确的警示，并说明和标明正确使用商品或者接受服务的方法以及防止危害发生的方法。"但是，人类对转基因食品的安全性尚不确定，要求经营者保证其提供的转基因食品是安全的，显然不公正。从公正的角度出发，这种不确定性风险只能由自愿选择转基因食品的消费者来承担。

既然由自愿选择转基因产品的消费者来承担风险，那么，消费者就应该享有知情权与选择权。就像经营者有提供安全的商品与服务的义务一样，消费者对所购买的商品、服务具有知情权是现代社会消费者的一项基本权利。例如，《中华人民共和国消费者权益保护法》第八条规定："消费者享有知悉其购买、使用的商品或者接受的服务的真实情况的权利。"对这种知情权的具体内容，第八条也作了相应规定："消费者有权根据商品或者服务的不同情况，要求经营者提供商品的价格、产地、生产者、用途、性能、规格、等级、主要成分、生产日期、有效期限、检验合格证明、使用方法说明书、售后服务，或者服务的内容、规格、费用等有关情况。"同时，第二十条还规定了经营者的义务："经营者向消费者提供有关商品或者服务的质量、性能、用途、有效期限等信息，应当真实、全面，不得作虚假或者引人误解的宣传。经营者对消费者就其提供的商品或者服务的质量和使用方法等问题提出的询问，应当作出真实、明确的答复。"不过，这种意义上的消费者知情权与转基因语境下消费者的知情权略有不同。一般而言，知情权的着眼点是保证公平交易与消费者的人身、财产安全，像《中华人民共和国消费者权益保护法》第七条规定，"消费者在购买、使用商品和接受服务时享有人身、财产安全不受损害的权利"。转基因语境下知情权的着眼点不在于保证消费者的人身、财产安全，而在于由消费者自己决定是否愿意承担消费转基因食品可能带来的不利后果。

转基因语境下消费者知情权的另一个现实依据是消费者的饮食文化。2005 年，世界卫生组织在一篇报告中指出："在世界各地，人们的食物是文化同一性和社会生活的组成部分，对人们具有宗教意义"。消费者可能会由于宗教信仰不食用某种食物或含有某种食材的食物，由于生活习惯喜欢某种食物或不喜欢某种食物，这种意义上的知情权与以往所说的消费者知情权在本质上没有区别。

从社会层面的正义角度来看，消费者应自主决定是否承担转基因食品可能带来的不利后果，即消费者对转基因食品有选择决定权，他可选择接受转基因食品，也可选择不接受转基因食品。但是，在供给决定需要的时代，消费者的这一权利在实现时却可能受到阻碍。例如，理论上，消费者可以根据自己的喜好购买自己想要的黑牛津苹果，但是，超市里的苹果品种只有红富士、澳洲青苹果等，根本没有黑牛津苹果，这时，我们能说消费者有选择权吗？同理，当消费者选择不接受转基因食品时，他发现超市里全是转基因食品，最后不得不购买转基因食品，这时，我们能说这是正义的吗？在这种情况下，消费者的选择权是不存在的，或者是根本不可能变成现实而仅仅停留在理念层面的。因此，为了维护正义，消费者的选择权不能停留在理念层面，我们还必须解决"可能必须等于能够"的问题，即市场、社会应该提供各种选择的可能，既包括选择转基因食品的可能，也包括选择非转基因食品的可能，以保证消费者能够真正进行"选择"，表现在宏观层面，就是社会、国家应确保消费者选择非转基因食品的权利的实现，我国这几年开始收紧对国内转基因作物的耕种。例如，2016年、2017年始施行的《黑龙江省食品安全条例》作出了依法禁止种植转基因粮食作物规定，有利于保障消费者选择非转基因食品的权利，符合转基因的正义原则。

三、转基因商业化应用中公众的权利

除了生产者（农户）、消费者的权利外，在转基因语境下，对社会公众的权利也必须给予重视。

（一）环境权

转基因作物大面积的推广、转基因货物的国际贸易、转基因技术的国际转让都可能破坏当地甚至全球生态系统的整体性，给当地、全球带来生态环境危机。

现代的科学研究证明，地球上的生态系统是经过长期进化形成的，系统中的各个物种经过成千上万年的相互竞争、相互排斥、相互适应，才形成了现在相互依赖又相互制约的动态平衡关系，一个地区的生态系统如此，整个自然界亦如此。大自然经过上亿年的进化，形成了自然的整体性，一个外来物种引入后，可能因新环境中没有能与之相抗衡或制约它的生物，从而打破了物种之间的平衡，进而改变或破坏当地的生态环境，破坏自然和生态的整体性。比如，20世纪初，欧洲鲤鱼作为垂钓鱼种被引入澳大利亚，20世纪70年代的洪水使欧洲鲤鱼意外地进入当地的生物圈。由于欧洲鲤鱼具有超强的捕食能力，本土鱼种根本无法与其竞争，所以，它已经成为令澳大利亚人头痛的入侵鱼种，在一些水域，其数目已占鱼类总量的80%以上。再比如，为了清除养鱼场和河水的藻类污染，美国曾引进原产于中国的白鲢，结果，白鲢的繁殖速度过快，很快便遍布美国15个州的水域，本土鱼类的生存受到严重威胁。一般来说，外来物种进入本地生态环境系统后，会产生以下问题：直接或间接导致当地物种数量以及某些物种的个体总量减少；当地生态系统和生态景观被改变；当地生态系统控制和抵抗虫害的能力下降；当地生态系统的土壤保持和营养改善能力降低；当地生物多样性维护能力降低。

生态系统的破坏会严重影响当地人类的生存与发展，生态失衡后极易引发高温、暴雨、泥石流、沙尘暴等自然灾害，这些自然灾害会影响粮食的产量。生态失衡还有可能导致水质、土壤的污染，人类的食物安全受到影响，人类罹患癌症等各种疾病的概率增加。所以，平衡的、可持续的生态环境对人的生存极其重要，是人的基本权利，在环境遭到破坏的现代文明社会尤其如此。

环境权是人类的一项基本权利。重视地球的环境问题已是国际社会的共识，国际社会重视环境权始于1972年斯德哥尔摩联合国人类环境会议。此次会议将"人人享有自由、平等和足够生活条件，在良好环境中享受尊严和福祉的权利"列为原则之一。1980年，世界环境与发展委员会（WECD）在其文件《自然资源和环境关系一般原则》中明确规定了健康环境权，其第一条明确规定人类享有实现健康所需的环境权利。

对于环境权的具体内容，学术界已进行了大量研究，但主要是集中在法学层面。比如，我国环境法学者吕忠梅认为，环境权应包括环境资源利用权、环境状况知情权（信息权）、环境事务参与权和环境侵害请求权，这种看法主要是法律层面的环境权。

此外还可以在社会层面讨论公众的环境权。联合国人权和环境权委员会对环境权有所界定，其中实体性环境权包括：免受环境污染、恶化和对威胁人类生命、健康、生存、福利及可持续发展活动的影响；保护和维持空气、土壤、水、海洋、植物群和动物群、生物多样性和生态系统所必要的基本的进程和区域；可获得最高健康标准；安全健康的食物、水和工作环境；在安全健康生态中享有充分的福祉、土地使用和适当的生活条件；保持可持续的使用自然和自然资源；保持独特的遗址；土著居民享有传统生活和基本生计。这些权利内容都是从社会公众层面出发的，可以说已经是全球的共识了，是人类命运共同体的应有之义。

转基因技术的应用，尤其在农业生产领域的应用，必然对生态环境产生影响，这种影响是积极的还是消极的暂时还没有形成共识。在这种情形下，转基因语境中的环境权对公众而言尤为重要。全球社会中的每个国家、每个社会组织、每个企业、每个公民都应该保障与维护人的环境权。就国家而言，加强转基因问题各个方面、各个环节、各个领域的管理是其不可推卸的责任。换言之，公众有要求政府加强对转基因管理的权利，这项权利是由环境权派生出来的。我国政府于2002年颁布了《农业转基因生物安全条例》，该《条例》就是转基因语境中政府对公众环境权的保障与尊重的体现，其第一条明确指出此条例的目的为"加强农业转基因生物安全管理，保障人体健康和动植物、微生物安全，保护生态环境……"

（二）遗传资源受益权

很多转基因生物在研发过程中会利用一些传统知识，如前面谈及的印度楝树、我国的中草药知识等。这些传统知识是特定社区人群在数百年中从生产、生活实践中积累、创造出来的知识、技术和经验的总称，是社区公众集体智慧的结晶。这些知识以及与其密切相关的药用、农业植物物种资源在今天人们的生产、生活中仍然发挥着重要作用。但是，这些知识并不受当今知识产权制度的保护，通常被视为人类的共同财产，因此，任何人、任何组织都可以免费获取和使用。转基因生物的研究者、公司在无偿获取这些传统知识后，利用这些传统知识开发转基因生物并申请专利，这无形中将属于这些社区公众的共同财产与共有知识据为己有，并以此谋利，甚至让当地人为此支付费用。为了改变这种不公平现象，当地社区共有传统知识的权利必须得到确认。

当地公众拥有这种权利是有国际法根据的。《生物多样性公约》在序言中声明："许多体现传统生活方式的土著和地方社区同生物资源有着密切和传统的依存关系，应公平分享从利用与保护生物资源及持久使用其组成部分有关的传统知识、创新和实践而产生的惠益"，第八条规定，各缔约国应该"依照国家立法，尊重、保存和维持土著和地方社区体现传统生活方式而与生物多样性的保护和持久使用相关的知识、创新和实践并促进其广泛应用，由此等知识、创新和实践的拥有者认可和参与下并鼓励公平地分享和利用此等知识、创新和实践而获得的惠益"。为了保证这些权利的实现，《生物多样性公约》第五次缔约国大会通过的第 5/16 号决议还明确规定了遗传资源获取、使用事先知情同意权，获取土著和当地社区的传统知识、创新与实践，必须获得这些知识、创新与实践持有者的事先知情同意或事先知情认可，即必须取得土著、当地社区的事先同意或事先认可。

（三）文化方面的权利

除了环境权外，转基因语境中，社会公众、一些民族还有文化方面的特定权利。

转基因生物的出现、转基因作物的推广，可能会出现基因污染。基因污染除了对生态环境、食品安全造成影响外，还可能对人们的精神造成伤害。苏联著名科学家尼·瓦维洛夫曾提出"作物起源中心说"，认为许多人类栽培的植物分别来自地球几个集中的区域。据他分析，全世界一共有 8 个作物起源中心，产生过大约 5 000 种栽培植物，但现在仅存 1 200 种，大多数都分布在亚非拉发展中国家。作物在这里被驯化，然后引种到地球其他地方，中国是八大作物起源中心之一，也是 200 种栽培植物的发源地，大豆就发源于中国。而墨西哥是人类主要粮食之一——玉米的种植中心，种植历史已有 9 000 多年，是玉米品种的发源地。因此，玉米对墨西哥人来说有着重要的文化价值、历史价值和精神价值。墨西哥素有"玉米妈妈"之称，如果墨西哥玉米的基因被污染，对墨西哥人造成的冲击不可低估。

此外，世界不同人群总有属于自己的特殊的图腾或信仰对象。这些图腾或信仰对象有的是虚构的，有的是现实存在的动物或植物，比如，中华民族的龙、我国道教尊崇的鲤鱼、印度人尊崇的牛。如果培育出转基因鲤鱼、转基因牛，或者把这些动物的基因移植到其他生物体上，那么，部分群体会觉得自己的文化信仰权利受到侵犯。

与这些信仰联系在一起的是信徒们的饮食习惯，比如有些民族拒绝食用由某种动物或植物制成的食物，再如佛教信徒不吃肉食等，如果转基因食品中含有这方面的基因，那么，信徒们会觉得自己的食物文化权利受到了伤害。

因此，为了保障这些群体的权利，社会、政府有必要推行转基因产品标识制度，而且在某些地区如欧盟禁止种植、养殖、销售绝大部分的转基因产品。

第二节　农业转基因商业化应用的不确定性

虽然转基因在人类生活中有着广泛的应用，给我们描绘了许多美好的生活前景，但是对这些美好前景却有着不同的声音，这主要来自转基因技术安全性的不确定性，以及基于其他目的而产生的一些争议。

其实，从基因工程诞生初始，科学家们就深切关注它存在的潜在风险，在这一方面美国斯坦福大学教授保罗·伯格（Paul Berg）及其他机构的相关科学家给我们树立了一个非常好的榜样。20世纪60年代末，伯格教授开始研究猴病毒SV40，当时科学家已经认识到，细菌病毒能够进入细菌体内，并将外源基因带入细菌。伯格教授则计划用高等动物的病毒，把外源基因引入真核细胞。于是，他首先尝试将猴病毒SV40与细菌的一段DNA连接起来，经过他与助手的艰苦努力，他们取得了成功，因此获得了世界上第一例重组DNA。按照原计划，他们会进一步将重组的DNA转化到真核细胞中，庆幸的是，在他们将这一段重组DNA转化到真核细胞之前，伯格教授参加了1971年的冷泉港生物学会议，并在此会议上公布了他们的这一计划，他们的计划引起了与会的一些生物学家的警觉，冷泉港实验室的微生物学家罗伯特·波拉克（Robert Pollack）提醒伯格，他们正在研究的猴病毒SV40是一种小型动物的肿瘤病毒，能够把人体的细胞转化成人类肿瘤细胞，如果研究中的这些材料扩散到自然环境中，可能会成为人类的一种致癌因素进而导致一场灾难。闻听此言，伯格教授咨询了多位有关动物学家并与一些专门研究SV40病毒的科学家进行了充分讨论，之后，伯格教授团队决定暂停将重组DNA转染细胞的实验。1972年，科学家们掌握了"生物刀"技术，使DNA重组在技术上更容易实现，这些技术进步引起了越来越多的人对重组DNA可能带来的潜在危害的深切关注。在这一背景下，一个新的概念——生物安全应运而生。人们逐渐认识到，如果对重组DNA技术不加以限制和指导，可能带来严重的生物危害，为此，科学界举办了一些关于生物安全的会议。其中，1975年在美国加州阿西洛玛举行的会议是其中最重要的会议之一，此次大会的主题是关于重组DNA生物的安全性。与会人员共有150名，来自美国和其他12个国家，都是当时分子生物学界的精英。参会人员都以大量的实验证据为基础展开了激烈的讨论，甚至争论，他们有的认为基因的操纵存在危险，有的认为不存在危险。由此可以看出，基因工程的安全性问题自始便存在着两种针锋相对的意见与观点。

有人可能会说，技术本身无所谓好坏，主要取决于人类如何利用它。这就是人们常说的科技是一把双刃剑，既可造福人类，也可毁灭人类，但是，具体到转基因技术及其后果，答案却并不如此确定。它不像核技术那样，如何使用对人类有益、如何使用对人类不利等都是确定的，核技术哪方面是有利的、哪方面是不利的也是确定的。转基因技术引发的安全性问题主要是由于它的不确定性而造成的，转基因技术的不确定性主要表现在以下几个方面。

一、转基因技术本身安全的不确定性

2017年7月26日，《麻省理工技术评论》报道称，美国俄勒冈健康与科学大学的生物学家舒克拉特·米塔利波夫（Shoukhrat Mitalipov）团队，使用CRISPR基因编辑技术改变了数十个单细胞胚胎的DNA。这是继中国中山大学副教授黄军团队对人类胚胎进行基因编辑的研究之后，人类又一次对自身胚胎进行基因编辑的研究。编辑人类胚胎基因据说可消除家族遗传病，或克服癌症、乙肝、艾滋病等不治之症，但是 CRISPR 基因编辑技术目前还不是非常安全，这项技术还存在着基因嵌合现象与脱靶效应两个重要的缺陷。"基因嵌合现象，是指在基因编辑过程中，会导致一部分编辑错误，并且在一个胚胎中仅有部分细胞被编辑，这样没有经过编辑的细胞，仍然可能出现病变，导致不可预测的后果。而脱靶效应，是指在应用 CRISPR 基因编缉技术时，会有一定的概率殃及目标之外的基因"。这两个缺陷的存在说明，CRISPR 基因编辑技术的安全性目前还是不确定的。

也许有人说这是 CRISPR 基因编辑技术发展不成熟的体现，随着研究的深入，CRISPR 基因编辑技术最终会成熟而变得确定、安全。这种看法有一定道理，但是，转基因技术领域的许多技术都处于这个阶段，换言之，人类所进行的转基因活动是以不确定性为基础的，这多少有点让人担心。

二、转基因生物对生态系统影响的不确定性

对基因工程、转基因技术的另一个争论是，基因工程的产物即转基因生物被大规模地投放到大自然中是否会对农业生物多样性和地球生态系统造成负面影响，对此问题，同样存在着两种截然相反的看法。一方认为，现在已经广泛种植的转基因作物对环境不但没有负面影响，而且还有很大的益处，非政府组织国际农业生物技术应用服务组织就持此观点；另一方则认为，其会对自然环境造成不可预测的风险。

事实上，任何类型的农业都会对自然环境造成这样或那样的负面影响。这几年我国一直推行的退耕还林，原因就是以前为了增大农业种植面积而进行的开荒造成了水土流失、土地沙漠化、湿地减少、生物多样性减少、气候异常等。这一点联合国粮食及农业组织（FAO）在 2004 年的一份报告中已指出："任何类型的农业，包括自给自足农业、有机农业或集约农业，都会影响环境，所以，农业的遗传新技术也同样会对环境产生影响"。报告进一步强调："转基因作物对环境产生正面还是负面影响，取决于人们使用的方式和地点"。对于这个报告的观点，我们需要一分为二地看待。在转基因技术会对环境产生影响这一点上，这份报告是正确的。在转基因技术对环境产生的影响是否取决于人们使用的方式与地点的问题上，这份报告的态度显然过于乐观了。我们知道，运用转基因技术引入新的基因或修改原有的基因，已经成为改变生物性状的有效方法，与传统育种过程中未知基因间的杂交相比，转基因育种方法明显具有可预见性。但是，与传统的作物育种不同的是，此自然状态下不会发生的基因交换可能会因转基因作用而发生，因而很难预测未来的长期效应。就是说，从长远来看，转基因生物对环境的影响是不确定的，就现有的知识而言，其结果是无法预测的。

目前，人类关于转基因生物对农业生产与地球生态环境的影响的担忧主要集中在以下几个方面：对转基因生物环境多样性的影响，转基因生物基因漂移的生态风险，转基因生物杂草化及生存竞争力风险，靶标生物对转基因生物抗性或适应性风险等。在这些方面，都不能笼统地说转基因生物是安全的还是不安全的。

三、转基因食品对人体健康影响的不确定性

1993 年，美国生产了世界上第一例转基因食品（Genetically Modified Food）——延熟转基因番茄。一开始，社会公众对转基因食品的安全并没有给予太多的关注，但是，1998 年，当时任职于苏格兰罗伊特研究所的英国科学家普斯陶（Pusztai）发布了他关于转基因土豆毒性的研究报告。这篇报告的发布使社会公共开始怀疑转基因食品对人体健康的安全性，普斯陶在电视纪录片中声称，他的研究结果表明，幼鼠食用转基因马铃薯 10 d 后，其肾脏、脾脏和消化道受到损伤，免疫系统也遭到破坏，而破坏幼鼠免疫系统的正是转基因成分。当时英国乃至世界正处于由"疯牛病"引发的食品安全危机的恐慌之中，普斯陶的报告无异于火上浇油，加上血淋淋的电视画面，一时舆论哗然。扑朔迷离的是，普斯陶的研究报告很快遭到了英国皇家学会的批评，理由是"证据不足"，普斯陶本人也遭到了罗伊特研究所暂时停职的处理，而且很快被强制退休。但是，到了1999 年，又有 20 名科学家（据称包括基因工程专家、毒物学家、医学家）站出来发表联合声明，支持普斯陶的研究结果。

抛开此事件的蹊跷历程不论，此事件的社会效应是激起了社会公众对转基因食品安全问题的关注。现在，人们对此问题的关注主要集中在"转基因食品的过敏性、毒性、抗生素的抗性"等方面。

人体对转基因食物与非转基因食物的消化过程是完全一致的，这构成了人们对转基因食品安全产生担忧的前提之一。每顿饭我们都会吸收数百万的蛋白质分子和 DNA 分子，食品包括转基因食品进入人体之后，人体的消化液会将这些食物分解为越来越小的分子，在小肠中，那些从转基因食物中分解出来的小分子就会被吸收进入血液。所以转基因食物含有经过编码的特殊蛋白质的基因，比如抗病毒、抗除草剂基因的 DNA，也会像非转基因食物的 DNA 分子一样被人体消化处理。

从食物安全的角度来看，就像中医药里所说的，"食药同源"万物皆为药，"是药三分毒"，所有的食品，无论是转基因食品还是非转基因食品，都会含有致毒性或毒性成分。毒性物质是指那些由植物、动物、微生物产生的对其他种生物有毒的化学物质，这些有毒化学物质可对人体各种器官和生物靶位产生化学和物理化学的直接作用，引起机体损伤或变形、功能失常或丧失以及致癌等各种不良生理反应。食物过敏是人们对食物安全关注的又一重要内容，几乎所有的食物致敏原都是蛋白质，90% 以上的食物过敏是由大豆、牛奶、鸡蛋、鱼类、贝类、小麦和坚果七大类致敏食品引起的。这种风险对转基因与非转基因食品来说都是一样的，因为二者都含有某些对人体健康构成潜在威胁的蛋白质。只要这种蛋白质存在，它就会引起过敏反应，比如，对巴西坚果过敏的人对转入巴西坚果基因后的大豆也过敏，但是，转基因食品在这方面的风险系数似乎要高一些。利用转基因技术可以使植物、动物表达出不属于自身的新物质，这些新物质可能是传统食物的成分，比如维生素、蛋白质、脂肪、糖类等，也可能是传统食物以外的成分。而且，如果外源基因表达的产物是酶类，那么，其所催化的酶促反应的代谢产物也属于新物质。从理论上讲，任何外源基因的转入都有可能导致基因工程体产生不可预知

的或意外的变化，其中包括多向效应。转基因食品是运用转基因技术生产出来的食材加工而成的，在运用转基因技术生产转基因食材的过程中，也可能产生预期之外的新蛋白质，这些新蛋白质有可能引起食物过敏甚至中毒。从这个角度看，转基因食品的安全性确实处于不确定状态之中。一般来说，转基因食品在以下几种情况下会引发食物过敏或中毒：第一，转入基因本身编码已知的过敏蛋白；第二，转入基因是编码已知过敏蛋白基因的一部分；第三，转入基因编码蛋白同已知过敏蛋白的氨基酸序列在免疫学上有明显的同源性；第四，转入基因表达蛋白属于某类蛋白的成员，而这类蛋白中有某些种类是过敏蛋白；第五，转入基因及其表达引起受体生物基因表达的改变，如沉默基因的激活等，导致新的过敏蛋白的产生。

为避免过敏、中毒等风险，新开发的转基因食品在投入市场之前都应该进行活体过敏试验和毒理测试。现在某些转基因食品具有毒性或能引起食物过敏已得到事实确认，相比于传统食物经过人类几千年的食用，人类食用转基因食品的时间毕竟不长。在此意义上，转基因食品的安全性确实是不确定的，而且，时至今日还没有哪个国家将转基因食品用作主粮，而主要是将转基因玉米、转基因大豆用作动物饲料。一方面，这表明人们虽然直接食用了转基因食品，但是食用量相对比较小；另一方面，这又提出了一个新问题，人类长期间接食用转基因食品是否安全，比如食用由转基因饲料养殖进而生产的鱼肉、猪肉、牛肉等。

第三节　农业转基因商业化的消费选择

伴随着转基因技术研究和应用的迅速发展，社会各界对这种新技术的争论也日趋激烈。争论的范围不仅包括食品安全、生态环境影响等科学技术层面的问题，还延伸至伦理道德、经济利益分配、知识产权保护、贸易壁垒等社会、经济以及政治层面的问题。这些争论影响了消费者对转基因技术和食品的信心，并且对政府和企业的决策产生了重要影响，由于担心失去消费者的支持，一些国际著名的食品加工和销售企业如雀巢、麦当劳等都宣布拒绝使用转基因产品作为加工原料。消费者的态度也影响了政府部门对转基因技术的发展和管理政策，许多国家在转基因产品的田间试验、环境释放和商业化生产的批准等方面都制定了严格的程序。欧盟、俄罗斯、日本、中国等都制定了强制性转基因产品标识政策。这些措施增加了转基因产品生产和销售的成本，而这些成本中的很大一部分最终也会转嫁到消费者身上。

消费者对转基因技术的态度是影响其发展和应用的一个关键因素。如果消费者愿意接受转基因技术和食品，则政府和企业就会因为投资能够得到较高的回报而大量投资转基因技术的研究和应用；反之，如果消费者对转基因食品普遍持反对态度，则政府和企业对转基因技术的投资最终会因为无法获得回报，而难以维持继续投资的动力。未来农业转基因技术将如何发展？21世纪是否会真正成为一个生物技术的世纪？这些问题在很大程度上都取决于消费者对转基因产品的态度，所以对这个问题的研究也越来越受到研究人员和政府决策部门的重视，成为近年来学术研究的热点和前沿问题。

一、消费者对转基因食品的态度

不同国家的消费者对待转基因食品的态度存在着较大的差异。例如，美国消费者对转基因技术的接受程度较高，其支持率超过 50%（周梅华，2009），同时泰国和墨西哥等发展中国家的支持率也比较高。与之形成鲜明对比的是，欧洲公众对转基因食品的支持率仅为 27%（辛鸣，2017），欧洲特别是北欧的消费者对转基因食品的态度更为消极（Bredahl，2001；Frewer et al.，1995；Antonopoulou et al.，2009）。同时，在一些经济贫困的国家或地区如非洲地区，政府仍未批准种植转基因食品或以其作为饲料作物（Paarlberg，2002）。可以看出，由于转基因这新兴生物技术发展阶段的局限性，公众对转基因食品安全性问题的认知不足，质疑转基因作物会破坏传统食物中的营养成分以及生态环境，或者存在什么潜在的食用风险（即其安全性是"相对的"），导致消费者对转基因食品安全性的认知及对转基因食品的接受程度各异。

理论上，"转基因技术"来源于进化论衍生来的分子生物学，是一个中性的理论词汇。然而，现实远没有如此乐观，从转基因作物刚进入人类视野开始，转基因便饱受争议，尤其是"黄金大米"等食品安全事件的暴发，更扩大了世界范围内对转基因食品的关注以及社会层面的争论。从食品生产和发展的顺序来看，在传统食品的基础上首先研发出来的是有机食品，其带有的"天然""有机""营养健康"标签，使人们愿意为这类标识有"有机"的食品支付更多的费用，即便这些食物与传统食物在安全性上并没有本质差异。此后，转基因食品才进入公众的视线，但专业知识的缺失和媒体的有意渲染导致公众往往会给转基因食品贴上"非天然"的标签，对其态度也更为谨慎。实验表明，这些未经科学证实的负面信息对消费者的负向影响超过了科学证实的正面信息对消费者的正向影响（郑志浩，2015），使得"转基因"这个中性词因为描定效应的存在，产生了"谈转色变"的后果，直接降低了消费者对转基因食品的购买倾向，在短期内难以改变。同时，转基因食品问题是一个涉及生物伦理、国际竞争、国家安全问题、公众责任等多方面的问题（陈刚，2014），有关争论更是一个涉及多方利益博弈的过程，且消费者在这一博弈中处于信息劣势的一方，尤其在官方媒体层面，看待转基因食品的态度也不一致，使得处于信息劣势的消费者难以判断应该"相信谁"，而这一过程又恰恰是转基因安全性信息传递的重要环节，也是影响消费者形成对转基因食品初步认知的关键环节。

另外，消费者的最大信息源——新闻媒体的作用不容忽视。媒体对转基因技术的立场、态度以及呈现转基因话题的方式，决定着报道质量以及公众的理解程度（戴佳等，2015），也使得转基因议题从纯科学问题转变为涉及众多因素的社会问题，从而影响转基因问题的公共决策（陈刚，2014）。然而，对于转基因技术这样具有较高专业知识门槛且争议性较大的话题，专门知识的垄断及决策过程的封闭性阻碍了公众正确认知的形成。更何况有部分媒体为夺眼球，使用非专业、不准确的术语来报道，这些真假难辨的信息进一步放大了转基因食品选择问题的复杂性。尽管诸如"加拿大杂草事件""美国大斑蝶事件"已经被相关政府机构证明缺乏说服力，但造成的负面影响却难以在短期内消散（Larosand Steenkamp，2004）。与此同时，是否支持转基因主粮商业化种植已经成为当前中国社会的一个热点议题。在这一话题下，由于公众对负面信息的敏感性比正面信息的敏感性更高（钟甫宁等，2004；郑志浩，2015），有关转基因作物的争论更让人印象深刻，尤其在需要进口转基因作物时，受国家食品安全问题、进口食品对国内粮食作物的冲击等影响，转基因问题愈发扑朔迷离，导致了社会中不同利益群体对转基因作物安全性问题的长期争论。

而在这一"挺转"与"反转"群体的博弈过程中，由于转基因作物种植每年带来的增值达上百亿美元，这些科技型公司、转基因作物厂商出于商业的考虑对其进行大力宣传和推广。同时，许多科学家及相关专业人士也从科学、正面的角度对转基因技术的推广进行了支持，但公众会对科学家的支持动机提出质疑，如有些研究者有双重身份，既是国家机构的研究人员，又是种业公司的股东等（陈刚，2014），这些质疑减弱科学家为转基因技术正名的声音，且科学家与公众沟通不足、缺乏传播技巧和驾驭新闻的能力等，导致专家主导模式在传播过程中的效果偏差（戴佳等，2015）。另外，部分传统作物厂商为维护自身传统粮食作物的市场占有率，从食品安全等角度对转基因技术的推广、国家种子安全的保障问题提出质疑；某些环保主义者从环境以及伦理道德的角度对转基因技术的物种隔离有效性等方面表示怀疑。在此种种不同的行为动机下，"反转"的行为主体会进一步夸大转基因作物对人体的潜在威胁，这些对转基因食品的负面宣传增大了消费者的恐慌情绪，使得公众对待转基因食品更多体现出一种质疑、焦虑的态度。

因为科学上对转基因食品安全性的评判只能是一个间接的、消费者将信将疑的证据，这使得消费者的态度更为谨慎，往往倾向于维持原有的价值观念、生活方式和道德标准等。且在转基因食品安全性信息的传播过程中，消费者不愿意面对转基因食品的或有风险等模糊性因素，因为模糊性因素会使得客观的转基因食品安全性信息在传递过程中"失真"，导致公众对转基因技术及转基因食品安全性的认知受到扭曲。在我国，消费者对待转基因食品的态度呈现出典型的多样化特征，且近年来整体上对转基因食品的支持率不断下降。胡娱等（2008）指出北京、上海对转基因食品持接受与不接受态度的消费者几乎各占半；而2013年腾讯开展的一项关于消费者对转基因食品态度的调查中，518 760名网民参与了投票，其中高达89.31%的网民认为转基因食品不安全，94.11%的网民表示不明确反对转基因食品在中国的商业化种植（吴林海等，2015）。2018年的公众转基因接受度调查结果显示，消费者对转基因食品持"支持"和"反对"的票数分别为3 248和4 751，再次表明公众对转基因食品的选择持谨慎态度。实际上，中国民众自2002年开始对转基因食品的接受度便呈逐年下降趋势，到2012年之后对转基因食品的支持方人数均小于反对方（Kai et al.，2018）。与此同时，公众对转基因技术的了解程度普遍偏低，Kai et al.（2018）的调查结果显示，只有11.7%的受访者熟悉转基因技术的一般科学原理，大部分受访者对转基因技术的了解有限。基于此，虽然科学界已经就转基因食品的安全问题得了一致性的结论，但这一结论的正面证明力度仍然较弱。面对转基因食品的"绝对安全性"无法被证实的情况，世界各国消费者对转基因食品的接受程度差异显著，甚至部分消费者坚决地反对转基因食品或技术，使得各国的转基因食品标识政策各异。因此，如何理解现实情况中"消费者谈转基因而色变"的现象便成为我们关注的重点。

二、转基因食品的选择影响因素

当消费者在不确定环境中进行选择时，如果是消极结果，他将会尽量避免模糊性，进而表现为厌恶的模糊性态度；如果认为模糊性部分是积极结果，决策者则会寻求模糊性，进而表现出积极的模糊性态度。在国内的主要文献中，郑志浩（2015）的研究发现，基于2013年城镇居民调查的数据，就转基因水稻而言，只有当转基因水稻的价格比普通水稻低42%的情况下，消费者才会愿意购买转基因大米。改善环境和改善营养的转基因水稻信息显著降低了大多数消费者的支付意愿，且消费者对转基因大米的接受程度随着价格的下降而上升；其研究同时也表明，消费者倾向于放大负面信息，负面信息左右了整个信息的影响走向和效果，如表4-1所示。

表 4-1　消费者对于转基因食品的支付意愿

模型	样本名称	支付意愿	尺度参数	观测值	log-likelihood
1	"高于5元"的消费者人群	6.312 (0.094)	1.379 (0.077)	243	-4 565.409
2	"低于5元"的消费者人群	1.738 (0.120)	2.366 (0.105)	719	-983.659
3	全部样本	3.388 (0.094)	2.290 (0.077)	962	-1 156.973
4	基准信息样本	3.758 (0.231)	2.178 (0.248)	137	-166.707
5	环境信息样本	3.455 (0.162)	2.063 (0.163)	267	-317.628
6	营养信息样本	3.184 (0.200)	2.220 (0.201)	233	-265,953
7	联合信息样本	3.320 (0.186)	2.585 (0.205)	325	-402.346

注：本表回归结果源自郑志浩（2015），估价低于5元的群体是指认为每千克转基因食品的价格应在5元之下的群体，估价高于5元的群体是指认为每千克转基因食品价格应在5元之上的群体。

对政府的信任程度会影响转基因食品消费决策的结论也被文献所证实。仇焕广等从信任的角度出发，发现消费者对政府公共管理能力的信任程度显著影响消费者对转基因食品的接受程度。在政府正面宣传转基因食品的前提下，消费者对政府信任程度的增加显著改善了消费者消费转基因食品的可能。

国外学者的研究为本章的研究提供了更为丰富的证据作为支撑。具体来说，就支付能力和价格敏感性方面而言，消费者的可支配收入程度决定了其消费水平，由于转基因食品具有一定的不确定风险，所以有研究发现家庭经济水平越高的群众，对于转基因食品消费的态度越消极。根据调查结果也可以看出，经济地位处于中层以上的消费者比中下层具有更显著的负向相关关系。价格敏感程度也能从侧面反映消费者的支付能力，所以也是影响消费者对于转基因食品购买行为的主要因素。钟甫宁等（2008）基于我国的研究也发现，样本中收入每增加1个单位，非常不愿意购买转基因食品的概率是其他类别发生概率和比值的1.81倍，即收入越高的消费者，越不愿意购买转基因食品。Knight在新西兰所进行的购买实验中，将转基因、有机、传统的3种樱桃在路边进行销售，通过对价格进行控制来测试消费者对不同种类樱桃的价格敏感程度，共有414个消费者参加了该实验（Knight et al., 2005）。实验中，价格总共设为3种级别：第一种是以当地每天供需所决定的市场价格进行销售；第二种是比市场价格上浮15%的价格程度；第三种是比市场价格减少15%的程度进行销售。

实验结果表明，当3种类型的樱桃都是按市场价格出售的时候，那些有机樱桃最受消费者的青睐，接下来是传统樱桃，转基因樱桃占有27%的市场份额但不是主要的市场份额。但是，当价格机制发生变化的时候，消费者对于樱桃种类的偏好选择也会发生变化。当3种类型樱桃的定价比市场价格溢价15%的时候，有机樱桃的市场占有率为35%，传统樱桃的市场占有率为27%，转基因樱桃的市场占有率变成38%。在风险感知方面，已有研究表明，感知收益对转基因食品的接受程度有积极影响，感知的风险对于转基因食品具有负面影响（Frewer et al., 2002）。健康风险主要来自两个方面，第一是生病风险，第二是死亡风险。消费者最先考虑的指标一般为发病率，进而再延伸分析到死亡率（Antle, 2001）。何光喜等（2015）对中国6个城市，共计2 614份有效问卷，实际样本规模为2 335人的调查研究中，发现有17.6%的受访者非常担心转基因食品可能对人体健康造成影响，47.1%参与者有点担心，30.7%的受访者不太担心，只有4.6%的受访者表示不担心，最终通过Ordinal Logistic回归构建个体决策模型发现，风险感知越强的消费者对于转基因食品的态度越消极（He et al., 2015）。

在信息因素方面，已有研究表明，正面信息和负面信息对于消费者的影响能力是不同的，消费者在食品安全方面，对于负面信息的敏感程度高于正面信息，大众传媒的报道往往会加大消费者的负面影响，提高消费者心中由转基因食品带来的治病概率和健康折损大小。在对转基因食品认知方面，有观点认为在客观认知程度上，对转基因食品了解程度越深的消费者，更能判断购买或者拒绝转基因食品，相反对于转基因技术了解甚少的消费者，对于转基因食品待有不关心的态度（De Steur et al., 2010）。而通过南京消费者对于转基因食品态度的研究可以发现，消费者了解到转基因食品的时间长短对于态度有显著的影响，消费者越早听说过转基因食品，他们就越有可能拒绝购买转基因食品。研究表明不同国家和地区的消费者对转基因食品的接受度不同，欧洲为40%，日本为20%，而我国为30%～80%，其中，转基因大豆油的接受度为53%。购买意愿的影响因素主要有购买决策者的个体特征因素、家庭社会因素、转基因食品口碑、转基因食品认知、食品偏好等。

政府对消费者转基因食品购买行为的影响。政府是政策的制定者与执行者，在转基因食品的政策导向和发展方向方面，政府部门具有举足轻重的作用。政府对于消费者主观态度的影响可以分为直接影响和间接影响：直接影响是指消费者对于政府部门的信任程度，从而影响其对于转基因食品的购买行为；间接影响是指政府部门通过发布与转基因食品安全性相关的信息，从而从其他层面上影响消费者的购买行为。美国消费者对于公共卫生当局的信任程度是相当高的，Gaskell et al.（1999）发现，美国有 90% 的受访者表示会相信美国农业部，有 84% 的受访者表达了对美国药监局的信任。2006 年，美国食品及药物监管局（FDA）警告消费者避免食用新鲜蔬菜，因为它们可能被大肠杆菌所感染，通过后续的数据表明，绝大部分消费者时刻关注 FDA 的消息动态，并且相信政府部门的最终处理措施（Amade et al., 2009）。间接影响则体现于，政府通过媒体宣传来描述和传播转基因食品积极或消极的形象。Lusk 基于美国消费者的研究发现，面对复杂矛盾的信息，许多消费者没有能力或者动力去完全了解基因技术原理，他们更依赖于那些政府、媒体等途径获得的致病概率信息去组成自己的观点（Lusk et al., 2003）。

为了维护消费者的知情权和选择权，便于公众更全面地了解转基因产品相关信息，农业农村部官方网站开辟了"转基因权威关注"版块，设置了最新动态、政策法规、科普宣传、申报指南、审批信息、监管信息、事件真相等专栏，主动向公众发布有关信息、普及和宣传转基因知识，增强公众参与转基因监管的意识和能力。

三、转基因标识政策

为了解决消费者担心"食用转基因食物后不知道会有什么危害"的这一主观不确定性问题，各国出台了相应的标识政策，标识政策被分为两大类：自愿标识和强制标识，表 4-2 展示了不同国家或地区标识政策的对比。

表 4-2　不同国家或地区的标识政策对比

国别	标识类型	标识政策简介	政策制定依据
美国	自愿标识	FDA 认为"当转基因技术改变了与健康有关的特性，如食品用途、营养价值等，可能影响对食品安全特性或营养质量或可能导致过敏反应时，制造商才需要通过特殊标签加以说明"	可靠科学原则（Sound science principle）
欧盟	强制标识	1. 要求所有由转基因产品制成的食品，不论是否含有外源基因或其编码的蛋白质，都必须注明 2. 要求由转基因产品制造的饲料及含有转基因物质成分的复合饲料也必须进行标注 3. 转基因含量阈值为 0.9% 4. 管理实行"可追踪性"措施	预防原则（Precautionmy principle）
日本	强制标识＋自愿标识	1. 与传统农产品和加工品无实质等同性。转基因农产品及其加工成的食品在组分、营养、食用等方面无等同性，要求强制标识 2. 与传统农产品具有实质等同性，且外源基因或其编码的蛋白质在加工成食品后依然存在，这种情况要求进行相应的说明 3. 与传统食品具有实质等同性，加工品中不存在外源基因或其编码的蛋白质，可以自愿标识	早期依据实质等同性原则（Substantial equivalence ptinciple），后来依据预防原则
中国	强制标识	定性按目录强制标识，凡是列入目录的产品，只要含有转基因成分或由转基因作物加工而成的，必须标识	预防原则

不同国家的政府针对同一个问题，却采取了不同的政策，产生了"一样的科学，不一样的政策"的现象。美国是转基因技术和转基因产品出口的代表国，是世界上最早生产转基因产品的国家，在转基因产品生产规模、商业化、立法和安全研究方面处于世界领先地位。1986年美国颁布的《生物技术管理协调大纲》规定了各部门在转基因生物安全管理中的职责和各部门间的协调机制。1992年美国食品药品管理局（FDA）依据《转基因产品自愿标识指导性文件》和《上市前通告提议》，按产品最终成分来判断安全性，根据"实质等同"原则，不对转基因食品进行强制标识。2016年美国《国家生物工程食品信息披露标准》法案立法在众议院获得通过，联邦政府将设立统一的标识标准。2018年美国农业部公布标识法案细则，建议食品生产商使用"生物工程"（Bioengineered）来标注这些食品，而非常用的"转基因"（Genetically modified），美国逐渐由自愿标识政策转向强制标识政策，强制标识内容为是否使用"生物工程"技术。

欧盟对转基因产品的管理采取"预防原则"，认为科学认识具有局限性，转基因产品应用于生产和消费的时间尚短，对人类健康和环境的影响需要长期考察，如果贸然投入应用可能会对人类健康和环境平衡造成难以恢复的破坏。欧盟对转基因产品的立法经历了"审慎—怀疑—象征性开放"的过程。1998年之前欧盟基于审慎态度，制定日趋严格的规章制度；1999年以后停止转基因农作物种植销售；2002年欧盟制定了转基因产品监管的总体政策，允许转基因产品在保证可溯源的前提下在欧洲市场销售。2015年以后，成员国可以根据经济政策和社会文化传统等因素对转基因产品进行管控。

我国是唯一对转基因产品采用定性标识的国家，也是标识最多的国家，目前已经建立和完善了转基因标识管理制度。2002年，农业部发布农业转基因生物标识目录以及《农业转基因生物标签的标识》，对标识目录内的农业转基因生物或利用农业转基因生物制成的产品强制标识。凡是列在《农业转基因生物标识管理办法》中的农产品不论转基因成分含量多少均要标识出来，以便保障消费者的知情权。已明确进行标识的作物有转基因大豆（活性种子、大豆，无活性大豆粉、大豆油、豆粕）、玉米（活性种子、玉米，无活性玉米油、玉米粉）、油菜（活性种子、油菜籽，无活性油菜籽油、油菜籽粕）、棉花（种子）、番茄（活性种子、鲜番茄、番茄酱）。1993年国家科学技术委员会颁布《基因工程安全管理办法》用于指导全国的基因工程研究和开发工作；1996年农业部颁布《农业生物基因工程安全管理实施办法》；2001年国务院颁布《农业转基因生物安全管理条例》；2009年颁布《中华人民共和国食品安全法》，提出转基因产品管理以品种管理为主，转基因产品标识制度实行标识目录制，凡在中国境内销售列入农业生物标识目录的农业转基因生物，必须实行标识，未标识和不按规定标识的，不得进口或销售。2021年修订的《中华人民共和国食品安全法》规定，生产经营转基因产品应当按照规定显著标识。

第四节　所谓"转基因"事件和原因剖析

对转基因技术和产品安全性的争论最早可以上溯到20世纪70年代人们对DNA重

组技术的安全性争论。随着转基因动物、植物技术的发明，尤其是转基因植物的大面积种植，人们对转基因生物安全性的担忧逐渐集中到了转基因农作物是否安全。随着国际农业生物技术应用服务组织（ISAAA）最新年度报告显示，转基因作物的种植面积和种植国家不断增加，围绕着转基因作物的争论再次升温，转基因作物的安全问题成了各方关注的焦点。国际上一些组织机构对此开展了大量工作，一些相关权威部门也就转基因农作物及其产品的安全性发表了意见和结论。

目前，国际社会对转基因食品安全评价主要参考世界粮食及农业组织（Food and Agriculture Organization，FAO）和世界卫生组织（World Trade Organization，WTO）编著的食品法典，其中对转基因食品安全的基本原则可以概括为：不会产生毒性而直接影响健康；不存在致敏原，不会引起过敏反应；不存在有毒性或相关特性的组成部分；转入的特定基因可以稳定遗传；不会因基因变化而产生其他非预期影响。这部法典对各国的法律不具有约束力，但是鼓励将各国的标准与之协调一致，从而更加有利于转基因产品在国际间的流通。

联合国粮食及农业组织（FAO）在 2004 年的《粮食及农业状况 2003—2004：农业生物技术》报告中就指出"迄今为止，在世界各地尚未发现可验证的、因食用转基因作物加工的食品而导致的有毒或有损营养的情况。数以百万计的人食用了由转基因作物加工的食品主要是玉米、大豆和油菜籽，但未发现任何不利影响"。同时指出，"在已种植转基因作物的国家中，尚未有转基因作物造成破坏健康或环境危害的可证实报道"。2018 年，国际毒理学学会（Society of Toxicology，SOT）对转基因作物的最新研究发表声明，确认了转基因作物的安全性，并表示每一个新的转基因事件都经过了监管部门评估；声明还提到，在近 20 年里没有任何证据表明转基因作物有可能对健康产生不利影响。这显示出国际社会对转基因产品积极态度。世界卫生组织（WHO）针对转基因问题表示，"在国际市场上流通的转基因产品均已获得安全监管，不会对人类健康产生危害"。

2018 年 7 月 13 日，我国农业农村部在官方网站正面回答全国人大代表有关转基因食品的安全性问题，从生产和消费实践看，政府批准上市的转基因产品是安全的。自 1996 年转基因农作物开始商业化种植，迄今已累计种植 340 多亿亩，全球 60 多个国家和地区、几十亿人消费转基因食品，没有发生过一起经过证实的安全问题。同时，科学界对转基因的安全性进行了长期跟踪研究，结果表明上市的转基因产品是安全的。

从事农作物转基因及其安全性研究的大多数主流科学家也认为尚不能证实目前商品化生产的转基因农作物存在生物安全性问题，至今在国际公认的学术期刊上发表的有关转基因生物安全性的文献中，绝大多数研究得出的结论支持转基因农作物的安全性。然而，多年来仍有少数公开报道认为转基因农作物存在食用或环境安全性问题。尽管这些报道大多在后期被科学界或相关权威机构从方法或结果验证上予以否定，但这些实验结论仍被频繁引用，并对公众造成误导。特别是媒体报道的误导，对公众接受生物技术产品的心理已产生了很大的负面影响，严重影响到这一高新技术的产业化进程。在此，我们剖析近年来发生的几起具代表性的典型争议事件，追根溯源，以科学事实说明真相，以期引发公众对转基因作物全面、准确的认知和思考。

一、典型争议事件

（一）1994年巴西坚果与转基因大豆事件

大豆是营养丰富的食物，但缺乏含硫氨基酸。巴西坚果（*Bertholletia excelsa*）中有一种富含甲硫氨酸和半胱氨酸的蛋白质（*2Salbumin*）。为进一步提高大豆的营养品质，1994年1月，美国先锋（Pioneer）种子公司的科研人员尝试了将巴西坚果中编码*2Salbumin*蛋白的基因转入大豆中，研究结果表明转基因大豆中的含硫氨基酸含量的确提高了。

但是，要对这种大豆进行产业化开发就必须明确人食用是否安全，这是国际通行的做法，并且由各国制定法规加以规范，转基因作物必须按照法规的要求开展食用安全性评价并得到食用安全的结论才有可能获准商业化。在研究人员对转入编码蛋白质*2Salbumin*基因的大豆进行了测试之后，发现对巴西坚果过敏的人同样会对这种大豆过敏，蛋白质*2Salbumin*可能正是巴西坚果中的主要过敏原。

因此，美国先锋种子公司立即终止了这项研究计划，此事后来一度被说成是"转基因大豆引起食物过敏"，作为反对转基因的一个主要事例。但实际上"巴西坚果事件"也是所发现的因过敏未被商业化的转基因案例，恰恰说明对转基因植物的安全管理和生物技术育种技术体系具有自我检查和自我调控的能力，能有效地防止转基因食品成为过敏原。事实上，巴西坚果被认为是人类天然的食物，它本身就含有这种过敏原。因此，天然食物也并非对所有人都是安全的。

（二）1998年英国普斯泰（Pusztai）马铃薯事件

"普斯泰（Pusztai）"事件，被认为是引爆转基因农作物安全性激辩的舆论转折点。

1998年秋天，苏格兰Rowett研究所的科学家阿帕得·普斯泰（Arpad·Pusztai）通过电视台发表讲话，说他在实验中用转雪花莲凝集素基因的马铃薯喂食大鼠，随后，大鼠"体重和器官重量严重减轻，免疫系统受到破坏"。此言一出，即引起国际轰动，在绿色和平等环保组织的推动下，把这种马铃薯说成是"杀手"，并策划了破坏转基因作物试验地等行动，焚毁了印度的两块试验田，甚至美国加州大学戴维斯分校的非转基因试验材料也遭破坏，以致研究生的毕业论文都无法答辩，欧洲掀起反转基因食物热潮。

普斯泰的实验遭到了权威机构的质疑。英国皇家学会对"普斯泰事件"高度重视，组织专家对该实验展开同行评审，1999年5月，评审报告指出普斯泰的实验存在失误和缺陷，主要包含6个方面：不能确定转基因与非转基因马铃薯的化学成分有差异；对试验用的大鼠仅仅食用富含淀粉的转基因马铃薯，未补充其他蛋白质以防止饥饿是不适当的；供实验用的动物数量太少，饲喂几种不同的食物，且都不是大鼠的标准食物，欠缺统计学意义；实验设计差，未按照该类试验的惯例进行双盲测定；统计方法不恰当；实验结果无一致性。通俗地讲，该试验设计不科学，试验的过程错误百出，试验的结果无法重复，也不能再现，因此，结果和相应的结论根本不可信。

普斯泰是在尚未完成实验，并且没有发表数据的情况下，就贸然通过媒体向公众传播其结论是非常不负责任的。不久之后，普斯泰博士本人就此不负责任的说法表示道歉，Rowett 研究所宣布普斯泰提前退休，并不再对其言论负责。

（三）1999 年美国帝王蝶（Monarch butterfly）事件

1999 年 5 月，康奈尔大学昆虫学教授洛希（Losey）在《Nature》杂志发表文章，称其用拌有转基因抗虫玉米花粉的马利筋杂草叶片饲喂帝王蝶幼虫，发现这些幼虫生长缓慢，并且死亡率高达 44%。洛希认为，这一结果表明，抗虫转基因作物同样对非目标昆虫产生威胁。

然而，洛希的实验受到了同行科学家们和美国环境保护局的质疑：这一实验是在实验室完成的，并不反映田间情况，且没有提供花粉数据。美国环境保护局（EPA）组织昆虫专家对帝王蝶问题展开专题研究，结论认为转基因抗虫玉米花粉在田间对帝王蝶并无威胁，原因是：①玉米花粉大而直，因此扩散不远。在田间，距玉米田 5 m 远的马利筋杂草上，每平方厘米草叶上只发现有一粒玉米花粉；②帝王蝶通常不吃玉米花粉，它们在玉米散粉之后才会大量产卵；③在所调查的美国中西部田间，转抗虫基因玉米地占总玉米地面积的 25%，但田间帝王蝶数量却很大。

同时，美国环保局在一项报告中指出，评价转基因作物对非靶标昆虫的影响，应以野外实验为准，而不能仅仅依靠实验室数据。

（四）加拿大"超级杂草"事件

由于基因漂流，在加拿大的油菜地里发现了个别油菜植株可以抗 1～3 种除草剂，因而有人称此为"超级杂草"。事实上，这种油菜在喷施另一种除草剂 2,4- 滴丁酯后即被全部杀死。应当指出的是，"超级杂草"并不是一个科学术语，而只是一个形象化的比喻，目前并没有证据证明已有"超级杂草"的存在，同时，基因漂流并不是从转基因作物开始，而是历来都有。如果没有基因漂流，就不会有进化，世界上也就不会有这么多种的植物和现在的作物栽培品种。举例来说，小麦由 A、B、D 3 个基因组组成，它是分别由带有 A、B、D 基因组的野生种经过基因漂流合成的，所以，以此来禁止转基因作物是没有道理的。即使发现有抗多种除草剂的杂草，人们还可以研制出新的除草剂来对付它们，科学进步的历史就是这样。当然，油菜是异花授粉作物，为虫媒传粉，花粉传播距离比较远，且在自然界中存在相关的物种和杂草，可以与它杂交，因此对其基因漂流的后果需要加强跟踪研究。

（五）2001 年墨西哥玉米事件

2001 年 11 月，美国加州大学伯克利分校的微生物生态学家 David Chapela 和 David Quist 在《Nature》杂志上发表文章，指出在墨西哥南部 Oaxaca 地区采集的 6 个玉米品种样本中，发现了一段可启动基因转录的 DNA 序列花椰菜花叶病毒（CaMV）"35S 启动子"，同时，发现与诺华（Novartis）种子公司代号为"Btl1"的转基因抗虫玉米所含"*adhl* 基因"相似的基因序列。

实际情况如何呢？墨西哥作为世界玉米的起源中心和多样性中心，当时明文禁止种植转基因玉米，只是进口转基因玉米用作饲料。此消息一出，便引起了国际间的广泛关注，绿色和平组织借此大肆渲染，说墨西哥玉米已经受到了"基因污染"，甚至指责墨西哥小麦玉米改良中心的基因库也可能受到了"基因污染"。

然而，David Chapela 和 David Quist 的文章发表后受到了很多科学家的批评，指其实验在方法学上有很多错误。经反复查证，文中所言测出的"CaMV35S 启动子"为假阳性，并不能启动基因转录，另外经比较发现，二人在墨西哥地方玉米品种中测出的"*adhl* 基因"是玉米中本来就存在的"*adhl–F* 基因"，与转入"Bt 玉米"中的"*adhl–S* 基因"序列并不相同。

对此，《Nature》杂志于 2002 年 4 月 11 日刊文 2 篇，批评该论文结论是"对不可靠实验结果的错误解释"，并在同期申明"该文所提供的证据不足以发表"。同时，墨西哥小麦玉米改良中心也发表声明指出，通过对其种质资源库和新近从墨西哥小麦玉米改良中心也发表声明指出，通过对其种质资源库和新近从田间收集的 152 份玉米材料进行检测，并未在墨西哥任何地区发现"S35 启动子"。

（六）2003 年中国 Bt 抗虫棉事件

2003 年 6 月 3 日，南京环境科学研究所与绿色和平组织在北京召开会议，南京环境科学研究所、绿色和平组织在会上发表了题为"转 Bt 基因抗虫棉环境影响研究综合报告"，6 月 4 日《China Daily》上发表了题为"GM Cotton Damage Environment"的文章。绿色和平组织也于当天在其网站上刊登了长达 26 页的英文报告，从而再次引发国际争论，在欧美产生巨大反响，成为国际上争论转基因抗虫棉安全性的重大事件之一。6 月 5 日德国《Agrarheute》文章的标题进一步升级，称"Chinese Research：Large Environment Damage by Bt Cotton"。绿色和平组织的"中国项目主管"声称：棉农"将面对不受控制的超级害虫'转基因抗虫棉'，不但没有解决问题，反而制造了更多的问题"，"（棉农）将被迫试用更多、更毒的化学农药"。抗虫棉在中国实践多年，深受广大棉农的欢迎，相信不会同意他们的这些结论。中国、美国、德国、加拿大、比利时、印度等国的科学家已在网上纷纷发表评论，反驳绿色和平组织的观点。

绿色和平组织针对抗虫棉有 6 条主要的结论。第一，"棉铃虫寄生性天敌寄生蜂的种群数量大大减少"。应当指出，这仅是实验室的结果，并不代表田间情况，即使用化学杀虫剂，棉铃虫被杀死了，也会导致寄生蜂数量的减少，所以这并非 Bt 棉的过错。

第二，"棉蚜、红蜘蛛、盲蝽象、甜菜夜蛾等次要害虫上升为主要害虫"。这是一般的生物学常识，化学农药杀虫也有选择性，某种害虫杀死了，另一些害虫又会抬头。抗虫棉不是"无虫棉"，抗虫棉中的 Bt 基因主要是针对鳞翅目的某些害虫，并不杀死所有害虫，包括盲蝽象、红蜘蛛及甜菜夜蛾。棉农只要采取适当防治措施，如喷洒一般有机磷或菊酯类农药，这些害虫便可得到有效控制，根本谈不上"超级害虫"，更不能说是抗虫棉破坏环境。值得强调的是，绿色和平组织只引用反面结果，不引用正面结果。中国农业科学院植物保护研究所的实验结果表明，由于少用农药，抗虫棉棉田中的捕食性天敌（瓢虫类、草蛉类、蜘蛛类）数量大大增加，棉蚜（伏蚜）的数量减少了 443 ～ 1 546 倍，这些结果绿色和平组织的报告均未加引用。

第三，"Bt 棉田中昆虫群落的稳定性低于普通棉田，某些害虫暴发的可能性更高"。这纯粹是推测，没有科学数据足以支持这一结论，事实上，抗虫棉棉田中的节肢动物多样性比普通棉田中有所增加。

第四，"室内观察和田间检测都已证明，棉铃虫对 Bt 棉可产生抗性"。应当指出，室内经多代人工选择，棉铃虫对 Bt 棉的抗性提高，这是事实，但就田间监测而言，到目前为止并没有发现棉铃虫的种群已经对 Bt 棉产生抗性。"863"计划课题对我国五大棉区 23 个点的棉铃虫进行采样分析，尚未发现棉铃虫种群已经对 Bt 棉产生抗性，这一信息对监控棉铃虫的抗性发展及抗性治理十分重要。昆虫对任何农药包括 Bt 制剂在内均可产生抗性，这是普遍规律，因此，有必要进行长期监控。

第五，"Bt 棉在后期对棉铃虫的抗性降低，所以，棉农还是要喷 2 ～ 3 次农药"。对此我们要问，如果不种 Bt 棉，喷药次数高达 10 ～ 20 次，岂不是更多？

第六，绿色和平组织声称"现在还没有有效的措施来消除和延缓棉铃虫对 Bt 棉产生抗性"，我们认为"消除抗性"的确不可能，但延缓抗性是完全可能的。在华北棉区多种作物混种的情况下，已为棉铃虫提供了很大的天然庇护所，调查发现 70% 的四代棉铃虫在玉米地里，对天然庇护所的作用我国学者已作了评价研究。昆虫学家用昆虫雷达观测棉铃虫的迁飞，发现棉铃虫每年夏天迁向东北，秋天再飞回来。即使有抗 Bt 的棉铃虫种群出现，在它与不抗虫的种群相互交配后，所产生的后代仍是不抗的，因为抗性基因受一对单位点不完全隐性基因所控制，同时，我国的研究也已证明，双价基因抗虫棉可以延缓棉铃虫产生抗性。用单价 Bt 转基因烟草和双价 Bt/CpTI 转基因烟草叶片选棉铃虫 17 代，棉铃虫的抗性指数前者增加了 13 倍，而后者只增加了 3 倍。

Bt 棉可减少农药使用 70% ～ 80%，减少人畜伤亡事故，这已是公认的最大生态效益，遗憾的是，在绿色和平组织的报告里对此只字不提。我国棉花上往常使用的农药量约占全部作物农药使用量的 25%。

归纳起来，国际上对绿色和平组织报告的评论是：文章没有经过同行评审，没有说明研究方法，没有生物学统计数据，违反生物学的一般常识，只是断章取义。

（七）2005 年美国转基因玉米 MON863 事件

2005 年 5 月 22 日，英国《The Independent》披露了转基因研发巨头孟山都公司的一份秘密报告。据报告显示，吃了转基因玉米的老鼠，血液和肾脏中会出现异常，最后迫于压力，应欧盟要求，公布了完整的 1 139 页的试验报告。欧盟对安全评价的材料及补充试验报告进行分析后，认为将 MON863 投放市场不会对人和动物健康造成负面影响，于 2005 年 8 月 8 日决定授权进口该玉米用于动物饲料，但不允许用于人类食用和田间种植。

（八）2007 年发生于法国的孟山都转基因玉米事件

2007 年，法国卡昂大学的分子内分泌学家 Seralini 及其同事对孟山都公司转抗虫基因玉米的原始实验数据进行统计分析（文章发表于《Archives of Environmental Contamination and Toxicology》）得出老鼠在食用转基因玉米后受到了一定程度的不良影响。

当时，一些科学家和监管机构就指出他们的工作存在着大量的错误和缺陷。来自美国、德国、英国和加拿大的 6 位毒理学及统计学专家组成同行评议组，对 Seralini 等以及孟山都公司的研究展开复审和评价，并在《食品与化学品毒理学》上发表评价结果：Seralini 等对孟山都公司原始实验数据的重新分析，并没有产生有意义的新数据来表明转基因玉米在 3 月龄老鼠喂食研究中导致了不良副作用。2009 年，Seralini 及其同事再次把欧盟转引的美国孟山都公司的实验数据重新做了一个粗浅的统计分析，在 2009 年第 5 期《国际生物科学学报》上发表了题为"三种转基因玉米品种对哺乳动物健康影响的比较"的文章（De Vendomois et al.，2009），文中指出，食用了 90d 转基因玉米（抗除草剂玉米 NK603，抗虫玉米 MON810 和 MON863）的老鼠，与食用转基因玉米不到 90d 的老鼠，其肝肾生化指标有差异，据此把这种差异解释成食用转基因玉米后造成的。

该文章发表后，便受到了监管机构及同行科学家的批评：法国生物技术高级咨询委员会指出，"三种转基因玉米品种对哺乳动物健康影响的比较"（De Vendomois et al.，2009）的论文中仅列出了数据的差异，却没能给予任何生物学或毒理学上的解释，而且这种差异仅反映在某些老鼠和某个时间点上，不能说明任何问题，此外，Seralini 及其同事没有进行独立实验，仅仅是对孟山都公司原始数据做了直新分析，显得粗略、证据不足或解释错误，根本不足以推导出转基因产品会导致某些血液学上的、肝肾的毒性迹象这样的结论。总之，该论文没有任何新的科学信息。

欧洲食品安全局转基因生物小组对该论文进行了评审，同时，转基因生物小组也对 3 个 90d 大鼠喂养研究的数据重新进行统计学分析。转基因生物小组得出结论，论文中提供的数据不能支持作者关于肾脏和肝脏毒性的结论，并不存在任何新的证据表明需要对以前得出的转基因玉米转化事件 MON810、MON863 和 NK603 对人类、动物的健康以及环境无不良影响的结论进行重新考虑。

转基因生物小组指出该研究小组对先前针对 MON863 玉米的研究所做的几点基本的统计学批判对该论文同样适用。在转基因小组对 Seraliniet et al.（2007）的论文的全面评价中，给出了在 MON863（8%）中发现显著性差异的原因，并表明此差异不会影响 MON863 的安全性。De Vendomois et al.（2009）的论文报道的对 NK603（9%）和 MON810（6%）显著的变量百分率与 2007 年论文中 MON863 的数值是相似的。转基因生物小组认为该项研究将统计学上具有显著性差异的结果放到生物学 D346 因果联系中时，对欧洲食品安全局提倡的实质等同分析得以实现的，用以提供变化范围的参考品种的应用作了错误的陈述：①将观察差异放到生物学因果联系中时，没有考虑到可用的关于用不同饲料饲喂的动物间正常的遗传背景差异的信息；②没有提供以正确的方式应用错误发现率（FDR）方法得到的结果；③没有提供任何将已广为人知的对饲料反应的性别差异与将差异归结为不同种转基因玉米效应的结论联系到一起的证据；④以不合理的分析和差异值为基础来评价统计权重。

De Vendomois et al.（2009）的论文中强调的显著性差异，在转基因生物小组对MON810、MON863 和 NK603 这 3 个玉米转化事件的安全性作出判断时，都曾经被认真评估过。De Vendomois 等的研究并未提供任何新的毒理学效应证据，在毒理学相关性方面，de Vendomois 等所用的方法并不能对转基因生物及其相应对照之间的差异作出正确的评估，主要原因如下：①所有的结果都是以每个变量的差异百分率表示的，而不是用实际测量的单位表示的；②检测的毒理学参数的计算值与有关物种间的正常范围不相关；③检测的毒理学参数的计算值没有与用含有不同参考品种的饲料饲喂的实验动物间的变异范围进行比较；④统计学显著性差异在端点变录和剂量上不具有一致性模式；⑤ de Vendomois 等作出的纯粹统计学的论断和与器官病理学、组织病理学和组织化学相关的这 3 个动物喂养研究间的不一致性并没有被提及。

另外，澳大利亚、新西兰食品标准局通过对 Seralini 等论文数据的调查分析指出，此论文的统计结果与组织病理学、组织化学等方面的相关数据之间缺乏一致性，且没能给予合理解释。该机构同时认为，喂食转基因玉米后老鼠表现出的差异性是符合常态的。对于这篇文章最大的质疑在于，Seralini 等的实验结果仍然和 2007 年的文章一样，不是建立在亲自对老鼠进行独立实验的基础之上，文中进行统计分析的数据，仍然是借用来源于孟山都公司之前的实验，他们仅仅是对数据选择了不合适的、不被同行使用的统计方法作了重新分析。因此，结果和结论都是不科学的。

（九）2007 年发生于奥地利的孟山都转基因玉米事件

2007 年，奥地利维也纳大学兽医学教授 Juergen Zentek 领导的研究小组，对孟山都公司研发的耐除草剂转基因玉米 NK603 和转基因抗虫玉米 MON810 的杂交品种进行了动物实验。在经过长达 20 周的观察之后，Zentek 教授发现转基因玉米对老鼠的生殖能力有潜在危险。

事实上，关于转基因玉米是否影响老鼠生殖的问题，共进行了 3 项研究，而仅有Zentek 负责的其中一项发现了问题。该研究结论发布后，尚未经过同行科学家的评审，其研究结果很不一致，实验报告和分析存在瑕疵，Zentek 在报告时自己都表示，3 项研究获得了互相矛盾的结果，且仅得出初步结果。

欧洲食品安全局转基因生物小组对 Zentek 的研究发表了同行评议报告，认为根据其提供的数据不能得出科学的结论。同时，两位被国际同行认可的专家（John De Sesso和 James Lamb）事后专门审查及评议了 Zentek 的研究，并独立发表声明，认定其中存在严重错误和缺陷，该研究并不能支持任何关于食用转基因玉米 MON810 和 NK603 可能对生殖产生不良影响的结论。多个科学研究机构已有证据表明这些产品不会对繁殖能力产生影响，之前已有多个繁殖毒性实验证明了这些产品的安全性。全球 20 多个法规审批机构认为，含有 MON810 和 NK603 性状的玉米以及复合性状的玉米与常规玉米一样安全。

2009 年 10 月，按照转基因植物及相关食品和饲料风险评估指导办法及复合性状转基因植物风险评估指导办法提出的原则，欧洲食品安全局转基因生物小组对转基因抗虫和耐除草剂玉米 MON89034×NK603 用于食品和饲料的进口与加工申请给出了科学意见。欧洲食品安全局在总结报告中说，目前，有关 MON89034×NK603 玉米的信息代表了各成员国对该品种玉米的科学观点，在对人类和动物健康及环境的影响方面，这种玉米与其非转基因亲本一样安全。因此，欧洲食品安全局转基因小组认为这种玉米品种不大可能在应用中对人类和动物健康或环境造成任何不良影响。

（十）2010 年俄罗斯之声转基因食品事件

与其说是一个事例，倒不如说是一则虚假新闻。2010 年 4 月 16 日，俄罗斯广播电台俄罗斯之声以"俄罗斯宣称转基因食品是有害的"为题报道了一则新闻（http://english.ruvr.ru/2010/04/16/6524765.html）。新闻称，由全国基因安全协会和生态与环境问题研究所联合进行的试验证明，转基因生物对哺乳动物是有害的；负责该试验的 Alexei Surov 博士介绍说，用转基因大豆喂养的仓鼠第 2 代成长和性成熟缓慢，第 3 代失去生育能力。俄罗斯之声还称"俄罗斯科学家的结果与法国、澳大利亚的科学家结果一致，当科学家证明转基因玉米是有害的，法国立即禁止了其生产和销售"。

通过目前掌握的资料了解到，Alexei Surov 博士所在的 Severtsov 生态与进化研究所并没有任何研究简报或新闻表明 Alexei Surov 博士曾写过这样的报道，俄罗斯之声报道的新闻事件也没有在任何学术期刊上发表过研究论文。此外，俄罗斯之声用的标题是"俄罗斯宣称转基因食品是有害的"，而其他新闻报纸则用的是"一个俄罗斯人宣称"，显然"俄罗斯宣称"与"一个俄罗斯人宣称"是有显著区别的。至于新闻中提到法国禁止了转基因玉米的生产和销售，这与事实不符，法国政府并没有对转基因食品的生产和销售下禁令，而是恰好相反，欧盟已经于 2004 年 5 月 19 日决定允许进口转基因玉米在欧盟境内销售。

（十一）2010 年"中国广西大学生精子活力下降"虚假传言

无独有偶，这一事例是发生在中国的一则虚假消息：从 2010 年 2 月起，一篇题为《广西抽检男生一半精液异常，传言早已种植转基因玉米》，署名为张宏良的帖子在网络上传播甚广，引发了不少公众对转基因产品的恐慌。文章称：迄今为止，世界所有国家传来的有关转基因食品的负面消息，全都是小白鼠食用后的不良反应，唯独中国传来的是大学生精液质量异常的报告。

从帖子的标题到内容，作者试图将广西大学生精液异常与种植转基因玉米这两件事联系起来，这也正是导致公众恐慌的根本原因。其中，广西种植转基因玉米之说，作者依据的材料是有网络报道称"广西已经和美国孟山都公司从 2001 年至今在广西推广了上千万亩'迪卡'系列转基因玉米"；广西大学生精液异常之说，则依据的是广西新闻网 2009 年 11 月 19 日登出的报道称"广西在校大学男生性健康，过半抽检男生精液不合格"。但从了解的情况来看，第一个说法不属实，第二个说法有明确出处，但和转基因没有关系。

迪卡 007 和迪卡 008 为传统的常规杂交玉米，而不是转基因作物品种，对此，美国孟山都公司、广西种子管理站和农业部分别从不同的角度予以了证实。

2010年2月9日，美国孟山都公司在其官方网站公布了"关于迪卡007和迪卡008玉米传言的说明"，说明指出，迪卡007玉米是孟山都研发的传统常规杂交玉米，于2000年春天通过了广西的品种审定，2001年开始在广西推广种植；迪卡008是迪卡007玉米的升级品种杂交玉米，2008年通过了审定，同年开始在广西推广。广西种子管理站在随后的"关于迪卡007和迪卡008在广西审定推广情况的说明"中确认了这一说法，并介绍2009年迪卡007和迪卡008的种植面积分别占广西玉米种植总面积760万亩的14.5%、3.5%。

2010年3月3日，农业部农业转基因生物安全管理办公室负责人在接受中国新闻网记者采访时表示，网上关于"农业部批准进口转基因粮食种子并在国内大面积播种"的消息不实，农业部从未批准任何一种转基因粮食种子进口到中国境内种植，在国内也没有转基因粮食作物种植。

对于广西抽检男生一半精液异常的说法，确有出处，即由广西医科大学第一附属医院男性学科主任梁季鸿领衔完成的《广西在校大学生性健康调查报告》。从广西新闻网那篇文章的内容来看，研究者根本没有提出广西大学生精液异常与转基因有关的观点，而是列出了环境污染、食品中大量使用添加剂、长时间上网等不健康的生活习惯等因素，这从另一个材料也能得到印证。参与该报告调查的梁季鸿的助手李广裕根据该调查报告完成了2009年硕士学位论文《217例广西在校大学生志愿者精液质量分析》，在论文最终的结论中写道："广西地区大学生精液质量异常的情况以精子活率和活力低比较突出，其精子的活率明显低于国内不同地区文献报道的结果。广西地区大学生精子活率、活力低及精子运动能力减弱，可能与前列腺液白细胞异常，精索静脉曲张，支原体、衣原体感染，ASAB有关。"

（十二）2010年中国"湖北国家粮库疑被违法转基因稻米污染"的虚假传言

2010年7月20日，经济观察网发表题为"绿色和平：违法转基因稻米疑已污染湖北国家粮库"消息称，怀疑湖北省个别大米加工企业有转基因稻米，并指责"湖北省一直没有采取切实有效措施，将违法转基因水稻污染及时阻截"。绿色和平组织的言论是严重失实的新闻炒作。对此，湖北省农业厅发表关于转基因水稻监管的声明："湖北省农业厅一直严格按照《农业转基因生物安全管理条例》《种子法》等法律法规的相关规定，认真履行监管职责，严格农业转基因生物试验室研究和安全评价试验监管，加强种子市场执法检查，开展稻米市场抽样检测监控，严厉查处非法生产销售转基因水稻案件。截至目前，我国还没有一个转基因水稻品种获得商业化生产经营许可，湖北省没有发现商业化种植和销售转基因水稻及其制品的事件。在现阶段，任何种子经营企业不得生产经销转基因抗虫稻种，农民不得种植转基因抗虫水稻，大米加工企业不得收购转基因稻谷。根据农业农村部和湖北省政府的统一部署，近年以来，湖北省农业农村厅组织了多次执法检查，并将持续依法开展执法监管，对于发现的非法生产、销售、种植转基因水稻的违法案件，始终坚持发现一起、查处一起。

（十三）2010年先玉335玉米致老鼠减少、母猪流产的虚假报道

2010年9月21日，《国际先驱导报》发表调查文章称，山西、吉林等地老鼠变少、母猪流产等种种异常与这些动物吃过的食物先玉335玉米有关，记者同时调查称，"先玉335"与转基因技术之间有着种种联系，这一不实报道经媒体转载并引发网络社区讨论，在网络上引起较大反响。

对此，杜邦先锋公司郑重声明：先玉335不是转基因玉米，先玉335的父本是PH4CV，母本是PH6WC，其父本PH4CV获得了美国专利（美国专利号：6897363B1），该专利文件的内容完全没有涉及PH4CV与转基因有任何相关性，而是说明PH4CV属于自交系，自交系本身不属于转基因材料。该专利在"权利要求"中提及转基因，其目的是明确该专利的相关应用和保护范围可以应用于转基因的研究，而该专利本身，也就是先玉335的父本PH4CV并不属于转基因材料。前述报道的作者不了解PH4CV专利中所描述的专利、权利要求和保护，以及自交系育种及产品研发等基本科学概念，其在文章中对先玉335的描述是错误的，在中国，有关转基因玉米的进口、试验与销售是需要经过国家农业转基因生物安全委员会专家们的严格评审和农业农村部的审批来进行的。杜邦先锋公司一贯严格执行国务院颁发的《农业转基因生物安全管理条例》和农业农村部颁发的《农业转基因生物安全评价管理办法》与《农业转基因生物进口安全管理办法》等政策，未经农业部批准，绝不会把任何转基因材料释放到田间。

山西省农业农村厅对《山西、吉林动物异常现象调查》一文所反映情况的调查说明为：先玉335玉米品种是通过国家品种鉴定的杂交品种，不是转基因品种；报道中所反映的有关猪、羊、老鼠等动物异常现象与事实不符；报道中所称"当地另外的怪事：母猪产仔少了，不育假育、流产的情况比较多"，这与本地实际情况严重不符，调查组对乡、村防疫员和养猪户进行了询问，杨村、演武村乃至张庆乡近年来都未发现有普遍的母猪产仔少、死亡率高的现象。少数养殖户出现这种现象，其成因复杂，涉及管理、疾病、气候、营养等多方面因素；报道中所提的老鼠变少、变小的现象，乡、村干部和农民普遍认为是由于猫的饲养量增加产生生物抑制作用，以及农村基础设施和村民住房由砖瓦结构改善为水泥结构，老鼠不易打洞做窝而造成的。总之，通过调查，认为报道所述的因果关系缺乏科学依据。

二、争论背后的原因

除了上述典型争议事件，目前，依然存在一些其他的有关转基因农作物存在生物安全性问题的报道，对这些报道，国际权威机构或主流科学界尚未认同，另外，有些关于转基因生物是否安全的争论则脱离了科学本身，而是与政治、国际贸易和宗教信仰等因素有关。转基因作物在推广和上市过程中遭遇到赞成和反对两种截然相反的声音，其争论的范围和程度是以往任何技术成果在扩散过程中所罕见的。这场争论背后的深层次原因是复杂的，主要可以概括为以下4个方面。

（一）认识上的原因

参与转基因作物争论的大多数人都不是分子生物学家或遗传技术方面的专家，缺乏必要的科学知识，只是听信别人的说法和媒体的讨论，因专业知识的欠缺决定了他们对转基因作物的态度。以帝王蝶的争论为例，认识水平影响了民众对转基因作物的态度，基因知识的缺乏使部分人对之持否定观点。2000 年 7 月，英国皇家学会、美国科学院、巴西科学院、印度科学院、墨西哥科学院、中国科学院以及第三世界科学院在华盛顿公开发表白皮书，表示支持转基因作物的研究。科学家的声明表明，专业生物技术人员对转基因作物的认识从本质上不同于普通民众。

（二）经济利益上的原因

在沸沸扬扬的争论中，对转基因作物持不同态度的关键还有经济利益上的原因。美国、加拿大政府及农场主，以及大多数发展中国家的政府都是转基因作物的坚定支持者，对美国、加拿大政府及农场主来说，由于其转基因技术最为先进和成熟，种植和销售转基因作物，节约了部分用水、化肥和农药，成本大大减少，而单位面积的产量却大大增加，这样，农场主就可以获得更多的利润。对于大多数发展中国家来说，由于耕地面积持续减少、水资源严重短缺、环境恶化、人口不断增加、粮食增长幅度不大等原因，种植转基因作物一方面可以减轻民众的饥饿程度，另一方面可以减缓贫困、缓解社会矛盾。

当然，这些是因为经济利益而持赞成的观点，也有因经济利益原因而持反对态度或态度不那么明确的例子。欧盟的态度比较谨慎，其态度可以用法国前国民教育和农业部长的话作为概括：在欧洲已经不知道该怎样处置自己过剩的农产品的情况下，根本没有理由为了提高产量而去冒卫生和环境方面的风险。欧洲农民则态度鲜明，坚决抵制，其口号是"农耕者不是狂热的转基因迷"。欧洲的态度用最明了的话讲，就是为了保护自己的农业利益，不让受巨额政府补贴的美国农产品冲垮其农产品市场。这种态度与他们的转基因作物培植技术大大落后于美国有关，否则，他们不会一方面反对，一方面又暗地里加紧转基因作物研究。

（三）文化原因

不同的文化背景也是影响人们对转基因作物态度的一个因素。美国受文化因素影响，民众对转基因认同度相度较高，从 1994 年首批保鲜番茄和抗除草剂的转基因棉花在美国市场上市，到今天的 50 多种转基因作物及其加工的产品在市场上出现，转基因作物及食品成了美国民众餐桌上的普通食物。吃了多年的转基因食品，美国民众并没有感到什么危险，只是近来受欧洲反转基因作物浪潮的影响，才有一小部分民众起来反对转基因作物。受历史文化原因影响，欧洲民众对转基因认同度较低。印度作为发展中国家是支持转基因作物的，但其民众受历史文化因素影响，对转基因作物持反对立场。印度民众曾焚烧了美国孟山都公司在印度的 2 个转基因作物试验田。因此，从以上事例可以看出，文化是影响民众对转基因作物态度的一个强大因素。

（四）心理原因

对转基因作物持何种态度，还受到心理原因的影响。在欧洲开始进口美国转基因作物的最初几年，民众并不怎么反对转基因作物，只是在一连串的食品恐慌事件给民众涂上阴影后，他们才强烈反对转基因作物。1996年英国暴发了疯牛病，1998年德国暴发了猪瘟病，1999年比利时又发生了因养鸡饲料遭二噁英污染的毒鸡事件，食品恐慌事件的阴影使得公众对新食品有了条件反射和恐惧情绪，加上"普斯泰事件"，无疑，一系列事件的不良影响，使转基因作物成了替罪羊。疯牛病等对健康和食品安全的影响在很大程度上影响了欧洲民众对转基因作物的态度。欧洲民众的反对浪潮也很快扩展到其他国家，包括部分美国民众，其实，他们并没能证明转基因作物确实有风险，只是对生命的绝对保护使他们加入反对者的行列，所以，民众的恐惧心理和从众心理是反对转基因作物的另一个原因。

第五章 农业转基因管理

转基因在 2006 年时被《国家中长期科技发展规划纲要》列入 16 个重大专项之一，并在 2008 年实施。我国计划在 2020 年前将 260 亿元投入水稻、大豆、棉花、玉米、小麦等农作物和生猪、牛、羊等畜禽新品种的研究开发。转基因专项的成功实施，使得我国生物技术水平和生物安全研究水平提升到了新台阶。但同时，研究转基因生物、环境释放和商业化生产存在的重大风险，也给转基因生物安全的管理提出重大挑战，在发展转基因生物技术的同时，需要加强转基因生物安全的管理。

第一节 转基因安全评价

一、评估风险原则

农业转基因生物安全管理核心是评估其风险，通过科学分析各种资源，评价人类暴露于转基因生物及其产品所导致的潜在和已知有害作用，包含 4 个方面，分别是识别危害、描述危害特征、暴露评估和描述风险特征。

评估转基因生物风险时要遵循科学、预防、个案处理、循序渐进、熟悉和实质等同原则。按照规定标准和程序，将所有与转基因生物安全有关的科学数据信息运用分析，对已知的或潜在的与农业转基因生物有关的、对人类健康和生态环境产生负面影响的危害进行全面系统的评价，从而预测在一定范围风险暴露水平下农业转基因生物引起危害的大小，为风险管理决策提供依据。

（一）科学原则

必须把转基因生物安全管理建立在科学基础之上。评估转基因生物和转基因生物产品的风险须用客观科学的方式，充分运用现代先进科技研究手段（成果）对其开展科学检测及分析，并慎重且科学地评价评估结果，不可以用现代科技无法做到以及臆想的、不科学的安全问题来评价转基因生物和转基因生物产品。

（二）预防原则

预防原则是在科学不确定的情况下进行实际性决策的规范原则，在实施期间需要对科学不确定性、风险和对情况完全无知进行识别，需要整个决策过程透明且无歧视。含4个核心部分，分别是：（1）对科学不确定性采取实施保护措施作为回应；（2）转移潜在危害支持证据的举证负担；（3）为了同一目标探索不同的方法；（4）制定政策过程中把利益相关者纳入。《卡塔赫纳生物安全议定书》是把预防原则写入转基因生物安全领域最早的国际法律文件。

具体做风险分析时，是以科学为基础，采取对公众公开透明的方式并结合其他评价原则，对转基因生物及其产品研究和试验进行风险性评价。同时，一些潜在的严重威胁和不可逆的危害，即使缺乏科学证据证明其可能发生的危害，也必须采取有效的预防措施。

（三）个案分析原则

转基因生物和转基因生物产品中导入目的基因的来源、功能以及方法各不相同，受体生物的品种也同样存在差异，相同基因的操作方法、插入位点也不尽相同。因此为最大限度地保障转基因生物的安全，在评价其安全过程里，采取不同的评价方法评价不同的转基因生物，对每个转基因生物具体的外源基因、生物受体、操作方法、生物特性及其释放环境等各个方面开展具体研究评价，从而得到科学、准确、全面的评价结果。

（四）循序渐进原则

分阶段进行风险评估，每阶段设置具体评价内容，前阶段试验获得的相关数据和安全评价信息作为能否进入下阶段评估的基础，逐步深入地开展评价工作。逐步评估经历4个阶段：完全可控环境下；小规模和可控环境下；较大规模的环境条件下；商品化前的生产性试验。

（五）熟悉原则

定义：在了解某转基因植物的目标性状、生物学、释放环境、生态学以及预期效果等背景信息的基础上，具备类似转基因生物安全性评价的经验。

评估转基因生物及转基因生物安全性的风险，取决于对转基因背景知识了解和熟悉的程度。因此，评价转基因生物是否安全时，必须充分熟悉和了解生物受体的基因、转基因的方法、转基因生物的用途及转基因生物环境释放条件各个因素，对可能引起的生物安全问题作出科学评判。根据类似的目的基因、性状或产品使用情况，决定是否简化评价的程序。

（六）实质等同原则

定义：如果某个新食品或食品成分与现有的食品或食品成分大体相同，那么它们是同等安全的。

采用实质等同原则评价转基因食品，可出现3种结果：转基因食品与现有的传统食品具有实质等同性；除某些特定的差异外，与传统食品具有实质等同性；与传统食品实质不等同。转基因食品若是与传统食品实质等同，就可以认为转基因食品一样安全。可也存在另外一些情况，即不等同于传统相应食品实质的转基因食品也是安全的可能性，上市前这类转基因食品必须顺利通过更严格的试验以及评估。

按照国际通用原则，国家《农业转基因生物安全管理条例》和《农业转基因生物安全评价管理办法》规定，在我国进行转基因生物的研究应用都要经过非常严谨和规范的评价程序。例如进行转基因植物的研究应用，主要从分子特征、遗传稳定性、环境安全和食用安全4个方面进行风险评估。

分子特征：了解评估外源插入序列在基因、转录和翻译水平下的整合及表达情况。主要内容包括表达载体、目的基因的整合情况及表达情况。

遗传稳定性：了解评估转基因生物世代间目的基因的整合与表达情况。主要内容包括目的基因整合与表达的稳定性，目标性状表现的稳定性。

环境安全：评估转基因生物的生存竞争力、功能效率评价、基因漂移的环境影响、转基因植物对非靶标生物、生态系统的危害，对有害生物抗性、有害生物地位演化的影响、靶标生物的抗性风险等。

食用安全：评估可能的毒性、过敏性、营养成分、抗营养成分等方面是否符合国家法律法规和标准的相关要求，是否会存在安全风险。

二、中国农业转基因生物安全评价审批

（一）安全评价制度

国家《农业转基因生物安全管理条例》以及相关配套规章规定，目前对农业转基因生物安全性的评价，我国实行分级分阶段安全评价制度，由安委会负责评价工作，由4个环节即危害识别、危害特征描述、暴露评估和风险特征描述组成整个评价过程，分析预判在给定的暴露水平下转基因生物的危害大小，为管理决策层提供科学依据。

1. 安全评价对象

农业转基因生物按照安全评价对象，分为4种类型：转基因植物、转基因动物、植物用转基因微生物、动物用转基因微生物。

2. 安全等级

按照对人类、动植物、微生物和生态环境的危险程度，分为4个安全等级，即尚不存在危险（Ⅰ级）；具有低度危险（Ⅱ级）；具有中度危险（Ⅲ级）；具有高度危险（Ⅳ级）。

3. 安全评价阶段

根据控制体系和试验规模，分5个阶段（以植物为例）。

（1）实验研究

在实验室控制系统内进行的基因操作和转基因生物研究工作。

（2）中间试验

在控制系统内或者控制条件下进行的小规模转基因生物试验。控制系统是指通过物理控制、化学控制和生物控制建立的封闭或半封闭操作体系。中间试验应在法人单位的试验基地开展。试验规模为每个试验点不超过4亩。

（3）环境释放

在自然条件下采取相应安全措施所进行的中规模转基因生物试验。试验规模以植物为例，每个试验点一般大于4亩，但不超过30亩。

（4）生产性试验

在生产和应用前进行的较大规模转基因生物试验。试验规模以植物为例，应在批准过环境释放的省（区、市）进行，每个试验点试验规模大于30亩。在我国从事上述农业转基因生物实验研究与试验的，应具备下列条件：在中华人民共和国境内有专门的机构；有从事农业转基因生物实验研究与试验的专职技术人员；具备与实验研究和试验相适应的仪器设备和设施条件；成立农业转基因生物安全管理小组。

（5）安全证书

主要分为3种类型。

第一，农业转基因生物生产应用安全证书，获得安全证书的农业转基因生物可作为种质资源利用。

使用范围：应为批准过生产性试验的适宜生态区。

提交如下材料进行申请：a.安全评价申报书；b.试验总结报告（中间试验、环境释放、生产性试验阶段）；c.农业转基因生物的安全等级；d.安全等级确定依据；e.其他材料。

第二，境外研发商首次申请农业转基因生物进口用作加工原料的安全证书，获得安全证书的农业转基因生物，可作为加工原料进口至我国境内。

提交如下材料进行申请：a.安全评价申报书；b.进口安全管理登记表；c.输出国家或地区已允许作为相应用途并投放市场的证明文件；d.输出国家或地区经过科学试验证明对人类、动植物、微生物和生态环境无害的资料；e.境外公司在进口过程中拟采取的安全防范措施等。

第三，境外贸易商申请农业转基因生物进口安全证书，对已获得上述第二类，即进口用作加工原料安全证书的农业转基因生物，可由境外贸易商申请将其进口至我国境内。

提交如下材料进行申请：a.进口安全管理登记表；b.输出国家或地区已经允许作为相应用途并投放市场的证明文件复印件；c.农业农村部首次颁发的农业转基因生物安全证书复印件；d.境外公司在进口过程中拟采取的安全防范措施。

农业农村部官方网站公布农业转基因生物安全证书的批准信息。申报单位每次申请安全证书的使用期限不超过5年，在取得农业转基因生物安全证书后，还需要办理与生产应用、进口等相关的其他手续。举个例子，转基因农作物须在品种审定并取得种子生产经营许可后开始生产种植。

4.评审制度

农业转基因生物安全评价管理的不同阶段，采用不同的评审制度。

表5-1 不同阶段评审制度

评审制度	阶段
报告制度	安全等级为Ⅲ、Ⅳ级的农业转基因生物的实验研究
审批制	中外合作、合资或外商独资公司在中国境内从事农业转基因生物的实验研究和中间试验
	进口农业转基因生物用于中间试验
	环境释放
	生产性试验
	安全证书

（二）安全评价审批流程

1. 报告制

（1）提交申请

根据《农业转基因生物安全管理条例》、评价指南及相关办法等要求，申请单位填写《农业转基因生物安全评价申报书》，并经单位审批同意、签字盖章后交农业农村部行政审批办公大厅。

（2）形式审查

农业农村部行政审批办公大厅负责开展形式审查。审查内容包括申请材料是否齐全、申请单位农业转基因生物安全小组以及申请单位的意见、试验时间、试验规模等。

（3）技术审查

申报材料通过形式审查后，交农业农村部科技发展中心进行技术审查。审查内容包括安全性评价资料是否科学、试验设计是否规范性。

（4）备案

申请材料技术审查合格后，由农业农村部科技发展中心形成备案意见，报农业部转基因生物安全管理办公室经核准后，制作批复文件。

（5）批件发放

发放批复文件给申请单位，同时向试验所在地的省级农业行政主管部门抄送。

2. 审批制

（1）提交申请

根据《农业转基因生物安全管理条例》、评价指南及相关办法等要求，申请单位填写《农业转基因生物安全评价申报书》，并经单位审批同意、签字盖章后交至农业农村部行政审批办公大厅。

（2）形式审查

农业农村部行政审批办公大厅负责开展形式审查。审查内容包括申请材料是否齐全、申请单位农业转基因生物安全小组以及申请单位的意见、试验时间、试验规模等。

（3）初步审查

申报材料通过形式审查后，交农业农村部科技发展中心组织开展材料审查并提出意见。

（4）安委会评审

申请材料通过初审后提交安委会开展评审。采取会议形式进行评审。农业农村部每年组织至少2次评审会议。安委会主要负责对本专业领域的农业转基因生物安全评价申请进行评审，同时内设植物和植物用微生物、动物和动物用微生物2个组。根据安全评价的需要，植物和植物用微生物专业组内设3个审查小组，分别是分子特征组、环境安全组和食用安全组。

审查小组对本领域的安全评价申请分别进行审查。申报材料经专家独立审阅、专家填写意见表、评审小组集体协商后形成小组评审意见。评审意见由各审查小组汇总后形成专业组评审意见，专业组召开会议审议评审意见并投票。

（5）审查决定

安委会秘书处将专家评审意见提交农业农村部科技教育司审查。根据专家评审意见，农业农村部科技教育司提出审批意见，再按照相关程序报签并完成批复文件的制作。

（6）批件发放

批复文件发放申请单位。涉及开展试验的，同时向试验所在地的省级农业行政主管部门抄送批复文件。

目前，我国已批准发放了转基因棉花、番木瓜、水稻、玉米等作物生产应用安全证书，以及大豆、玉米、油菜、棉花、甜菜进口安全证书。但这些作物要商业化种植，还须满足其他条件：进口安全证书的品种还需获得生产应用安全证书；主要农作物还需要按《中华人民共和国种子法》的规定通过品种审定；种子生产经营者还需要经过知识产权权利人的同意才能生产经营。

（三）国外农业转基因生物安全评价审批

1. 美国

美国农业部、环保署、食药局在现有的法律框架下简历了各自的安全评价制度，分别为转基因田间试验审批制度、转基因农药登记制度和转基因食品自愿咨询制度。

（1）田间试验审批制度

美国转基因田间试验审批制度是管理转基因生物的跨州转移、进口、田间试验和解除田间种植监管 4 类活动，由美国农业部执行，主要由其动植物检疫局生物技术管理办公室负责。

美国实行专职审查员制度，审查、发放批件等一系列过程都在农业部动植物检疫局生物技术管理办公室内完成。田间试验审批制分 3 种类型：①简化审批程序，30 d 时限审批；②标准审批程序，120 d 时限审批；③药用工业用转基因生物审批程序，120 d 时限审批。常规作物的审批有效期限为 1 年，不能连续申请。试验环境和安全控制措施是审批的侧重点，研发单位自行决定田间试验的评价内容。解除监管后就可以商业化大规模生产种植。此程序审批时限一般为 6 个月，少数可以达到 3～5 年（表 5-2）。

表 5-2 美国各种转基因植物田间试验审批和监管情况比较

	简化审批程序	标准审批程序	药用工业用转基因生物审批程序
适用对象	植物	植物、微生物、昆虫	植物、微生物
外源基因	功能明确的基因	任何外源基因	药用、工业用
限制性条件	按操作标准进行	申请者提供详细资料 APHIS 附加限制条件	申请者提供详细限制资料 APHIS 增加许可条件 APHIS 批准标准操作行为规则和培训
申请审批时限	10 d：州际转移 30 d：进口，田间试验	60 d：进口，州际转移 120 d：田间试验	60 d：进口、州际转移 120 d：田间试验
批准期限	1 年	1 年：州际转移 1 年，多年生植物 3 年：田间试验	1 年：州际转移 1 年，多年生植物 3 年：田间试验

续表

	简化审批程序	标准审批程序	药用工业用转基因生物审批程序
田间检查对象	在所有批准的申请中，随机选择25%，被选中的申请中只抽查一个试验点	全部批准的申请中，每个申请在每一个州选择一个试验点进行检查	全部批准的申请中，所有地点进行全面检查
田间检查次数	1次	1次	7次
田间检查时间	生长期	生长期	种植前、苗期、花期、收获期、收获后期各一次，下一个生长期两次
提交报告	种植期农事活动报告；非预期效应/意外逃逸报告；田间试验报告	种植期农事活动报告；非预期效应/意外逃逸报告；田间试验报告；自生苗监控报告	非预期效应/意外逃逸报告；种植前报告；种植期农事活动报告；收获期报告；自生苗监控报告；田间试验报告

（2）转基因农药登记制度

美国环境保护署执行转基因农药登记制度，主要对转基因植物内置式农药试验使用许可、登记和残留允许等活动开展安全评价。残留允许与试验使用许可、农药登记可以分开同时申请。因为与传统农药相比生物农药风险较小，所以环境保护署对植物内置式农药所要求的试验数据较少，审查时间较短。

试验使用许可。当植物内置式农药田间试验面积大于60.7亩时需要向环境保护署申请并取得试验使用许可，其审批时限一般为6个月。在试验使用时必须获得临时残留允许，申请试验使用许可资料和农药登记资料基本相同，暂可以不提供需要通过大规模田间试验获得的资料。

农药登记。登记程序方面，植物内置式农药的和传统农药相同，但其审批时间较传统农药短。新型植物内置式农药登记需要18个月，所有登记的农药根据法律规定在15年后需要重新进行安全评价。农药登记资料主要为产品特性、基因漂移评价、人类健康风险评价、环境流向评价、对非靶标生物风险评价、植物内置式农药的益处以及转基因抗虫作物抗性治理。

残留允许。植物内置式农药的试验使用许可需要获得临时残留允许，农药登记需要获得残留允许。临时残留允许和残留允许的区别仅是有效期时限。所有植物内置式农药的残留允许目前均是残留免除。

（3）转基因食品自愿咨询制度

美国食品和药品管理局执行转基因食品自愿咨询制度，分为两个层次。

一是新表达蛋白的早期制度。美国食品和药品管理局为应对转基因生物田间试验可能造成的无意混杂，鼓励研发者在研发早期咨询。咨询主要是转基因食品的新表达蛋白毒性和过敏性。食品和药品管理局收到咨询申请后15个工作日做出受理答复，120个工作日做出申请评价答复。

二是上市前的咨询制度。研发者在完成自我评价，向食品和药品管理局申请上市前的咨询，其内容包括新表达蛋白和转基因生物两方面。新表达蛋白资料为蛋白来源、特性、过敏性、潜在毒性、营养组成和日常暴露量等；转基因生物资料为遗传的稳定性、营养组成、有毒物质组成等。收到申请后 30 个工作日内食品和药品管理局做出受理答复，审查时间为 6 个月。

2. 欧盟

根据产品的用途，转基因生物审批被分为两类，一是种植转基因生物，批准后可以环境释放在批准区域内；二是食品、饲料的转基因生物，批准后投放市场。审批过程一般分为 3 个阶段：提交申请、风险评估、多层决策。以食品、饲料的转基因生物申请为例，提交申请是第一阶段，评估风险是第二阶段，多层决策是第三阶段。

申请者同时提交包含用于食品和饲料以及用于有意环境释放用途在内的整合安全评估资料，可以同时获得作为食品和饲料用途及有意环境释放的授权，并且要将申请资料提交给成员国自行开展风险评估。若欧盟委员会或其他成员国在其获得评估结果后提出反对意见，申请者还需要把申请资料递交至欧盟委员会重新评估，其审批程序与食品和饲料的转基因作物安全审批程序大致相同。各成员国农业农村部门可对已授权的转基因产品进行监督检查，一旦发现问题申请召回。

3. 澳大利亚

新基因技术管理办公室和新食品标准局两个部门负责执行转基因生物的安全评价，主要分为从事环境释放与不涉及释放的活动。转基因生物可能导致的危害按照程度从大到小分 4 个级别：重大、中级、较小和非常小。与基因技术相关活动的风险从大到小分为 4 个级别：高、中、低、忽略。

在从事转基因生物研发和生产活动时，必须按照转基因生物风险级别实施报告或审批管理。审批时限分为两类：不涉及释放的活动的申请需 90 个工作日。从事环境释放的申请，对于限制性和可控释放的需 150 个工作日，发现有显著风险需 170 个工作日，限制性和可控释放以外申请需 255 个工作日。免费申请转基因证书，但在履行基因技术专员职责过程中，基因技术专员可收取服务费用。

4. 巴西

国家生物安全技术委员会或生物安全理事会作出批准决定后，动物、农业生产及相关领域的转基因生物及其产品的注册、审批和监控由农业部负责执行，水产养殖和渔业的转基因生物及其产品予以注册和批准由总统办公室水产养殖和渔业特别秘书处负责执行。一般 120 个工作日内完成审批。

5. 阿根廷

（1）最初的评估阶段

目的是确定对环境影响的潜力不显著，就转基因植物的试验释放而言，考虑批准温室和田间测试。

（2）第二评估阶段

大规模释放，需要表明转基因释放对环境的影响与非转基因对应物所产生的影响没有显著差异，可以在原料开发时的任意时间内进行，这是批准转基因生物市场化的必要阶段。

（3）在未来转基因生物释放到环境中时需要提供的信息

待播种、浅播材料的量和日期、释放的位置、材料收获与有效精选的量和日期、拟进行释放的生物安全性条件。

6. 加拿大

分实验研究和环境释放两个环节。其中转基因生物的实验研究无须经过审批，研发者需要按照卫生部和食品监督局相关规定和指南申请，获得批准后方可开展环境释放。环境释放根据试验目的和控制条件，分限制性释放和非限制性释放。以科研为目的是限制性释放，采取隔离措施在限制性条件下进行环境释放，对收获材料同时限制使用。以商业化为目的是非制性释放，批准后种植与使用材料可不受限制，转基因产品商业化的必要条件是申请非限制性释放。在加拿大，转基因产品上市前需经过以下 3 个审批步骤。

（1）提交申请

在提交申请前，申请单位向卫生部和食品监督局进行咨询，事先确认材料的提交是否满足所有评估标准。申请单位在认为提供的材料符合政府相关法规指南的要求，并且能够充分证明转基因产品的安全性时，提出正式申请。

（2）安全评估

卫生部和食品监督局从食品安全性、环境安全性和饲用安全性 3 方面开展评估。卫生部新食品处负责执行转基因食品安全评估。食品监督局的植物生物安全办公室和饲料处分别负责执行转基因产品的环境安全评估与饲用安全评估，与食品安全评估程序相似。

（3）批准

在完成食品安全性、环境安全性和饲用安全性评估的基础上，由卫生部和食品监督局决定是否批准审查的产品。转基因产品批准上市后，在种植上不再监管，在运输、仓储各个环节对不再区分。

7. 日本

根据转基因生物的特性和用途，将安全管理分实验室研究阶段、食品安全评价、饲料安全评价和环境安全评价。

（1）实验室研究阶段

依据《重组 DNA 实验准则》，文部科学省对实验室及封闭温室内的转基因生物研究进行规范。根据文部科学省的规定，研究单位结合实际情况，成立转基因生物安全管理委员会，制定转基因生物安全管理实施细则来规范其研究工作。

（2）食品安全评价

依据《转基因食品和食品添加剂安全评价指南》，厚生劳动省和内阁办公室对食品和食品添加剂实施安全评价。厚生劳动省负责执行受理安全评价申请，日本内阁办公室的食品安全委员负责执行安全评价，厚生劳动省将评价结果反馈给申请单位。

（3）饲用安全评价

依据《转基因饲料安全评价指南》《在饲料中应用重组 DNA 生物体的安全评估指南》，由农林水产省和内阁办公室对饲料和饲料添加剂执行安全评价，与转基因食品评价程序类似。

（4）环境安全评价

依据《在农业、林业、渔业、食品工业和其他相关部门应用重组 DNA 生物指南》，农林水产省执行环境安全评价。分两个阶段进行：一是隔离条件下进行试验；二是开放环境下种植，批准获得后可以申请用作食品和饲料。

8. 韩国

需要通过环境风险和食品安全评估。由多家机构共同参与评估工作，其中对饲料中的转基因成分进行环境风险评估由农村发展管理局负责，并与国家环境研究所、渔业研究开发所和疾病预防控制中心协商执行。粮食中转基因成分的安全评估由食品药品管理局负责，并与农村发展管理局、国家环境研究所和国家渔业研究开发所协商执行。审批类别包括完全批准和有条件批准两类。完全批准发放给用于人类食用的转基因作物的进口和商业化生产；有条件批准用于非人类食用而商业化种植的作物。

在韩国，转基因产品上市前需经过以下两个审批步骤。安全性审查为第 1 阶段。由农村发展管理局和食品药品管理局分别从食品和环境两个方面进行安全性审查。征求公众意见为第 2 阶段。农村发展管理局和食品药品管理局在网站上将审查结果公示，无意见后批准并通知研发者。

9. 印度

开展转基因技术研究较早、水平较高，是全球第一大转基因棉花生产国，种植抗虫棉为农民带来了可观的经济效益。安全审批分 3 步。

（1）审查申请

研究与应用的机构单位均成立生物安全委员会，成员包含科技部委派人员以及本机构的科学家。生物安全委员会负责执行审查本机构所有转基因生物安全的研究开发申请，评价研究水平和可操作程度。审查合格后再向科技部下设的遗传操作审查委员会提交申请。

（2）安全评价

转基因植物上市前的安全评价需要进行封闭试验和田间 1 级、2 级试验 3 个阶段的试验。

封闭试验（实验室和温室实验）：申请单位前期在实验室和温室进行的研发试验由生物安全委员会批准并审核。

田间试验：田间试验分为生物安全研究 1 级试验和生物安全研究 2 级试验。1 级试验由遗传操作审查委员会负责审批，试验规模为每个试验点不超过 6.1 亩，总共不超过121.4 亩，2 级试验由环境与林业部下设的基因工程审批委员会审批，单个试验点面积 ≤ 15.2 亩，依转化体个数确定总面积。基因工程审批委员会采取以转化事件为基础的体系审批，审核转化事件 / 性状的效率，评价时对环境和食 / 饲用安全性进行侧重。商业化转基因产品批准之前，要在国家农业大学或农业研究理事会的监督指导下在田间进行农艺学评价，形成系统的农艺性状数据报告，并且向基因工程审批委员会推荐拟商业化的转基因作物。

（3）批准

申请单位完成试验后向基因工程审批委员会提交安全证书申请，基因工程审批委员会发放安全证书并批准商业化释放。

第二节 农业转基因生物安全管理

世界上主要国家对农业转基因生物及其产品的安全管理基本上都采取了行政法规和技术标准相结合的方式。在具体管理模式上，大体可分为三类。一是以产品的用途和特性为基础的管理。以美国为代表，对转基因生物的管理是依据产品的用途和特性来进行，是在原有法规的基础上增补有关条款和内容，由分管部门按照各自的职能分别制定相应的管理规章和指南，并随着生物技术的发展不断补充完善。二是以研发过程为基础的管理。以欧盟为代表，注重生物产品从实验室到餐桌过程中是否采用了转基因技术及其影响。主要考虑转基因操作及其产品开发过程中可能存在的危险和潜在风险，专门制定法规，并建立转基因生物安全评价、检测与监测技术体系。三是中间管理模式。我国属于这一模式，即对产品有关过程进行评估，兼顾生物产品与研发过程的安全性。

我国建立了涉及各环节的安全监管体系。国务院建立了部际联席会议制度，由农业农村部牵头，由农业、科技、食药、卫生、商务、环保、检验检疫等部门组成，主要研究农业转基因生物安全评价和管理工作中的重大问题。农业农村部设立了领导小组和农业转基因生物安全管理办公室，负责全国范围内的农业转基因生物安全评价、监督管理、体系建设、标准制定、进口审批和标识管理。出入境检验检疫部门负责进出口转基因生物安全的监督管理工作。县级以上的农业行政主管部门负责本区域内转基因生物的监督管理、生产与加工审批，其管理机构设在各省农业转基因生物安全管理办公室（各省农业主管部门科教处）。

一、进口安全管理

依据用于研究与试验、用于生产和用作加工原料3种用途对进口农业转基因生物实施安全审批管理。从收到申请起60日内，农业转基因生物安全管理办公室必须给出受理或不受理的答复意见。农业农村部、出入境检验检疫部门收到申请270日内，必须作出批准或不批准的决定，并通知申请人或申请单位。

（一）用于研究与试验的、用于生产的

第一，境外公司或引进单位对所从事的农业转基因生物活动进行安全性评价，准备有关申报材料并填写农业转基因生物安全申报书和进口安全管理登记表。

第二，境外公司负责人或引进单位转基因生物安全小组组织申报材料的技术审查并填写单位审查意见。

第三，境外公司或引进单位拟申请实验研究和中间试验的，需把申报材料报至农业转基因生物安全管理办公室；拟申请环境释放、生产性试验和安全证书的，获得实施省（区、市）农业行政主管部门的审核意见后报至农业转基因生物安全管理办公室。实施省农业行政主管部门收到申报材料后必须在15个工作日内出具审核意见。审核内容主

要包括试验地点基本情况真实性、安全控制措施实施的可能性。

第四，农业农村部组织国家农业转基因生物安全委员会进行安全评价。根据国家农业转基因生物安全委员会的评审意见和《农业转基因生物安全评价管理办法》规定，农业转基因生物安全管理办公室起草进口批准文件（安全审批书或安全证书），主管部长签发，同时抄送至相关省农业农村行政主管部门、部内有关司局和国家市场监督管理总局。

第五，境外公司或引进单位凭进口批准文件（安全审批书或安全证书）向相关部门办理手续。

（二）用作加工原料的

1. 进口用作加工的农业转基因生物原料

境外公司向农业转基因生物安全管理办公室提出农业转基因生物安全证书领取申请。申请资料：进口安全管理登记表、申报书、已允许作为相应用途并投放市场的证明文件、经科学试验证明无害的资料、出口过程拟采取的安全防范措施。农业转基因生物安全管理办公室审查申请资料。审查合格后，农业转基因生物安全管理办公室出具允许进行安全评价检测的批件，申请人持批件向相关部门办理检测材料入境手续。国内有资质检测机构受境外公司委托，依据国家相关规定要求进行环境安全评价（检测指标：生存竞争力、基因漂移、杂草化、对靶标与非靶标生物的影响）和食品安全评价检测（检测指标：抗营养因子和大鼠喂养）。

境外公司向农业转基因生物安全管理办公室提交有关环境安全评价和食品安全评价检测报告。国家农业转基因生物安全委员会对申请材料进行安全评价。安全评价合格，由农业农村部核准颁发农业转基因生物安全证书，并抄送国家市场监督管理总局。申请人持安全证书和批准文件，依法办理有关手续。申请人首次获批农业转基因生物安全证书后，再次出口农业转基因生物，符合同一种农业转基因生物条件的，简化安全评价手续。

2. 进口转基因农产品的安全评价管理程序

由境外公司向农业转基因生物安全管理办公室提出领取转基因农产品的生物安全证书申请。以下资料须提供：转基因生物原料的生物安全证书复印件、进口安全管理登记表、原料到产品的加工过程和影响安全性的资料、拟采取的安全防范措施。农业转基因生物安全管理办公室审核资料，必要时农业转基因生物安全委员会实施安全评价。根据评价意见，农业农村部在270日内作出发放或不发放证书的决定。境外公司持安全证书向有关部门办理手续。

二、转基因标识管理

（一）转基因标识内涵

标识是传递产品信息的基本载体，用于识别产品及其数量、特征特性及使用方法，可以用文字、数字、符号、图案以及其他说明物等表示。生产者通过标识向消费者传递产品信息、做出质量承诺。转基因标识表明了产品含有转基因成分或由转基因生物生产加工而成。转基因标识同无糖饮料、清真食品、全脂牛奶等标识一样，与安全性并无对应关系，是帮助消费者了解产品属性。转基因标识不属于安全指示，旨在保障消费者知情权和选择权。

自 1994 年首例转基因番茄上市以来，转基因产品以多种形式融入人们的生活。转基因产品是否应该标注、如何标注这些话题受到了社会公众的关注，同时转基因产品标识管理在不同国家和地区也存在一些差异。

（二）中国转基因标识管理

1. 管理要求

根据相关规定和管理办法，目前我国对农业转基因生物实行的是定性、强制性目录标识制度。农业转基因生物凡是列入标识管理目录并用于销售的应当进行标识，国务院农业行政主管部门商国务院有关部门制定、调整和公布标识目录。

根据《中华人民共和国食品安全法》要求，转基因食品生产经营按照规定应当显著标示。县级以上人民政府食品药品监督管理部门依法对转基因食品生产经营未按规定标示的执行处罚。

2. 标注方式

按照《农业转基因生物标识管理办法》规定，转基因生物标识主要有 3 种方式。

一是标注"转基因 ××"：转基因动植物和微生物，转基因动植物、微生物产品，含有转基因动植物、微生物或其产品成分的种子、种畜禽、水产苗种、肥料、农药、兽药和添加剂等产品。

二是标注"转基因 ×× 加工品（制成品）"或"加工原料为转基因 ××"：转基因农产品的直接加工品。

三是标注"本产品为转基因 ×× 加工制成，但本产品中已不再含有转基因成分"、"本产品加工原料中有转基因 ××，但本产品中已不再含有转基因成分"：用农业转基因生物或用含有农业转基因生物成分的产品加工制成的产品，但最终销售产品中已不再含有或检测不出转基因成分的产品。

国家于 2007 年发布标准《农业转基因生物标签的标识》，对标识位置、颜色、规格等内容进一步规范。标准规定应直接在产品标签上标识，并且与产品的配料清单或原料组成紧邻，如果无配料清单和原料组成的则在产品名称附近标注。

当产品包装的最大表面积 ≥ 10 cm²，文字高度 ≥ 1.8 mm 时，标识 ≥ 产品标签中其他最小强制性标示的文字。当产品包装的最大表面积 < 10 cm² 时，标识文字规格 ≥ 产品标签中其他最小强制性标示的文字。标识文字颜色与标签强制标示文字颜色相同。当不相同时，文字颜色与标签的底色应有显著差异，不能使消费者难以识别。

3. 审查认可程序

列入农业转基因生物标识目录的在中国境内销售都应标识。境外公司向中国境内出口实施标识管理的，向农业农村部提出标识审查认可申请；国内个人或单位生产、销售实施标识管理，应当向所在地县级以上行政主管部门提出标识审查认可申请，再进行批准后使用。

以下材料申请标识审查认可时提供：标识审查认可申请表、标签式样、标识说明、运输过程中标识使用说明、农业农村部颁发的农业转基因生物安全证书和相关批准文件复印件、其他相关批准文件、其他材料等。

农业农村部和县级以上农业行政主管部门收到审查申请后，需检查申请材料是否齐备、完整、真实、可靠，标识内容与农业转基因生物安全证书是否一致，内容和格式与所生产、销售的产品特点特性是否符合，标识是否清晰、醒目，标识与标签是否协调，标识中文是否规范，标识与其他相关批准文件的一致性，并且在30日内做出审查决定。

在每月10日前，县级以上行政主管部门将上月所批准的标识审查认可申请及批准文件报省农业行政主管部门备案；在每季度末，省农业行政主管部门将本省申请审批结果汇总并报农业农村部备案，农业农村部将标识审查认可申请审批结果抄送有关部门。

通过审查认可的有下列情况之一，仍需按程序重新办理手续：农业转基因生物安全证书有效期已满的；标识式样变更的；审查认可已注销；其他原因。

通过审查认可后有下列情况之一，需注销：已被撤销农业转基因生物安全证书的；应当重新办理标识审查认可申请而未申请或重新审查认可未经批准的；产品已责令停止生产、销售的；标识行为违法，立案查处的。

（三）国外转基因标识管理

1. 美国

2016年7月，美国为避免各州各自为政及部分州与联邦法规不统一的现象，通过了《国家生物工程食品信息披露标准》，由联邦政府统一强制标识，规定了转基因标识可采取文字、符号等任意一种标注方法，较小规模的公司提供电话号码或网址的方法为消费者提供信息。

2. 欧盟

欧盟转基因产品标识制度根据标识对象分为成分关注型和过程关注型两类。成分关注是以最终产品中外源DNA或蛋白质的含量为标识依据，过程关注而是以产品在加工、生产过程中是否采用转基因原料为依据。欧盟成员国对上市的转基因食品必须标识转基因，内容主要包含转基因生物的来源、过敏性、不同于传统食品的特性以及伦理学考虑等。2003年《转基因食品及饲料条例》和《转基因生物追溯性及标识办法以及含转基因生物物质的食品及饲料产品的追溯性条例》规定各阶段含转基因生物、由转基因生物组成的转基因产品及由转基因生物制成的转基因食品和转基因饲料均需要进行标识。如果食品中偶然混入转基因成分的情况的或者技术上不可避免的，当转基因成分的含量低于0.9%时，可以不进行标识。

3. 澳大利亚

澳大利亚《食品标准法典》规定：转基因食品是指转基因产品或含有转基因产品成分的食品，含有新基因（蛋白）或某种特性改变，但不包括：精炼食品；加工助剂或食品添加剂含转基因成分的，但最终产品中不含转基因成分；调味品转基因成分 < 1 g/kg；无意混杂的食品转基因成分 < 10 g/kg。包装说明书配料组分资料中需要标注"转基因"或"来源于转基因××"。在非转基因食品包装上不要求做任何与转基因

相关的说明。

4. 阿根廷

实施自愿标识制度，在转基因产品标识方面没有具体的法规。阿根廷对国际市场中标识的态度是，标识应依据具体转基因食品特性，与常规食品实质等同的转基因食品不应强制标识。如在某些特性上转基因食品与常规食品不实质等同，可按其食品特征加贴标识。

5. 加拿大

沿用传统标识管理法规，并制定补充规定，采用自愿标识制度。2004年，加拿大标准委员会将《转基因和非转基因食品自愿标识和广告标准》作为国家标准。标准规定如下：准许食品标签和广告词涉及使用或未使用转基因的信息，但前提是声称必须真实、无误导性、无欺骗性、不会给食品的品质、价值、成分、优点或安全性造成错误印象，并符合《食品和药品法》《消费者包装和标签法》《竞争法》《食品和药品法规》《消费者包装和标签法规》和任何其他相关法律法规以及《食品标签与广告指南》中规定的所有其他监管要求；该标准并非意味着其涵盖的产品存在健康或安全隐患；在标签上声称非转基因，代表转基因生物无意混杂水平在5%以下；适用于食品的自愿标识和广告，目的是明确这类食品是转基因产品、还是含或不含转基因成分，无论食品或成分是否含DNA或蛋白质；适用于以包装或散装形式销售的食品以及在销售点销售的食品的标识和广告；不适用于加工辅料、少量使用的酶制剂、微生物培养基质、兽用生物制品及动物饲料。

6. 日本

日本对转基因食品采取按目录强制标识制度。对已经通过安全性认证的大豆、马铃薯、玉米、棉籽、油菜籽转基因农产品及以这些农产品为主要原料、加工后仍然残留重组DNA或由其编码的蛋白质的食品，制定了具体标识方法。

目前共有33种产品进行标注。日本规定产品中主要原料的转基因生物含量大于5%时需标注，其中主要原料是指原材料中含量高并排前3，且占原材料重量比例在5%以上。

7. 国际组织转基因标识管理

在各国构建转基因标识制度的同时，国际组织也开始建立转基因标识的协调机制。2000年1月《卡塔赫纳生物安全议定书》在国际法层面专门首次对转基因的标识进行了阐述，规定必须标识含有活性转基因生物的产品，认为可能对人类及环境构成威胁的转基因产品各国有权禁止进口。世界贸易组织要求转基因产品标识管理制度符合《技术性贸易壁垒协议》精神，并将标识纳入技术贸易措施加到了谈判以及制定规则的范围讨论。

第三节　转基因相关法律法规

一、首部转基因法规

美国是最早开展生物安全研究和立法的国家。世界上首部关于转基因生物安全管理的技术法规《重组 DNA 分子研究准则》，在 1976 年由美国国立卫生研究院制定，在美国转基因生物研究与监督管理方面发挥了重要的作用，并且为各国转基因生物安全法律法规体系的形成奠定了坚实的基础。

《重组 DNA 分子研究准则》是对转基因生物技术及制品进行建构和操作实践的详细说明，包括了一系列安全措施。准则设立了 DNA 活动办公室、重组 DNA 咨询委员会、和生物安全委员会等机构，负责为重组 DNA 活动提供咨询服务，确定重组 DNA 试验的安全级别并监督安全措施的实施。按照潜在危险性程度，准则将重组 DNA 试验分成 4 个级别。

危险性最大：在开始前就须经重组 DNA 咨询委员会进行特别评估，并由生物安全委员会、项目负责人和国立卫生研究院批准的重组 DNA 试验。

危险性较大：经生物安全委员会批准的重组 DNA 试验。

危险性较小：在开始时向生物安全委员会通报，无须批准。

无危险：无须批准或通报，免受准则的约束。

该准则颁布后，对美国的转基因生物研究与监督管理发挥了重要作用，成了美国研究机构和企业进行重组 DNA 试验的行动指南。当时由于对此项技术可能导致的风险估计过于严重，而对该技术进行了严格限制，之后多次修改，大多数原有限制性条款被简化放宽。但美国基因工程农产品的商品化仍须经过农业部等相关部门的层层严格审批。之后多个国家如德国、法国、英国相继制定了同类准则，该准则也成为各国转基因生物安全法律法规体系的基础。

二、中国转基因相关法律法规

我国对转基因的方针是研究上要大胆，坚持自主创新；推广应用上要慎重，确保安全；管理上要严格，要严格依法监管。结合我国国情，借鉴先进国家组织做法，目前制定了《中华人民共和国生物安全法》《农业转基因生物安全管理条例》《农业转基因生物安全评价管理办法》《农业转基因生物进口安全管理办法》《农业转基因生物标识管理办法》《农业转基因生物加工审批办法》《进出境转基因产品检验检疫管理办法》《农业用基因编辑植物安全评价指南（试行）》等一系列的法律法规、技术规则和管理体系，为我国转基因安全管理提供法律依据。

（一）《中华人民共和国生物安全法》解读

《中华人民共和国生物安全法》（以下简称《生物安全法》）于 2020 年 10 月 17 日第十三届全国人民代表大会常务委员会第二十二次会议通过，于 2021 年 4 月 15 日起施行，旨在维护国家安全，防范和应对生物安全风险，保障人民生命健康，保护生物资源和生态环境，促进生物技术健康发展，推动构建人类命运共同体，实现人与自然和谐共生。

《生物安全法》分设专章，对重大新发突发传染病、动植物疫情、生物技术研究、开发与应用、病原微生物实验室生物安全、人类遗传资源和生物资源安全、生物恐怖袭击和生物武器威胁等生物安全风险作出了明确规定。

《生物安全法》法律适用范围主要为：一是防控重大新发突发传染病、动植物疫情；二是生物技术研究、开发与应用；三是病原微生物实验室生物安全管理；四是人类遗传资源与生物资源安全管理；五是防范外来物种入侵与保护生物多样性；六是应对微生物耐药；七是防范生物恐怖袭击与防御生物武器威胁；八是其他与生物安全相关的活动。

《生物安全法》在管理体制上明确实行"协调机制下的分部门管理体制"，以统筹协调8个方面的行为要素和行为流程，在充分发挥分部门管理的基础上，对争议问题、需要协调的问题，由协调机制统筹解决。一是中央国家安全领导机构负责国家生物安全工作的决策和议事协调，研究制定、指导实施国家生物安全战略和有关重大方针政策，统筹协调国家生物安全的重大事项和重要工作，建立国家生物安全工作协调机制。省、自治区、直辖市建立生物安全工作协调机制，组织协调、督促推进本行政区域内生物安全相关工作。二是国家生物安全工作协调机制由国务院卫生健康、农业农村、科学技术、外交等主管部门和有关军事机关组成，分析研判国家生物安全形势，组织协调、督促推进国家生物安全相关工作。国家生物安全工作协调机制设立办公室，负责协调机制的日常工作，国家生物安全工作协调机制成员单位和国务院其他有关部门根据职责分工，负责生物安全相关工作。三是国家生物安全工作协调机制设立专家委员会，为国家生物安全战略研究、政策制定及实施提供决策咨询。国务院有关部门组织建立相关领域、行业的生物安全技术咨询专家委员会，为生物安全工作提供咨询、评估、论证等技术支撑。四是地方各级人民政府对本行政区域内生物安全工作负责。县级以上地方人民政府有关部门根据职责分工，负责生物安全相关工作，基层群众性自治组织应当协助地方人民政府以及有关部门做好生物安全风险防控、应急处置和宣传教育等工作。有关单位和个人应当配合做好生物安全风险防控和应急处置等工作。

生物安全立法的重要任务就是依法确定国家生物安全管理的各项基本制度，在制度设置上，主要有9个：一是生物安全风险调查评估制度。二是生物安全信息共享制度。三是生物安全信息发布制度。四是生物安全名录和清单制度。五是生物安全标准制度。六是生物安全审查制度。七是统一领导、协同联动、有序高效的生物安全应急制度。八是生物安全事件调查溯源制度。九是境外重大生物安全事件应对制度。

《生物安全法》设立法律责任专章，规定了对国家公职人员不作为或者不依法作为的处罚规定，这些处罚规定针对相应的职责，明确了相应的行政处罚以及相关刑事责任和民事责任。

（二）国务院颁布的涉及转基因管理的相关法规

《农业转基因生物安全管理条例》于2001年5月制定，2010年12月、2017年10月先后两次修订，旨在适应转基因管理在新时期的发展需求，加强管理，促进农业转基因生物技术研究，保障人体健康和动植物、微生物安全，保护生态环境。

《农业转基因生物安全管理部际联席会议制度》于2007年10月颁布，明确农业转基因生物安全管理部际联席会议由12个部门负责人组成，并负责研究和协调农业转基因生物安全管理工作中的重大问题，同时明确了工作规则和工作要求。

（三）原农业部、农业农村部颁布的涉及转基因管理的相关法规

《农业转基因生物安全评价管理办法》（2002年1月5日农业部令第8号公布，2004年7月1日农业部令第38号、2016年7月25日农业部令2016年第7号、2017年11月30日农业部令2017年第8号、2022年1月21日农业农村部令2022年第2号修订）。该办法对农业转基因生物在人类、动植物、微生物和生态环境构成的危险或者潜在的风险进行评价。安全评价工作以科学为依据，分植物、动物、微生物3类，按照以个案审查原则，实施分级分阶段管理。

《农业转基因生物进口安全管理办法》于2002年1月由农业部颁布，在2004年7月，2017年11月先后两次修订，适用于在我国境内从事农业转基因生物进口活动的安全管理。

《农业转基因生物标识管理办法》于2002年1月由农业部颁布，在2004年7月，2017年11月先后两次修订。由国务院农业行政主管部门商国务院有关部门制定、调整和公布实施标识管理的农业转基因生物目录。凡是列入标识管理目录并用于销售的农业转基因生物应标识；不得进口或销售未标识和不按规定标识的农业转基因生物。

《农业转基因生物加工审批办法》（以下简称《办法》）于2006年1月由农业部颁布。《办法》中的"农业转基因生物加工"，是指以具有活性的农业转基因生物为原料，生产农业转基因生物产品的活动。凡在我国境内从事农业转基因生物加工的单位和个人，应取得加工所在省级农业行政主管部门颁发的《农业转基因生物加工许可证》。

《农业用基因编辑植物安全评价指南（试行）》（以下简称《指南》）于2022年1月由农业农村部颁布。制定《指南》，主要针对没有引入外源基因的基因编辑植物，依据可能产生的风险申请安全评价。

（四）原国家卫生和计划生育委员会颁布的涉及转基因管理的相关法规

原卫生部制定了《转基因食品卫生管理办法》，于2002年7月施行。原卫生部2006年12月部务会议讨论通过《新资源食品管理办法》，于2007年12月施行。其中"第二十七条转基因食品和食品添加剂的管理依照国家有关法规执行"，同时废止《转基因食品卫生管理办法》，2013年5月31日，原国家卫生和计划生育委员会令第1号公布《新食品原料安全性审查管理办法》（以下简称《办法》）。该《办法》第二十四条决定，废止原卫生部2007年12月1日公布的《新资源食品管理办法》。

（五）原国家质量监督检验检疫总局颁布的涉及转基因管理的相关法规

《进出境转基因产品检验检疫管理办法》于2004年5月施行，该办法对通过各种方式（包括贸易、来料加工、邮寄、携带、生产、代繁、科研、交换、展览、援助、赠送以及其他方式）进出境的转基因产品的检验检疫适用。

（六）原国家林业局颁布的涉及转基因管理的相关法规

《开展林木转基因工程活动审批管理办法》于 2006 年 7 月施行，该办法对林木转基因工程活动，包括转基因林木的研究、试验、生产、经营和进出口活动进行规范管理。

（七）其他法律法规中涉及转基因管理的相关条文

1.《中华人民共和国种子法》

《中华人民共和国种子法》于 2000 年 7 月 8 日通过。其中对转基因品种的选育、试验、审定和推广规定：转基因植物品种的选育、试验、审定和推广应当进行安全性评价，并采取严格的安全控制措施。对转基因种子销售标注规定：销售转基因植物品种种子的，必须用明显的文字标注，并应当提示使用时的安全控制措施。对引进转基因植物品种规定：从境外引进农作物、林木种子的审定权限，农作物、林木种子的进口审批办法，引进转基因植物品种的管理办法，由国务院规定。2004 年 8 月、2013 年 6 月先后两次对《中华人民共和国种子法》进行修订，均未对转基因品种相关条款做出相关修订。2015 年 11 月第十二届全国人民代表大会常务委员会第十七次会议，对转基因品种的选育、试验、审定和推广作出了修订：转基因植物品种的选育、试验、审定和推广应当进行安全性评价，并采取严格的安全控制措施。国务院农业、林业主管部门应当加强跟踪监管并及时公告有关转基因植物品种审定和推广的信息。具体办法由国务院规定，其他关于涉及转基因品种的条款未做修订。

2.《中华人民共和国畜牧法》

《中华人民共和国畜牧法》于 2005 年 12 月通过。其中对转基因畜禽品种的培育、试验、审定和推广规定：转基因畜禽品种的培育、试验、审定和推广，应当符合国家有关农业转基因生物管理的规定。

3.《中华人民共和国农产品质量安全法》

《中华人民共和国农产品质量安全法》于 2006 年 4 月通过。其中对农业转基因生物农产品的标识规定：属于农业转基因生物的农产品，应当按照农业转基因生物安全管理的有关规定进行标识。

4.《中华人民共和国食品安全法》

《中华人民共和国食品安全法》于 2009 年 2 月发布，对转基因食品规定：乳品、转基因食品、生猪屠宰、酒类和食盐的食品安全管理，适用本法；法律、行政法规另有规定的，依照其规定。该安全法于 2015 年 4 月修订，对转基因标示规定：生产经营转基因食品应当按照规定显著标示。对生产经营转基因食品未按规定进行标示的处罚作出规定：由县级以上人民政府食品药品监督管理部门没收违法所得和违法生产经营的食品、食品添加剂，并可以没收用于违法生产经营的工具、设备、原料等物品；违法生产经营的食品、食品添加剂货值金额不足一万元的，并处五千元以上五万元以下罚款；货值金额一万元以上的，并处货值金额五倍以上十倍以下罚款；情节严重的，责令停产停业，甚至吊销许可证。

5.《农药管理条例实施办法》

《农药管理条例实施办法》（以下简称《实施办法》）于 1999 年 4 月颁布，其对《农药管理条例》所称农药进行解释，其中第四项作出如下规定：利用基因工程技术引入抗病、虫、草害的外源基因改变基因组构成的农业生物，适用《农药管理条例》和本《实施办法》。2002 年 7 月农业部将该条款调整为第四十三条，未对条款内容进行修订，2004 年 7 月将该条款调整为第四十四条，2007 年 12 月未对该条款进行修订。

6.《兽药注册办法》

《兽药注册办法》于 2004 年 11 月通过，规定了不予受理的 4 种新兽药注册申请，其中第二项规定：经基因工程技术获得，未通过生物安全评价的灭活疫苗，诊断制品之外的兽药。

7.《出入境人员携带物检疫管理办法》

《出入境人员携带物检疫管理办法》于 2012 年 6 月通过，对携带农业转基因生物入境规定：携带农业转基因生物入境的，携带人应当向检验检疫机构根据《农业转基因生物安全证书》和输出国家或者地区官方机构出具的检疫证书。列入农业转基因生物标识目录的进境转基因生物，应当按照规定进行标识，携带人还应当提供国务院农业行政主管部门出具的农业转基因生物标识审查认可批准文件。对携带农业转基因生物入境，不能提供农业转基因生物安全证书和相关批准文件的情况规定：携带农业转基因生物入境，不能提供农业转基因生物安全证书和相关批准文件的，或者携带物与证书、批准文件不符的，作限期退回或者销毁处理。进口农业转基因生物未按照规定标识的，重新标识后方可入境。

8.《主要农作物品种审定办法》

《主要农作物品种审定办法》（2016 年 7 月 8 日农业部令 2016 年第 4 号公布，2019 年 4 月 25 日农业农村部令 2019 年第 2 号、2022 年 1 月 21 日农业农村部令 2022 年第 2 号修订），转基因主要农作物品种应当提供转化体相关信息，包括目的基因、转化体特异性检测方法；转化体所有者许可协议；依照《农业转基因生物安全管理条例》第十六条规定取得的农业转基因生物安全证书；有检测条件和能力的技术检测机构出具的转基因目标性状与转化体特征特性一致性检测报告；非受体品种育种者申请品种审定的，还应当提供受体品种权人许可或者合作协议。

9.《农作物种子生产经营许可管理办法》

《农作物种子生产经营许可管理办法》（2016 年 7 月 8 日农业部令 2016 年第 5 号公布，2017 年 11 月 30 日农业部令 2017 年第 8 号、2019 年 4 月 25 日农业农村部令 2019 年第 2 号、2020 年 7 月 8 日农业农村部令 2020 年第 5 号、2022 年 1 月 7 日农业农村部令 2022 年第 1 号、2022 年 1 月 21 日农业农村部令 2022 年第 2 号修订），申请领取转基因农作物种子生产经营许可证的企业，应当具备农业转基因生物安全管理人员 2 名以上；种子生产地点、经营区域在农业转基因生物安全证书批准的区域内；有符合要求的隔离和生产条件；有相应的农业转基因生物安全管理、防范措施；农业农村部规定的其他条件。从事农作物种子进出口业务以及转基因农作物种子生产经营的，其种子生产经营许可证由农业农村部核发。

10.《中华人民共和国畜肉遗传资源进出境和对外合作研究利用审批办法》

《中华人民共和国畜禽遗传资源进出境和对外合作研究利用审批办法》于 2008 年 8 月通过，规定从境外引进畜禽遗传资源需具备的条件之一：符合进出境动植物检疫和农业转基因生物安全的有关规定，不对境内畜禽遗传资源和生态环境安全构成威胁。

11.《水生生物增殖放流管理规定》

《水生生物增殖放流管理规定》于 2009 年 3 月通过。对增殖放流的亲体规定：用于增殖放流的亲体、苗种等水生生物应当是本地种。苗种应当是本地种的原种或者子一代，确需放流其他苗种的，应当通过省级以上渔业行政主管部门组织的专家论证。禁止使用外来种、杂交种、转基因种以及其他不符合生态要求的水生生物物种进行增殖放流。

12.《农业植物品种命名规定》

《农业植物品种命名规定》（2012 年 3 月 14 日农业部令 2012 年第 2 号公布，2022 年 1 月 21 日农业农村部令 2022 年第 2 号修订），申请农作物品种审定、品种登记和农业植物新品种权的农业植物品种及其直接应用的亲本的命名，应当遵守本规定。通过基因工程技术改变个别性状的品种，其品种名称与受体品种名称相近似的，应当经过受体品种育种者同意。

附　录

附录1　中华人民共和国生物安全法

第一章　总则

第一条　为了维护国家安全，防范和应对生物安全风险，保障人民生命健康，保护生物资源和生态环境，促进生物技术健康发展，推动构建人类命运共同体，实现人与自然和谐共生，制定本法。

第二条　本法所称生物安全，是指国家有效防范和应对危险生物因子及相关因素威胁，生物技术能够稳定健康发展，人民生命健康和生态系统相对处于没有危险和不受威胁的状态，生物领域具备维护国家安全和持续发展的能力。

从事下列活动，适用本法：

（一）防控重大新发突发传染病、动植物疫情；

（二）生物技术研究、开发与应用；

（三）病原微生物实验室生物安全管理；

（四）人类遗传资源与生物资源安全管理；

（五）防范外来物种入侵与保护生物多样性；

（六）应对微生物耐药；

（七）防范生物恐怖袭击与防御生物武器威胁；

（八）其他与生物安全相关的活动。

第三条　生物安全是国家安全的重要组成部分。维护生物安全应当贯彻总体国家安全观，统筹发展和安全，坚持以人为本、风险预防、分类管理、协同配合的原则。

第四条　坚持中国共产党对国家生物安全工作的领导，建立健全国家生物安全领导体制，加强国家生物安全风险防控和治理体系建设，提高国家生物安全治理能力。

第五条　国家鼓励生物科技创新，加强生物安全基础设施和生物科技人才队伍建设，支持生物产业发展，以创新驱动提升生物科技水平，增强生物安全保障能力。

第六条　国家加强生物安全领域的国际合作，履行中华人民共和国缔结或者参加的国际条约规定的义务，支持参与生物科技交流合作与生物安全事件国际救援，积极参与生物安全国际规则的研究与制定，推动完善全球生物安全治理。

第七条　各级人民政府及其有关部门应当加强生物安全法律法规和生物安全知识宣传普及工作，引导基层群众性自治组织、社会组织开展生物安全法律法规和生物安全知识宣传，促进全社会生物安全意识的提升。

相关科研院校、医疗机构以及其他企业事业单位应当将生物安全法律法规和生物安全知识纳入教育培训内容，加强学生、从业人员生物安全意识和伦理意识的培养。

新闻媒体应当开展生物安全法律法规和生物安全知识公益宣传，对生物安全违法行为进行舆论监督，增强公众维护生物安全的社会责任意识。

第八条 任何单位和个人不得危害生物安全。

任何单位和个人有权举报危害生物安全的行为；接到举报的部门应当及时依法处理。

第九条 对在生物安全工作中做出突出贡献的单位和个人，县级以上人民政府及其有关部门按照国家规定予以表彰和奖励。

第二章 生物安全风险防控体制

第十条 中央国家安全领导机构负责国家生物安全工作的决策和议事协调，研究制定、指导实施国家生物安全战略和有关重大方针政策，统筹协调国家生物安全的重大事项和重要工作，建立国家生物安全工作协调机制。

省、自治区、直辖市建立生物安全工作协调机制，组织协调、督促推进本行政区域内生物安全相关工作。

第十一条 国家生物安全工作协调机制由国务院卫生健康、农业农村、科学技术、外交等主管部门和有关军事机关组成，分析研判国家生物安全形势，组织协调、督促推进国家生物安全相关工作。国家生物安全工作协调机制设立办公室，负责协调机制的日常工作。

国家生物安全工作协调机制成员单位和国务院其他有关部门根据职责分工，负责生物安全相关工作。

第十二条 国家生物安全工作协调机制设立专家委员会，为国家生物安全战略研究、政策制定及实施提供决策咨询。

国务院有关部门组织建立相关领域、行业的生物安全技术咨询专家委员会，为生物安全工作提供咨询、评估、论证等技术支撑。

第十三条 地方各级人民政府对本行政区域内生物安全工作负责。

县级以上地方人民政府有关部门根据职责分工，负责生物安全相关工作。

基层群众性自治组织应当协助地方人民政府以及有关部门做好生物安全风险防控、应急处置和宣传教育等工作。

有关单位和个人应当配合做好生物安全风险防控和应急处置等工作。

第十四条 国家建立生物安全风险监测预警制度。国家生物安全工作协调机制组织建立国家生物安全风险监测预警体系，提高生物安全风险识别和分析能力。

第十五条 国家建立生物安全风险调查评估制度。国家生物安全工作协调机制应当根据风险监测的数据、资料等信息，定期组织开展生物安全风险调查评估。

有下列情形之一的，有关部门应当及时开展生物安全风险调查评估，依法采取必要的风险防控措施：

（一）通过风险监测或者接到举报发现可能存在生物安全风险；

（二）为确定监督管理的重点领域、重点项目，制定、调整生物安全相关名录或者清单；

（三）发生重大新发突发传染病、动植物疫情等危害生物安全的事件；

（四）需要调查评估的其他情形。

第十六条　国家建立生物安全信息共享制度。国家生物安全工作协调机制组织建立统一的国家生物安全信息平台，有关部门应当将生物安全数据、资料等信息汇交国家生物安全信息平台，实现信息共享。

第十七条　国家建立生物安全信息发布制度。国家生物安全总体情况、重大生物安全风险警示信息、重大生物安全事件及其调查处理信息等重大生物安全信息，由国家生物安全工作协调机制成员单位根据职责分工发布；其他生物安全信息由国务院有关部门和县级以上地方人民政府及其有关部门根据职责权限发布。

任何单位和个人不得编造、散布虚假的生物安全信息。

第十八条　国家建立生物安全名录和清单制度。国务院及其有关部门根据生物安全工作需要，对涉及生物安全的材料、设备、技术、活动、重要生物资源数据、传染病、动植物疫病、外来入侵物种等制定、公布名录或者清单，并动态调整。

第十九条　国家建立生物安全标准制度。国务院标准化主管部门和国务院其他有关部门根据职责分工，制定和完善生物安全领域相关标准。

国家生物安全工作协调机制组织有关部门加强不同领域生物安全标准的协调和衔接，建立和完善生物安全标准体系。

第二十条　国家建立生物安全审查制度。对影响或者可能影响国家安全的生物领域重大事项和活动，由国务院有关部门进行生物安全审查，有效防范和化解生物安全风险。

第二十一条　国家建立统一领导、协同联动、有序高效的生物安全应急制度。

国务院有关部门应当组织制定相关领域、行业生物安全事件应急预案，根据应急预案和统一部署开展应急演练、应急处置、应急救援和事后恢复等工作。

县级以上地方人民政府及其有关部门应当制定并组织、指导和督促相关企业事业单位制定生物安全事件应急预案，加强应急准备、人员培训和应急演练，开展生物安全事件应急处置、应急救援和事后恢复等工作。

中国人民解放军、中国人民武装警察部队按照中央军事委员会的命令，依法参加生物安全事件应急处置和应急救援工作。

第二十二条　国家建立生物安全事件调查溯源制度。发生重大新发突发传染病、动植物疫情和不明原因的生物安全事件，国家生物安全工作协调机制应当组织开展调查溯源，确定事件性质，全面评估事件影响，提出意见建议。

第二十三条　国家建立首次进境或者暂停后恢复进境的动植物、动植物产品、高风险生物因子国家准入制度。

进出境的人员、运输工具、集装箱、货物、物品、包装物和国际航行船舶压舱水排放等应当符合我国生物安全管理要求。

海关对发现的进出境和过境生物安全风险，应当依法处置。经评估为生物安全高风险的人员、运输工具、货物、物品等，应当从指定的国境口岸进境，并采取严格的风险防控措施。

第二十四条 国家建立境外重大生物安全事件应对制度。境外发生重大生物安全事件的，海关依法采取生物安全紧急防控措施，加强证件核验，提高查验比例，暂停相关人员、运输工具、货物、物品等进境。必要时经国务院同意，可以采取暂时关闭有关口岸、封锁有关国境等措施。

第二十五条 县级以上人民政府有关部门应当依法开展生物安全监督检查工作，被检查单位和个人应当配合，如实说明情况，提供资料，不得拒绝、阻挠。

涉及专业技术要求较高、执法业务难度较大的监督检查工作，应当有生物安全专业技术人员参加。

第二十六条 县级以上人民政府有关部门实施生物安全监督检查，可以依法采取下列措施：

（一）进入被检查单位、地点或者涉嫌实施生物安全违法行为的场所进行现场监测、勘查、检查或者核查；

（二）向有关单位和个人了解情况；

（三）查阅、复制有关文件、资料、档案、记录、凭证等；

（四）查封涉嫌实施生物安全违法行为的场所、设施；

（五）扣押涉嫌实施生物安全违法行为的工具、设备以及相关物品；

（六）法律法规规定的其他措施。

有关单位和个人的生物安全违法信息应当依法纳入全国信用信息共享平台。

第三章　防控重大新发突发传染病、动植物疫情

第二十七条 国务院卫生健康、农业农村、林业草原、海关、生态环境主管部门应当建立新发突发传染病、动植物疫情、进出境检疫、生物技术环境安全监测网络，组织监测站点布局、建设，完善监测信息报告系统，开展主动监测和病原检测，并纳入国家生物安全风险监测预警体系。

第二十八条 疾病预防控制机构、动物疫病预防控制机构、植物病虫害预防控制机构（以下统称专业机构）应当对传染病、动植物疫病和列入监测范围的不明原因疾病开展主动监测，收集、分析、报告监测信息，预测新发突发传染病、动植物疫病的发生、流行趋势。

国务院有关部门、县级以上地方人民政府及其有关部门应当根据预测和职责权限及时发布预警，并采取相应的防控措施。

第二十九条 任何单位和个人发现传染病、动植物疫病的，应当及时向医疗机构、有关专业机构或者部门报告。

医疗机构、专业机构及其工作人员发现传染病、动植物疫病或者不明原因的聚集性疾病的，应当及时报告，并采取保护性措施。

依法应当报告的，任何单位和个人不得瞒报、谎报、缓报、漏报，不得授意他人瞒

报、谎报、缓报，不得阻碍他人报告。

第三十条　国家建立重大新发突发传染病、动植物疫情联防联控机制。

发生重大新发突发传染病、动植物疫情，应当依照有关法律法规和应急预案的规定及时采取控制措施；国务院卫生健康、农业农村、林业草原主管部门应当立即组织疫情会商研判，将会商研判结论向中央国家安全领导机构和国务院报告，并通报国家生物安全工作协调机制其他成员单位和国务院其他有关部门。

发生重大新发突发传染病、动植物疫情，地方各级人民政府统一履行本行政区域内疫情防控职责，加强组织领导，开展群防群控、医疗救治，动员和鼓励社会力量依法有序参与疫情防控工作。

第三十一条　国家加强国境、口岸传染病和动植物疫情联合防控能力建设，建立传染病、动植物疫情防控国际合作网络，尽早发现、控制重大新发突发传染病、动植物疫情。

第三十二条　国家保护野生动物，加强动物防疫，防止动物源性传染病传播。

第三十三条　国家加强对抗生素药物等抗微生物药物使用和残留的管理，支持应对微生物耐药的基础研究和科技攻关。

县级以上人民政府卫生健康主管部门应当加强对医疗机构合理用药的指导和监督，采取措施防止抗微生物药物的不合理使用。县级以上人民政府农业农村、林业草原主管部门应当加强对农业生产中合理用药的指导和监督，采取措施防止抗微生物药物的不合理使用，降低在农业生产环境中的残留。

国务院卫生健康、农业农村、林业草原、生态环境等主管部门和药品监督管理部门应当根据职责分工，评估抗微生物药物残留对人体健康、环境的危害，建立抗微生物药物污染物指标评价体系。

第四章　生物技术研究、开发与应用安全

第三十四条　国家加强对生物技术研究、开发与应用活动的安全管理，禁止从事危及公众健康、损害生物资源、破坏生态系统和生物多样性等危害生物安全的生物技术研究、开发与应用活动。

从事生物技术研究、开发与应用活动，应当符合伦理原则。

第三十五条　从事生物技术研究、开发与应用活动的单位应当对本单位生物技术研究、开发与应用的安全负责，采取生物安全风险防控措施，制定生物安全培训、跟踪检查、定期报告等工作制度，强化过程管理。

第三十六条　国家对生物技术研究、开发活动实行分类管理。根据对公众健康、工业农业、生态环境等造成危害的风险程度，将生物技术研究、开发活动分为高风险、中风险、低风险三类。

生物技术研究、开发活动风险分类标准及名录由国务院科学技术、卫生健康、农业农村等主管部门根据职责分工，会同国务院其他有关部门制定、调整并公布。

第三十七条　从事生物技术研究、开发活动，应当遵守国家生物技术研究开发安全管理规范。

从事生物技术研究、开发活动，应当进行风险类别判断，密切关注风险变化，及时采取应对措施。

第三十八条 从事高风险、中风险生物技术研究、开发活动，应当由在我国境内依法成立的法人组织进行，并依法取得批准或者进行备案。

从事高风险、中风险生物技术研究、开发活动，应当进行风险评估，制定风险防控计划和生物安全事件应急预案，降低研究、开发活动实施的风险。

第三十九条 国家对涉及生物安全的重要设备和特殊生物因子实行追溯管理。购买或者引进列入管控清单的重要设备和特殊生物因子，应当进行登记，确保可追溯，并报国务院有关部门备案。

个人不得购买或者持有列入管控清单的重要设备和特殊生物因子。

第四十条 从事生物医学新技术临床研究，应当通过伦理审查，并在具备相应条件的医疗机构内进行；进行人体临床研究操作的，应当由符合相应条件的卫生专业技术人员执行。

第四十一条 国务院有关部门依法对生物技术应用活动进行跟踪评估，发现存在生物安全风险的，应当及时采取有效补救和管控措施。

第五章 病原微生物实验室生物安全

第四十二条 国家加强对病原微生物实验室生物安全的管理，制定统一的实验室生物安全标准。病原微生物实验室应当符合生物安全国家标准和要求。

从事病原微生物实验活动，应当严格遵守有关国家标准和实验室技术规范、操作规程，采取安全防范措施。

第四十三条 国家根据病原微生物的传染性、感染后对人和动物的个体或者群体的危害程度，对病原微生物实行分类管理。

从事高致病性或者疑似高致病性病原微生物样本采集、保藏、运输活动，应当具备相应条件，符合生物安全管理规范。具体办法由国务院卫生健康、农业农村主管部门制定。

第四十四条 设立病原微生物实验室，应当依法取得批准或者进行备案。

个人不得设立病原微生物实验室或者从事病原微生物实验活动。

第四十五条 国家根据对病原微生物的生物安全防护水平，对病原微生物实验室实行分等级管理。

从事病原微生物实验活动应当在相应等级的实验室进行。低等级病原微生物实验室不得从事国家病原微生物目录规定应当在高等级病原微生物实验室进行的病原微生物实验活动。

第四十六条 高等级病原微生物实验室从事高致病性或者疑似高致病性病原微生物实验活动，应当经省级以上人民政府卫生健康或者农业农村主管部门批准，并将实验活动情况向批准部门报告。

对我国尚未发现或者已经宣布消灭的病原微生物，未经批准不得从事相关实验活动。

第四十七条 病原微生物实验室应当采取措施，加强对实验动物的管理，防止实验动物逃逸，对使用后的实验动物按照国家规定进行无害化处理，实现实验动物可追溯。禁止将使用后的实验动物流入市场。

病原微生物实验室应当加强对实验活动废弃物的管理，依法对废水、废气以及其他废弃物进行处置，采取措施防止污染。

第四十八条 病原微生物实验室的设立单位负责实验室的生物安全管理，制定科学、严格的管理制度，定期对有关生物安全规定的落实情况进行检查，对实验室设施、设备、材料等进行检查、维护和更新，确保其符合国家标准。

病原微生物实验室设立单位的法定代表人和实验室负责人对实验室的生物安全负责。

第四十九条 病原微生物实验室的设立单位应当建立和完善安全保卫制度，采取安全保卫措施，保障实验室及其病原微生物的安全。

国家加强对高等级病原微生物实验室的安全保卫。高等级病原微生物实验室应当接受公安机关等部门有关实验室安全保卫工作的监督指导，严防高致病性病原微生物泄漏、丢失和被盗、被抢。

国家建立高等级病原微生物实验室人员进入审核制度。进入高等级病原微生物实验室的人员应当经实验室负责人批准。对可能影响实验室生物安全的，不予批准；对批准进入的，应当采取安全保障措施。

第五十条 病原微生物实验室的设立单位应当制定生物安全事件应急预案，定期组织开展人员培训和应急演练。发生高致病性病原微生物泄漏、丢失和被盗、被抢或者其他生物安全风险的，应当按照应急预案的规定及时采取控制措施，并按照国家规定报告。

第五十一条 病原微生物实验室所在地省级人民政府及其卫生健康主管部门应当加强实验室所在地感染性疾病医疗资源配置，提高感染性疾病医疗救治能力。

第五十二条 企业对涉及病原微生物操作的生产车间的生物安全管理，依照有关病原微生物实验室的规定和其他生物安全管理规范进行。

涉及生物毒素、植物有害生物及其他生物因子操作的生物安全实验室的建设和管理，参照有关病原微生物实验室的规定执行。

第六章 人类遗传资源与生物资源安全

第五十三条 国家加强对我国人类遗传资源和生物资源采集、保藏、利用、对外提供等活动的管理和监督，保障人类遗传资源和生物资源安全。

国家对我国人类遗传资源和生物资源享有主权。

第五十四条 国家开展人类遗传资源和生物资源调查。

国务院科学技术主管部门组织开展我国人类遗传资源调查，制定重要遗传家系和特定地区人类遗传资源申报登记办法。

国务院科学技术、自然资源、生态环境、卫生健康、农业农村、林业草原、中医药主管部门根据职责分工，组织开展生物资源调查，制定重要生物资源申报登记办法。

第五十五条 采集、保藏、利用、对外提供我国人类遗传资源，应当符合伦理原则，不得危害公众健康、国家安全和社会公共利益。

第五十六条 从事下列活动，应当经国务院科学技术主管部门批准：

（一）采集我国重要遗传家系、特定地区人类遗传资源或者采集国务院科学技术主管部门规定的种类、数量的人类遗传资源；

（二）保藏我国人类遗传资源；

（三）利用我国人类遗传资源开展国际科学研究合作；

（四）将我国人类遗传资源材料运送、邮寄、携带出境。

前款规定不包括以临床诊疗、采供血服务、查处违法犯罪、兴奋剂检测和殡葬等为目的采集、保藏人类遗传资源及开展的相关活动。

为了取得相关药品和医疗器械在我国上市许可，在临床试验机构利用我国人类遗传资源开展国际合作临床试验、不涉及人类遗传资源出境的，不需要批准；但是，在开展临床试验前应当将拟使用的人类遗传资源种类、数量及用途向国务院科学技术主管部门备案。

境外组织、个人及其设立或者实际控制的机构不得在我国境内采集、保藏我国人类遗传资源，不得向境外提供我国人类遗传资源。

第五十七条 将我国人类遗传资源信息向境外组织、个人及其设立或者实际控制的机构提供或者开放使用的，应当向国务院科学技术主管部门事先报告并提交信息备份。

第五十八条 采集、保藏、利用、运输出境我国珍贵、濒危、特有物种及其可用于再生或者繁殖传代的个体、器官、组织、细胞、基因等遗传资源，应当遵守有关法律法规。

境外组织、个人及其设立或者实际控制的机构获取和利用我国生物资源，应当依法取得批准。

第五十九条 利用我国生物资源开展国际科学研究合作，应当依法取得批准。

利用我国人类遗传资源和生物资源开展国际科学研究合作，应当保证中方单位及其研究人员全过程、实质性地参与研究，依法分享相关权益。

第六十条 国家加强对外来物种入侵的防范和应对，保护生物多样性。国务院农业农村主管部门会同国务院其他有关部门制定外来入侵物种名录和管理办法。

国务院有关部门根据职责分工，加强对外来入侵物种的调查、监测、预警、控制、评估、清除以及生态修复等工作。

任何单位和个人未经批准，不得擅自引进、释放或者丢弃外来物种。

第七章　防范生物恐怖与生物武器威胁

第六十一条 国家采取一切必要措施防范生物恐怖与生物武器威胁。

禁止开发、制造或者以其他方式获取、储存、持有和使用生物武器。

禁止以任何方式唆使、资助、协助他人开发、制造或者以其他方式获取生物武器。

第六十二条 国务院有关部门制定、修改、公布可被用于生物恐怖活动、制造生物武器的生物体、生物毒素、设备或者技术清单，加强监管，防止其被用于制造生物武器或者恐怖目的。

第六十三条 国务院有关部门和有关军事机关根据职责分工，加强对可被用于生物恐怖活动、制造生物武器的生物体、生物毒素、设备或者技术进出境、进出口、获取、制造、转移和投放等活动的监测、调查，采取必要的防范和处置措施。

第六十四条 国务院有关部门、省级人民政府及其有关部门负责组织遭受生物恐怖袭击、生物武器攻击后的人员救治与安置、环境消毒、生态修复、安全监测和社会秩序恢复等工作。

国务院有关部门、省级人民政府及其有关部门应当有效引导社会舆论科学、准确报道生物恐怖袭击和生物武器攻击事件，及时发布疏散、转移和紧急避难等信息，对应急处置与恢复过程中遭受污染的区域和人员进行长期环境监测和健康监测。

第六十五条 国家组织开展对我国境内战争遗留生物武器及其危害结果、潜在影响的调查。

国家组织建设存放和处理战争遗留生物武器设施，保障对战争遗留生物武器的安全处置。

第八章 生物安全能力建设

第六十六条 国家制定生物安全事业发展规划，加强生物安全能力建设，提高应对生物安全事件的能力和水平。

县级以上人民政府应当支持生物安全事业发展，按照事权划分，将支持下列生物安全事业发展的相关支出列入政府预算：

（一）监测网络的构建和运行；

（二）应急处置和防控物资的储备；

（三）关键基础设施的建设和运行；

（四）关键技术和产品的研究、开发；

（五）人类遗传资源和生物资源的调查、保藏；

（六）法律法规规定的其他重要生物安全事业。

第六十七条 国家采取措施支持生物安全科技研究，加强生物安全风险防御与管控技术研究，整合优势力量和资源，建立多学科、多部门协同创新的联合攻关机制，推动生物安全核心关键技术和重大防御产品的成果产出与转化应用，提高生物安全的科技保障能力。

第六十八条 国家统筹布局全国生物安全基础设施建设。国务院有关部门根据职责分工，加快建设生物信息、人类遗传资源保藏、菌（毒）种保藏、动植物遗传资源保藏、高等级病原微生物实验室等方面的生物安全国家战略资源平台，建立共享利用机制，为生物安全科技创新提供战略保障和支撑。

第六十九条 国务院有关部门根据职责分工，加强生物基础科学研究人才和生物领域专业技术人才培养，推动生物基础科学学科建设和科学研究。

国家生物安全基础设施重要岗位的从业人员应当具备符合要求的资格，相关信息应当向国务院有关部门备案，并接受岗位培训。

第七十条 国家加强重大新发突发传染病、动植物疫情等生物安全风险防控的物资储备。

国家加强生物安全应急药品、装备等物资的研究、开发和技术储备。国务院有关部门根据职责分工，落实生物安全应急药品、装备等物资研究、开发和技术储备的相关措施。

国务院有关部门和县级以上地方人民政府及其有关部门应当保障生物安全事件应急处置所需的医疗救护设备、救治药品、医疗器械等物资的生产、供应和调配；交通运输主管部门应当及时组织协调运输经营单位优先运送。

第七十一条 国家对从事高致病性病原微生物实验活动、生物安全事件现场处置等高风险生物安全工作的人员，提供有效的防护措施和医疗保障。

第九章　法律责任

第七十二条 违反本法规定，履行生物安全管理职责的工作人员在生物安全工作中滥用职权、玩忽职守、徇私舞弊或者有其他违法行为的，依法给予处分。

第七十三条 违反本法规定，医疗机构、专业机构或者其工作人员瞒报、谎报、缓报、漏报，授意他人瞒报、谎报、缓报，或者阻碍他人报告传染病、动植物疫病或者不明原因的聚集性疾病的，由县级以上人民政府有关部门责令改正，给予警告；对法定代表人、主要负责人、直接负责的主管人员和其他直接责任人员，依法给予处分，并可以依法暂停一定期限的执业活动直至吊销相关执业证书。

违反本法规定，编造、散布虚假的生物安全信息，构成违反治安管理行为的，由公安机关依法给予治安管理处罚。

第七十四条 违反本法规定，从事国家禁止的生物技术研究、开发与应用活动的，由县级以上人民政府卫生健康、科学技术、农业农村主管部门根据职责分工，责令停止违法行为，没收违法所得、技术资料和用于违法行为的工具、设备、原材料等物品，处一百万元以上一千万元以下的罚款，违法所得在一百万元以上的，处违法所得十倍以上二十倍以下的罚款，并可以依法禁止一定期限内从事相应的生物技术研究、开发与应用活动，吊销相关许可证件；对法定代表人、主要负责人、直接负责的主管人员和其他直接责任人员，依法给予处分，处十万元以上二十万元以下的罚款，十年直至终身禁止从事相应的生物技术研究、开发与应用活动，依法吊销相关执业证书。

第七十五条 违反本法规定，从事生物技术研究、开发活动未遵守国家生物技术研究开发安全管理规范的，由县级以上人民政府有关部门根据职责分工，责令改正，给予警告，可以并处二万元以上二十万元以下的罚款；拒不改正或者造成严重后果的，责令停止研究、开发活动，并处二十万元以上二百万元以下的罚款。

第七十六条 违反本法规定，从事病原微生物实验活动未在相应等级的实验室进行，或者高等级病原微生物实验室未经批准从事高致病性、疑似高致病性病原微生物实验活动的，由县级以上地方人民政府卫生健康、农业农村主管部门根据职责分工，责令停止违法行为，监督其将用于实验活动的病原微生物销毁或者送交保藏机构，给予警告；造成传染病传播、流行或者其他严重后果的，对法定代表人、主要负责人、直接负责的主管人员和其他直接责任人员依法给予撤职、开除处分。

第七十七条　违反本法规定，将使用后的实验动物流入市场的，由县级以上人民政府科学技术主管部门责令改正，没收违法所得，并处二十万元以上一百万元以下的罚款，违法所得在二十万元以上的，并处违法所得五倍以上十倍以下的罚款；情节严重的，由发证部门吊销相关许可证件。

第七十八条　违反本法规定，有下列行为之一的，由县级以上人民政府有关部门根据职责分工，责令改正，没收违法所得，给予警告，可以并处十万元以上一百万元以下的罚款：

（一）购买或者引进列入管控清单的重要设备、特殊生物因子未进行登记，或者未报国务院有关部门备案；

（二）个人购买或者持有列入管控清单的重要设备或者特殊生物因子；

（三）个人设立病原微生物实验室或者从事病原微生物实验活动；

（四）未经实验室负责人批准进入高等级病原微生物实验室。

第七十九条　违反本法规定，未经批准，采集、保藏我国人类遗传资源或者利用我国人类遗传资源开展国际科学研究合作的，由国务院科学技术主管部门责令停止违法行为，没收违法所得和违法采集、保藏的人类遗传资源，并处五十万元以上五百万元以下的罚款，违法所得在一百万元以上的，并处违法所得五倍以上十倍以下的罚款；情节严重的，对法定代表人、主要负责人、直接负责的主管人员和其他直接责任人员，依法给予处分，五年内禁止从事相应活动。

第八十条　违反本法规定，境外组织、个人及其设立或者实际控制的机构在我国境内采集、保藏我国人类遗传资源，或者向境外提供我国人类遗传资源的，由国务院科学技术主管部门责令停止违法行为，没收违法所得和违法采集、保藏的人类遗传资源，并处一百万元以上一千万元以下的罚款；违法所得在一百万元以上的，并处违法所得十倍以上二十倍以下的罚款。

第八十一条　违反本法规定，未经批准，擅自引进外来物种的，由县级以上人民政府有关部门根据职责分工，没收引进的外来物种，并处五万元以上二十五万元以下的罚款。

违反本法规定，未经批准，擅自释放或者丢弃外来物种的，由县级以上人民政府有关部门根据职责分工，责令限期捕回、找回释放或者丢弃的外来物种，处一万元以上五万元以下的罚款。

第八十二条　违反本法规定，构成犯罪的，依法追究刑事责任；造成人身、财产或者其他损害的，依法承担民事责任。

第八十三条　违反本法规定的生物安全违法行为，本法未规定法律责任，其他有关法律、行政法规有规定的，依照其规定。

第八十四条　境外组织或者个人通过运输、邮寄、携带危险生物因子入境或者以其他方式危害我国生物安全的，依法追究法律责任，并可以采取其他必要措施。

第十章　附则

第八十五条　本法下列术语的含义：

（一）生物因子，是指动物、植物、微生物、生物毒素及其他生物活性物质。

（二）重大新发突发传染病，是指我国境内首次出现或者已经宣布消灭再次发生，或者突然发生，造成或者可能造成公众健康和生命安全严重损害，引起社会恐慌，影响社会稳定的传染病。

（三）重大新发突发动物疫情，是指我国境内首次发生或者已经宣布消灭的动物疫病再次发生，或者发病率、死亡率较高的潜伏动物疫病突然发生并迅速传播，给养殖业生产安全造成严重威胁、危害，以及可能对公众健康和生命安全造成危害的情形。

（四）重大新发突发植物疫情，是指我国境内首次发生或者已经宣布消灭的严重危害植物的真菌、细菌、病毒、昆虫、线虫、杂草、害鼠、软体动物等再次引发病虫害，或者本地有害生物突然大范围发生并迅速传播，对农作物、林木等植物造成严重危害的情形。

（五）生物技术研究、开发与应用，是指通过科学和工程原理认识、改造、合成、利用生物而从事的科学研究、技术开发与应用等活动。

（六）病原微生物，是指可以侵犯人、动物引起感染甚至传染病的微生物，包括病毒、细菌、真菌、立克次体、寄生虫等。

（七）植物有害生物，是指能够对农作物、林木等植物造成危害的真菌、细菌、病毒、昆虫、线虫、杂草、害鼠、软体动物等生物。

（八）人类遗传资源，包括人类遗传资源材料和人类遗传资源信息。人类遗传资源材料是指含有人体基因组、基因等遗传物质的器官、组织、细胞等遗传材料。人类遗传资源信息是指利用人类遗传资源材料产生的数据等信息资料。

（九）微生物耐药，是指微生物对抗微生物药物产生抗性，导致抗微生物药物不能有效控制微生物的感染。

（十）生物武器，是指类型和数量不属于预防、保护或者其他和平用途所正当需要的、任何来源或者任何方法产生的微生物剂、其他生物剂以及生物毒素；也包括为将上述生物剂、生物毒素使用于敌对目的或者武装冲突而设计的武器、设备或者运载工具。

（十一）生物恐怖，是指故意使用致病性微生物、生物毒素等实施袭击，损害人类或者动植物健康，引起社会恐慌，企图达到特定政治目的的行为。

第八十六条　生物安全信息属于国家秘密的，应当依照《中华人民共和国保守国家秘密法》和国家其他有关保密规定实施保密管理。

第八十七条　中国人民解放军、中国人民武装警察部队的生物安全活动，由中央军事委员会依照本法规定的原则另行规定。

第八十八条　本法自 2021 年 4 月 15 日起施行。

附录2　农业转基因生物安全管理条例

（2001年5月23日中华人民共和国国务院令第304号发布，根据2011年1月8日《国务院令关于废止和修改部分行政法规的决定》修订，根据2017年10月7日《国务院关于修改部分行政法规的决定》修订）

第一章　总则

第一条　为了加强农业转基因生物安全管理，保障人体健康和动植物、微生物安全，保护生态环境，促进农业转基因生物技术研究，制定本条例。

第二条　在中华人民共和国境内从事农业转基因生物的研究、试验、生产、加工、经营和进口、出口活动，必须遵守本条例。

第三条　本条例所称农业转基因生物，是指利用基因工程技术改变基因组构成，用于农业生产或者农产品加工的动植物、微生物及其产品，主要包括：

（一）转基因动植物（含种子、种畜禽、水产苗种）和微生物；

（二）转基因动植物、微生物产品；

（三）转基因农产品的直接加工品；

（四）含有转基因动植物、微生物或者其产品成分的种子、种畜禽、水产苗种、农药、兽药、肥料和添加剂等产品。

本条例所称农业转基因生物安全，是指防范农业转基因生物对人类、动植物、微生物和生态环境构成的危险或者潜在风险。

第四条　国务院农业行政主管部门负责全国农业转基因生物安全的监督管理工作。

县级以上地方各级人民政府农业行政主管部门负责本行政区域内的农业转基因生物安全的监督管理工作。

县级以上各级人民政府有关部门依照《中华人民共和国食品安全法》的有关规定，负责转基因食品安全的监督管理工作。

第五条　国务院建立农业转基因生物安全管理部际联席会议制度。

农业转基因生物安全管理部际联席会议由农业、科技、环境保护、卫生、外经贸、检验检疫等有关部门的负责人组成，负责研究、协调农业转基因生物安全管理工作中的重大问题。

第六条　国家对农业转基因生物安全实行分级管理评价制度。

农业转基因生物按照其对人类、动植物、微生物和生态环境的危险程度，分为Ⅰ、Ⅱ、Ⅲ、Ⅳ 4个等级。具体划分标准由国务院农业行政主管部门制定。

第七条　国家建立农业转基因生物安全评价制度。

农业转基因生物安全评价的标准和技术规范，由国务院农业行政主管部门制定。

第八条　国家对农业转基因生物实行标识制度。

实施标识管理的农业转基因生物目录，由国务院农业行政主管部门商国务院有关部门制定、调整并公布。

第二章 研究与试验

第九条 国务院农业行政主管部门应当加强农业转基因生物研究与试验的安全评价管理工作，并设立农业转基因生物安全委员会，负责农业转基因生物的安全评价工作。

农业转基因生物安全委员会由从事农业转基因生物研究、生产、加工、检验检疫以及卫生、环境保护等方面的专家组成。

第十条 国务院农业行政主管部门根据农业转基因生物安全评价工作的需要，可以委托具备检测条件和能力的技术检测机构对农业转基因生物进行检测。

第十一条 从事农业转基因生物研究与试验的单位，应当具备与安全等级相适应的安全设施和措施，确保农业转基因生物研究与试验的安全，并成立农业转基因生物安全小组，负责本单位农业转基因生物研究与试验的安全工作。

第十二条 从事Ⅲ级、Ⅳ级农业转基因生物研究的，应当在研究开始前向国务院农业行政主管部门报告。

第十三条 农业转基因生物试验，一般应当经过中间试验、环境释放和生产性试验3个阶段。中间试验，是指在控制系统内或者控制条件下进行的小规模试验。环境释放，是指在自然条件下采取相应安全措施所进行的中规模的试验。生产性试验，是指在生产和应用前进行的较大规模的试验。

第十四条 农业转基因生物在实验室研究结束后，需要转入中间试验的，试验单位应当向国务院农业行政主管部门报告。

第十五条 农业转基因生物试验需要从上一试验阶段转入下一试验阶段的，试验单位应当向国务院农业行政主管部门提出申请；经农业转基因生物安全委员会进行安全评价合格的，由国务院农业行政主管部门批准转入下一试验阶段。

试验单位提出前款申请，应当提供下列材料：

（一）农业转基因生物的安全等级和确定安全等级的依据；

（二）农业转基因生物技术检测机构出具的检测报告；

（三）相应的安全管理、防范措施；

（四）上一试验阶段的试验报告。

第十六条 从事农业转基因生物试验的单位在生产性试验结束后，可以向国务院农业行政主管部门申请领取农业转基因生物安全证书。

试验单位提出前款申请，应当提供下列材料：

（一）农业转基因生物的安全等级和确定安全等级的依据；

（二）生产性试验的总结报告；

（三）国务院农业行政主管部门规定的试验材料、检测方法等其他材料。

国务院农业行政主管部门收到申请后，应当委托具备检测条件和能力的技术检测机构进行检测，并组织农业转基因生物安全委员会进行安全评价；安全评价合格的，方可颁发农业转基因生物安全证书。

第十七条 转基因植物种子、种畜禽、水产苗种,利用农业转基因生物生产的或者含有农业转基因生物成分的种子、种畜禽、水产苗种、农药、兽药、肥料和添加剂等,在依照有关法律、行政法规的规定进行审定、登记或者评价、审批前,应当依照本条例第十六条的规定取得农业转基因生物安全证书。

第十八条 中外合作、合资或者外方独资在中华人民共和国境内从事农业转基因生物研究与试验的,应当经国务院农业行政主管部门批准。

第三章 生产与加工

第十九条 生产转基因植物种子、种畜禽、水产苗种,应当取得国务院农业行政主管部门颁发的种子、种畜禽、水产苗种生产许可证。

生产单位和个人申请转基因植物种子、种畜禽、水产苗种生产许可证,除应当符合有关法律、行政法规规定的条件外,还应当符合下列条件:

(一)取得农业转基因生物安全证书并通过品种审定;

(二)在指定的区域种植或者养殖;

(三)有相应的安全管理、防范措施;

(四)国务院农业行政主管部门规定的其他条件。

第二十条 生产转基因植物种子、种畜禽、水产苗种的单位和个人,应当建立生产档案,载明生产地点、基因及其来源、转基因的方法以及种子、种畜禽、水产苗种流向等内容。

第二十一条 单位和个人从事农业转基因生物生产、加工的,应当由国务院农业行政主管部门或者省、自治区、直辖市人民政府农业行政主管部门批准。具体办法由国务院农业行政主管部门制定。

第二十二条 从事农业转基因生物生产、加工的单位和个人,应当按照批准的品种、范围、安全管理要求和相应的技术标准组织生产、加工,并定期向所在地县级人民政府农业行政主管部门提供生产、加工、安全管理情况和产品流向的报告。

第二十三条 农业转基因生物在生产、加工过程中发生基因安全事故时,生产、加工单位和个人应当立即采取安全补救措施,并向所在地县级人民政府农业行政主管部门报告。

第二十四条 从事农业转基因生物运输、储存的单位和个人,应当采取与农业转基因生物安全等级相适应的安全控制措施,确保农业转基因生物运输、储存的安全。

第四章 经营

第二十五条 经营转基因植物种子、种畜禽、水产苗种的单位和个人,应当取得国务院农业行政主管部门颁发的种子、种畜禽、水产苗种经营许可证。

经营单位和个人申请转基因植物种子、种畜禽、水产苗种经营许可证,除应当符合有关法律、行政法规规定的条件外，还应当符合下列条件：

（一）有专门的管理人员和经营档案；

（二）有相应的安全管理、防范措施；

（三）国务院农业行政主管部门规定的其他条件。

第二十六条 经营转基因植物种子、种畜禽、水产苗种的单位和个人，应当建立经营档案，载明种子、种畜禽、水产苗种的来源、储存，运输和销售去向等内容。

第二十七条 在中华人民共和国境内销售列入农业转基因生物目录的农业转基因生物，应当有明显的标识。

列入农业转基因生物目录的农业转基因生物，由生产、分装单位和个人负责标识；未标识的，不得销售。经营单位和个人在进货时，应当对货物和标识进行核对。经营单位和个人拆开原包装进行销售的，应当重新标识。

第二十八条 农业转基因生物标识应当载明产品中含有转基因成分的主要原料名称；有特殊销售范围要求的，还应当载明销售范围，并在指定范围内销售。

第二十九条 农业转基因生物的广告，应当经国务院农业行政主管部门审查批准后，方可刊登、播放、设置和张贴。

第五章　进口与出口

第三十条 从中华人民共和国境外引进农业转基因生物用于研究、试验的，引进单位应当向国务院农业行政主管部门提出申请；符合下列条件的，国务院农业行政主管部门方可批准：

（一）具有国务院农业行政主管部门规定的申请资格；

（二）引进的农业转基因生物在国（境）外已经进行了相应的研究、试验；

（三）有相应的安全管理、防范措施。

第三十一条 境外公司向中华人民共和国出口转基因植物种子、种畜禽、水产苗种和利用农业转基因生物生产的或者含有农业转基因生物成分的植物种子、种畜禽、水产苗种、农药、兽药、肥料和添加剂的，应当向国务院农业行政主管部门提出申请；符合下列条件的，国务院农业行政主管部门方可批准试验材料入境并依照本条例的规定进行中间试验、环境释放和生产性试验：

（一）输出国家或者地区已经允许作为相应用途并投放市场；

（二）输出国家或者地区经过科学试验证明对人类、动植物、微生物和生态环境无害；

（三）有相应的安全管理、防范措施。

生产性试验结束后，经安全评价合格，并取得农业转基因生物安全证书后，方可依照有关法律、行政法规的规定办理审定、登记或者评价、审批手续。

第三十二条 境外公司向中华人民共和国出口农业转基因生物用作加工原料的，应当向国务院农业行政主管部门提出申请，提交国务院农业行政主管部门要求的试验材料、检测方法等材料；符合下列条件，经国务院农业行政主管部门委托的、具备检测条件和能力的技术检测机构检测确认对人类、动植物、微生物和生态环境不存在危险，并经安全评价合格的，由国务院农业行政主管部门颁发农业转基因生物安全证书：

（一）输出国家或者地区已经允许作为相应用途并投放市场；

（二）输出国家或者地区经过科学试验证明对人类、动植物、微生物和生态环境无害；

（三）有相应的安全管理、防范措施。

第三十三条　从中华人民共和国境外引进农业转基因生物的，或者向中华人民共和国出口农业转基因生物的，引进单位或者境外公司应当凭国务院农业行政主管部门颁发的农业转基因生物安全证书和相关批准文件，向口岸出入境检验检疫机构报检；经检疫合格后，方可向海关申请办理有关手续。

第三十四条　农业转基因生物在中华人民共和国过境转移的，应当遵守中华人民共和国有关法律、行政法规的规定。

第三十五条　国务院农业行政主管部门应当自收到申请人申请之日起270日内作出批准或者不批准的决定，并通知申请人。

第三十六条　向中华人民共和国境外出口农产品，外方要求提供非转基因农产品证明的，由口岸出入境检验检疫机构根据国务院农业行政主管部门发布的转基因农产品信息，进行检测并出具非转基因农产品证明。

第三十七条　进口农业转基因生物，没有国务院农业行政主管部门颁发的农业转基因生物安全证书和相关批准文件的，或者与证书、批准文件不符的，作退货或者销毁处理。进口农业转基因生物不按照规定标识的，重新标识后方可入境。

第六章　监督检查

第三十八条　农业行政主管部门履行监督检查职责时，有权采取下列措施：

（一）询问被检查的研究、试验、生产、加工、经营或者进口、出口的单位和个人、利害关系人、证明人，并要求其提供与农业转基因生物安全有关的证明材料或者其他资料；

（二）查阅或者复制农业转基因生物研究、试验、生产、加工、经营或者进口、出口的有关档案、账册和资料等；

（三）要求有关单位和个人就有关农业转基因生物安全的问题作出说明；

（四）责令违反农业转基因生物安全管理的单位和个人停止违法行为；

（五）在紧急情况下，对非法研究、试验、生产、加工，经营或者进口、出口的农业转基因生物实施封存或者扣押。

第三十九条　农业行政主管部门工作人员在监督检查时，应当出示执法证件。

第四十条　有关单位和个人对农业行政主管部门的监督检查，应当予以支持、配合，不得拒绝、阻碍监督检查人员依法执行职务。

第四十一条　发现农业转基因生物对人类、动植物和生态环境存在危险时，国务院农业行政主管部门有权宣布禁止生产、加工、经营和进口，收回农业转基因生物安全证书，销毁有关存在危险的农业转基因生物。

第七章　罚则

第四十二条　违反本条例规定，从事Ⅲ、Ⅳ级农业转基因生物研究或者进行中间试验，未向国务院农业行政主管部门报告的，由国务院农业行政主管部门责令暂停研究或者中间试验，限期改正。

第四十三条　违反本条例规定，未经批准擅自从事环境释放、生产性试验的，已获批准但未按照规定采取安全管理、防范措施的，或者超过批准范围进行试验的，由国务院农业行政主管部门或者省、自治区、直辖市人民政府农业行政主管部门依据职权，责令停止试验，并处1万元以上5万元以下的罚款。

第四十四条　违反本条例规定，在生产性试验结束后，未取得农业转基因生物安全证书，擅自将农业转基因生物投入生产和应用的，由国务院农业行政主管部门责令停止生产和应用，并处2万元以上10万元以下的罚款。

第四十五条　违反本条例第十八条规定，未经国务院农业行政主管部门批准，从事农业转基因生物研究与试验的，由国务院农业行政主管部门责令立即停止研究与试验，限期补办审批手续。

第四十六条　违反本条例规定，未经批准生产、加工农业转基因生物或者未按照批准的品种、范围、安全管理要求和技术标准生产、加工的，由国务院农业行政主管部门或者省、自治区、直辖市人民政府农业行政主管部门依据职权，责令停止生产或者加工，没收违法生产或者加工的产品及违法所得；违法所得10万元以上的，并处违法所得1倍以上5倍以下的罚款；没有违法所得或者违法所得不足10万元的，并处10万元以上20万元以下的罚款。

第四十七条　违反本条例规定，转基因植物种子、种畜禽、水产苗种的生产、经营单位和个人，未按照规定制作、保存生产、经营档案的，由县级以上人民政府农业行政主管部门依据职权，责令改正，处1 000元以上1万元以下的罚款。

第四十八条　违反本条例规定，未经国务院农业行政主管部门批准，擅自进口农业转基因生物的，由国务院农业行政主管部门责令停止进口，没收已进口的产品和违法所得；违法所得10万元以上的，并处违法所得1倍以上5倍以下的罚款；没有违法所得或者违法所得不足10万元的，并处10万元以上20万元以下的罚款。

第四十九条　违反本条例规定，进口、携带、邮寄农业转基因生物未向口岸出入境检验检疫机构报检的，由口岸出入境检验检疫机构比照进出境动植物检疫法的有关规定处罚。

第五十条　违反本条例关于农业转基因生物标识管理规定的，由县级以上人民政府农业行政主管部门依据职权，责令限期改正，可以没收非法销售的产品和违法所得，并可以处1万元以上5万元以下的罚款。

第五十一条　假冒、伪造、转让或者买卖农业转基因生物有关证明文书的，由县级以上人民政府农业行政主管部门依据职权，收缴相应的证明文书，并处2万元以上10万元以下的罚款；构成犯罪的，依法追究刑事责任。

第五十二条　违反本条例规定，在研究、试验、生产、加工、储存、运输、销售或者进口、出口农业转基因生物过程中发生基因安全事故，造成损害的，依法承担赔偿责任。

　　第五十三条　国务院农业行政主管部门或者省、自治区、直辖市人民政府农业行政主管部门违反本条例规定核发许可证、农业转基因生物安全证书以及其他批准文件的，或者核发许可证、农业转基因生物安全证书以及其他批准文件后不履行监督管理职责的，对直接负责的主管人员和其他直接责任人员依法给予行政处分；构成犯罪的，依法追究刑事责任。

第八章　附则

　　第五十四条　本条例自公布之日起施行。

附录3　农业转基因生物安全评价管理办法

（2002年1月5日农业部令第8号公布，2004年7月1日农业部令第38号、2016年7月25日农业部令2016年第7号、2017年11月30日农业部令2017年第8号、2022年1月21日农业农村部令2022年第2号修订）

第一章　总则

第一条　为了加强农业转基因生物安全评价管理，保障人类健康和动植物、微生物安全，保护生态环境，根据《农业转基因生物安全管理条例》（简称《条例》），制定本办法。

第二条　在中华人民共和国境内从事农业转基因生物的研究、试验、生产、加工、经营和进口、出口活动，依照《条例》规定需要进行安全评价的，应当遵守本办法。

第三条　本办法适用于《条例》规定的农业转基因生物，即利用基因工程技术改变基因组构成，用于农业生产或者农产品加工的植物、动物、微生物及其产品，主要包括：

（一）转基因动植物（含种子、种畜禽、水产苗种）和微生物；

（二）转基因动植物、微生物产品；

（三）转基因农产品的直接加工品；

（四）含有转基因动植物、微生物或者其产品成份的种子、种畜禽、水产苗种、农药、兽药、肥料和添加剂等产品。

第四条　本办法评价的是农业转基因生物对人类、动植物、微生物和生态环境构成的危险或者潜在的风险。安全评价工作按照植物、动物、微生物3个类别，以科学为依据，以个案审查为原则，实行分级分阶段管理。

第五条　根据《条例》第九条的规定设立国家农业转基因生物安全委员会，负责农业转基因生物的安全评价工作。国家农业转基因生物安全委员会由从事农业转基因生物研究、生产、加工、检验检疫、卫生、环境保护等方面的专家组成，每届任期五年。

农业农村部设立农业转基因生物安全管理办公室，负责农业转基因生物安全评价管理工作。

第六条　从事农业转基因生物研究与试验的单位是农业转基因生物安全管理的第一责任人，应当成立由单位法定代表人负责的农业转基因生物安全小组，负责本单位农业转基因生物的安全管理及安全评价申报的审查工作。

从事农业转基因生物研究与试验的单位，应当制定农业转基因生物试验操作规程，加强农业转基因生物试验的可追溯管理。

第七条　农业农村部根据农业转基因生物安全评价工作的需要，委托具备检测条件和能力的技术检测机构对农业转基因生物进行检测，为安全评价和管理提供依据。

第八条　转基因植物种子、种畜禽、水产种苗，利用农业转基因生物生产的或者含有农业转基因生物成份的种子、种畜禽、水产种苗、农药、兽药、肥料和添加剂等，在依照有关法律、行政法规的规定进行审定、登记或者评价、审批前，应当依照本办法的规定取得农业转基因生物安全证书。

第二章　安全等级和安全评价

第九条　农业转基因生物安全实行分级评价管理。

按照对人类、动植物、微生物和生态环境的危险程度，将农业转基因生物分为以下4个等级：

安全等级Ⅰ：尚不存在危险；

安全等级Ⅱ：具有低度危险；

安全等级Ⅲ：具有中度危险；

安全等级Ⅳ：具有高度危险。

第十条　农业转基因生物安全评价和安全等级的确定按以下步骤进行：

（一）确定受体生物的安全等级；

（二）确定基因操作对受体生物安全等级影响的类型；

（三）确定转基因生物的安全等级；

（四）确定生产、加工活动对转基因生物安全性的影响；

（五）确定转基因产品的安全等级。

第十一条　受体生物安全等级的确定

受体生物分为4个安全等级：

（一）符合下列条件之一的受体生物应当确定为安全等级Ⅰ：

1. 对人类健康和生态环境未曾发生过不利影响；

2. 演化成有害生物的可能性极小；

3. 用于特殊研究的短存活期受体生物，实验结束后在自然环境中存活的可能性极小。

（二）对人类健康和生态环境可能产生低度危险，但是通过采取安全控制措施完全可以避免其危险的受体生物，应当确定为安全等级Ⅱ。

（三）对人类健康和生态环境可能产生中度危险，但是通过采取安全控制措施，基本上可以避免其危险的受体生物，应当确定为安全等级Ⅲ。

（四）对人类健康和生态环境可能产生高度危险，而且在封闭设施之外尚无适当的安全控制措施避免其发生危险的受体生物，应当确定为安全等级Ⅳ。包括：

1. 可能与其它生物发生高频率遗传物质交换的有害生物；

2. 尚无有效技术防止其本身或其产物逃逸、扩散的有害生物；

3. 尚无有效技术保证其逃逸后，在对人类健康和生态环境产生不利影响之前，将其捕获或消灭的有害生物。

第十二条　基因操作对受体生物安全等级影响类型的确定

基因操作对受体生物安全等级的影响分为3种类型，即：增加受体生物的安全性；不影响受体生物的安全性；降低受体生物的安全性。

类型 1 增加受体生物安全性的基因操作

包括：去除某个（些）已知具有危险的基因或抑制某个（些）已知具有危险的基因表达的基因操作。

类型 2 不影响受体生物安全性的基因操作

包括：

1. 改变受体生物的表型或基因型而对人类健康和生态环境没有影响的基因操作；

2. 改变受体生物的表型或基因型而对人类健康和生态环境没有不利影响的基因操作。

类型 3 降低受体生物安全性的基因操作

包括：

1. 改变受体生物的表型或基因型，并可能对人类健康或生态环境产生不利影响的基因操作；

2. 改变受体生物的表型或基因型，但不能确定对人类健康或生态环境影响的基因操作。

第十三条 农业转基因生物安全等级的确定

根据受体生物的安全等级和基因操作对其安全等级的影响类型及影响程度，确定转基因生物的安全等级。

（一）受体生物安全等级为 I 的转基因生物

1. 安全等级为 I 的受体生物，经类型 1 或类型 2 的基因操作而得到的转基因生物，其安全等级仍为 I。

2. 安全等级为 I 的受体生物，经类型 3 的基因操作而得到的转基因生物，如果安全性降低很小，且不需要采取任何安全控制措施的，则其安全等级仍为 I；如果安全性有一定程度的降低，但是可以通过适当的安全控制措施完全避免其潜在危险的，则其安全等级为 II；如果安全性严重降低，但是可以通过严格的安全控制措施避免其潜在危险的，则其安全等级为 III；如果安全性严重降低，而且无法通过安全控制措施完全避免其危险的，则其安全等级为 IV。

（二）受体生物安全等级为 II 的转基因生物

1. 安全等级为 II 的受体生物，经类型 1 的基因操作而得到的转基因生物，如果安全性增加到对人类健康和生态环境不再产生不利影响的，则其安全等级为 I；如果安全性虽有增加，但对人类健康和生态环境仍有低度危险的，则其安全等级仍为 II。

2. 安全等级为 II 的受体生物，经类型 2 的基因操作而得到的转基因生物，其安全等级仍为 II。

3. 安全等级为 II 的受体生物，经类型 3 的基因操作而得到的转基因生物，根据安全性降低的程度不同，其安全等级可为 II、III 或 IV，分级标准与受体生物的分级标准相同。

（三）受体生物安全等级为 III 的转基因生物

1. 安全等级为 III 的受体生物，经类型 1 的基因操作而得到的转基因生物，根据安全性增加的程度不同，其安全等级可为 I、II 或 III，分级标准与受体生物的分级标准相同。

2. 安全等级为 III 的受体生物，经类型 2 的基因操作而得到的转基因生物，其安全等级仍为Ⅲ。

3.安全等级为Ⅲ的受体生物，经类型3的基因操作得到的转基因生物，根据安全性降低的程度不同，其安全等级可为Ⅲ或Ⅳ，分级标准与受体生物的分级标准相同。

（四）受体生物安全等级为Ⅳ的转基因生物

1.安全等级为Ⅳ的受体生物，经类型1的基因操作而得到的转基因生物，根据安全性增加的程度不同，其安全等级可为Ⅰ、Ⅱ、Ⅲ或Ⅳ，分级标准与受体生物的分级标准相同。

2.安全等级为Ⅳ的受体生物，经类型2或类型3的基因操作而得到的转基因生物，其安全等级仍为Ⅳ。

第十四条　农业转基因产品安全等级的确定

根据农业转基因生物的安全等级和产品的生产、加工活动对其安全等级的影响类型和影响程度，确定转基因产品的安全等级。

（一）农业转基因产品的生产、加工活动对转基因生物安全等级的影响分为3种类型：

类型1增加转基因生物的安全性；

类型2不影响转基因生物的安全性；

类型3降低转基因生物的安全性。

（二）转基因生物安全等级为Ⅰ的转基因产品

1.安全等级为Ⅰ的转基因生物，经类型1或类型2的生产、加工活动而形成的转基因产品，其安全等级仍为Ⅰ。

2.安全等级为Ⅰ的转基因生物，经类型3的生产、加工活动而形成的转基因产品，根据安全性降低的程度不同，其安全等级可为Ⅰ、Ⅱ、Ⅲ或Ⅳ，分级标准与受体生物的分级标准相同。

（三）转基因生物安全等级为Ⅱ的转基因产品

1.安全等级为Ⅱ的转基因生物，经类型1的生产、加工活动而形成的转基因产品，如果安全性增加到对人类健康和生态环境不再产生不利影响的，其安全等级为Ⅰ；如果安全性虽然有增加，但是对人类健康或生态环境仍有低度危险的，其安全等级仍为Ⅱ。

2.安全等级为Ⅱ的转基因生物，经类型2的生产、加工活动而形成的转基因产品，其安全等级仍为Ⅱ。

3.安全等级为Ⅱ的转基因生物，经类型3的生产、加工活动而形成的转基因产品，根据安全性降低的程度不同，其安全等级可为Ⅱ、Ⅲ或Ⅳ，分级标准与受体生物的分级标准相同。

（四）转基因生物安全等级为Ⅲ的转基因产品

1.安全等级为Ⅲ的转基因生物，经类型1的生产、加工活动而形成的转基因产品，根据安全性增加的程度不同，其安全等级可为Ⅰ、Ⅱ或Ⅲ，分级标准与受体生物的分级标准相同。

2.安全等级为Ⅲ的转基因生物，经类型2的生产、加工活动而形成的转基因产品，其安全等级仍为Ⅲ。

3. 安全等级为Ⅲ的转基因生物，经类型 3 的生产、加工活动而形成转基因产品，根据安全性降低的程度不同，其安全等级可为Ⅲ或Ⅳ，分级标准与受体生物的分级标准相同。

（五）转基因生物安全等级为Ⅳ的转基因产品

1. 安全等级为Ⅳ的转基因生物，经类型 1 的生产、加工活动而得到的转基因产品，根据安全性增加的程度不同，其安全等级可为Ⅰ、Ⅱ、Ⅲ或Ⅳ，分级标准与受体生物的分级标准相同。

2. 安全等级为Ⅳ的转基因生物，经类型 2 或类型 3 的生产、加工活动而得到的转基因产品，其安全等级仍为Ⅳ。

第三章　申报和审批

第十五条　凡在中华人民共和国境内从事农业转基因生物安全等级为Ⅲ和Ⅳ的研究以及所有安全等级的试验和进口的单位以及生产和加工的单位和个人，应当根据农业转基因生物的类别和安全等级，分阶段向农业转基因生物安全管理办公室报告或者提出申请。

第十六条　农业农村部依法受理农业转基因生物安全评价申请。申请被受理的，应当交由国家农业转基因生物安全委员会进行安全评价。国家农业转基因生物安全委员会每年至少开展两次农业转基因生物安全评审。农业农村部收到安全评价结果后按照《中华人民共和国行政许可法》和《条例》的规定作出批复。

第十七条　从事农业转基因生物试验和进口的单位以及从事农业转基因生物生产和加工的单位和个人，在向农业转基因生物安全管理办公室提出安全评价报告或申请前应当完成下列手续：

（一）报告或申请单位和报告或申请人对所从事的转基因生物工作进行安全性评价，并填写报告书或申报书；

（二）组织本单位转基因生物安全小组对申报材料进行技术审查；

（三）提供有关技术资料。

第十八条　在中华人民共和国从事农业转基因生物实验研究与试验的，应当具备下列条件：

（一）在中华人民共和国境内有专门的机构；

（二）有从事农业转基因生物实验研究与试验的专职技术人员；

（三）具备与实验研究和试验相适应的仪器设备和设施条件；

（四）成立农业转基因生物安全管理小组。

鼓励从事农业转基因生物试验的单位建立或共享专门的试验基地。

第十九条　报告农业转基因生物实验研究和中间试验以及申请环境释放、生产性试验和安全证书的单位应当按照农业农村部制定的农业转基因植物、动物和微生物安全评价各阶段的报告或申报要求、安全评价的标准和技术规范，办理报告或申请手续（见附录Ⅰ、Ⅱ、Ⅲ、Ⅳ）。

第二十条　从事安全等级为Ⅰ和Ⅱ的农业转基因生物实验研究，由本单位农业转基因生物安全小组批准；从事安全等级为Ⅲ和Ⅳ的农业转基因生物实验研究，应当在研究开始前向农业转基因生物安全管理办公室报告。

研究单位向农业转基因生物安全管理办公室报告时应当提供以下材料：

（一）实验研究报告书；

（二）农业转基因生物的安全等级和确定安全等级的依据；

（三）相应的实验室安全设施、安全管理和防范措施。

第二十一条　在农业转基因生物（安全等级Ⅰ、Ⅱ、Ⅲ、Ⅳ）实验研究结束后拟转入中间试验的，试验单位应当向农业转基因生物安全管理办公室报告。

试验单位向农业转基因生物安全管理办公室报告时应当提供下列材料：

（一）中间试验报告书；

（二）实验研究总结报告；

（三）农业转基因生物的安全等级和确定安全等级的依据；

（四）相应的安全研究内容、安全管理和防范措施。

第二十二条　在农业转基因生物中间试验结束后拟转入环境释放的，或者在环境释放结束后拟转入生产性试验的，试验单位应当向农业转基因生物安全管理办公室提出申请，经国家农业转基因生物安全委员会安全评价合格并由农业农村部批准后，方可根据农业转基因生物安全审批书的要求进行相应的试验。

试验单位提出前款申请时，应当按照相关安全评价指南的要求提供下列材料：

（一）安全评价申报书；

（二）农业转基因生物的安全等级和确定安全等级的依据；

（三）有检测条件和能力的技术检测机构出具的检测报告；

（四）相应的安全研究内容、安全管理和防范措施；

（五）上一试验阶段的试验总结报告。

申请生产性试验的，还应当按要求提交农业转基因生物样品、对照样品及检测方法。

第二十三条　在农业转基因生物安全审批书有效期内，试验单位需要改变试验地点的，应当向农业转基因生物安全管理办公室报告。

第二十四条　在农业转基因生物试验结束后拟申请安全证书的，试验单位应当向农业转基因生物安全管理办公室提出申请。

试验单位提出前款申请时，应当按照相关安全评价指南的要求提供下列材料：

（一）安全评价申报书；

（二）农业转基因生物的安全等级和确定安全等级的依据；

（三）中间试验、环境释放和生产性试验阶段的试验总结报告；

（四）按要求提交农业转基因生物样品、对照样品及检测所需的试验材料、检测方法，但按照本办法第二十二条规定已经提交的除外；

（五）其他有关材料。

农业农村部收到申请后，应当组织农业转基因生物安全委员会进行安全评价，并委托具备检测条件和能力的技术检测机构进行检测；安全评价合格的，经农业农村部批准后，方可颁发农业转基因生物安全证书。

第二十五条 农业转基因生物安全证书应当明确转基因生物名称（编号）、规模、范围、时限及有关责任人、安全控制措施等内容。

从事农业转基因生物生产和加工的单位与个人以及进口的单位，应当按照农业转基因生物安全证书的要求开展工作并履行安全证书规定的相关义务。

第二十六条 从中华人民共和国境外引进农业转基因生物，或者向中华人民共和国出口农业转基因生物的，应当按照《农业转基因生物进口安全管理办法》的规定提供相应的安全评价材料，并在申请安全证书时按要求提交农业转基因生物样品、对照样品及检测方法。

第二十七条 农业转基因生物安全评价受理审批机构的工作人员和参与审查的专家，应当为申报者保守技术秘密和商业秘密，与本人及其近亲属有利害关系的应当回避。

第四章　技术检测管理

第二十八条 农业农村部根据农业转基因生物安全评价及其管理工作的需要，委托具备检测条件和能力的技术检测机构进行检测。

第二十九条 技术检测机构应当具备下列基本条件：

（一）具有公正性和权威性，设有相对独立的机构和专职人员；

（二）具备与检测任务相适应的、符合国家标准（或行业标准）的仪器设备和检测手段；

（三）严格执行检测技术规范，出具的检测数据准确可靠；

（四）有相应的安全控制措施。

第三十条 技术检测机构的职责任务：

（一）为农业转基因生物安全管理和评价提供技术服务；

（二）承担农业农村部或申请人委托的农业转基因生物定性定量检验、鉴定和复查任务；

（三）出具检测报告，做出科学判断；

（四）研究检测技术与方法，承担或参与评价标准和技术法规的制修订工作；

（五）检测结束后，对用于检测的样品应当安全销毁，不得保留；

（六）为委托人和申请人保守技术秘密和商业秘密。

第五章　监督管理与安全监控

第三十一条 农业农村部负责农业转基因生物安全的监督管理，指导不同生态类型区域的农业转基因生物安全监控和监测工作，建立全国农业转基因生物安全监管和监测体系。

第三十二条 县级以上地方各级人民政府农业农村主管部门按照《条例》第三十八条和第三十九条的规定负责本行政区域内的农业转基因生物安全的监督管理工作。

第三十三条 有关单位和个人应当按照《条例》第四十条的规定，配合农业农村主管部门做好监督检查工作。

第三十四条 从事农业转基因生物试验、生产的单位，应当接受农业农村主管部门的监督检查，并在每年 3 月 31 日前，向试验、生产所在地省级和县级人民政府农业农村主管部门提交上一年度试验、生产总结报告。

第三十五条 从事农业转基因生物试验和生产的单位，应当根据本办法的规定确定安全控制措施和预防事故的紧急措施，做好安全监督记录，以备核查。

安全控制措施包括物理控制、化学控制、生物控制、环境控制和规模控制等（见附录Ⅳ）。

第三十六条 安全等级Ⅱ、Ⅲ、Ⅳ的转基因生物，在废弃物处理和排放之前应当采取可靠措施将其销毁、灭活，以防止扩散和污染环境。发现转基因生物扩散、残留或者造成危害的，必须立即采取有效措施加以控制、消除，并向当地农业农村主管部门报告。

第三十七条 农业转基因生物在储存、转移、运输和销毁、灭活时，应当采取相应的安全管理和防范措施，具备特定的设备或场所，指定专人管理并记录。

第三十八条 发现农业转基因生物对人类、动植物和生态环境存在危险时，农业农村部有权宣布禁止生产、加工、经营和进口，收回农业转基因生物安全证书，由货主销毁有关存在危险的农业转基因生物。

第六章 罚则

第三十九条 违反本办法规定，从事安全等级Ⅲ、Ⅳ的农业转基因生物实验研究或者从事农业转基因生物中间试验，未向农业农村部报告的，按照《条例》第四十二条的规定处理。

第四十条 违反本办法规定，未经批准擅自从事环境释放、生产性试验的，或已获批准但未按照规定采取安全管理防范措施的，或者超过批准范围和期限进行试验的，按照《条例》第四十三条的规定处罚。

第四十一条 违反本办法规定，在生产性试验结束后，未取得农业转基因生物安全证书，擅自将农业转基因生物投入生产和应用的，按照《条例》第四十四条的规定处罚。

第四十二条 假冒、伪造、转让或者买卖农业转基因生物安全证书、审批书以及其他批准文件的，按照《条例》第五十一条的规定处罚。

第四十三条 违反本办法规定核发农业转基因生物安全审批书、安全证书以及其他批准文件的，或者核发后不履行监督管理职责的，按照《条例》第五十三条的规定处罚。

第七章 附则

第四十四条 本办法所用术语及含义如下。

（一）基因，系控制生物性状的遗传物质的功能和结构单位，主要指具有遗传信息的 DNA 片段。

（二）基因工程技术，包括利用载体系统的重组 DNA 技术以及利用物理、化学和生物学等方法把重组 DNA 分子导入有机体的技术。

（三）基因组，系指特定生物的染色体和染色体外所有遗传物质的总和。

（四）DNA，系脱氧核糖核酸的英文名词缩写，是储存生物遗传信息的遗传物质。

（五）农业转基因生物，系指利用基因工程技术改变基因组构成，用于农业生产或者农产品加工的动植物、微生物及其产品。

（六）目的基因，系指以修饰受体细胞遗传组成并表达其遗传效应为目的的基因。

（七）受体生物，系指被导入重组 DNA 分子的生物。

（八）种子，系指农作物和林木的种植材料或者繁殖材料，包括籽粒、果实和根、茎、苗、芽、叶等。

（九）实验研究，系指在实验室控制系统内进行的基因操作和转基因生物研究工作。

（十）中间试验，系指在控制系统内或者控制条件下进行的小规模试验。

（十一）环境释放，系指在自然条件下采取相应安全措施所进行的中规模的试验。

（十二）生产性试验，系指在生产和应用前进行的较大规模的试验。

（十三）控制系统，系指通过物理控制、化学控制和生物控制建立的封闭或半封闭操作体系。

（十四）物理控制措施，系指利用物理方法限制转基因生物及其产物在实验区外的生存及扩散，如设置栅栏，防止转基因生物及其产物从实验区逃逸或被人或动物携带至实验区外等。

（十五）化学控制措施，系指利用化学方法限制转基因生物及其产物的生存、扩散或残留，如生物材料、工具和设施的消毒。

（十六）生物控制措施，系指利用生物措施限制转基因生物及其产物的生存、扩散或残留，以及限制遗传物质由转基因生物向其他生物的转移，如设置有效的隔离区及监控区、清除试验区附近可与转基因生物杂交的物种、阻止转基因生物开花，或去除繁殖器官，或采用花期不遇等措施，以防止目的基因向相关生物的转移。

（十七）环境控制措施，系指利用环境条件限制转基因生物及其产物的生存、繁殖、扩散或残留，如控制温度、水分、光周期等。

（十八）规模控制措施，系指尽可能地减少用于试验的转基因生物及其产物的数量或减小试验区的面积，以降低转基因生物及其产物广泛扩散的可能性，在出现预想不到的后果时，能比较彻底地将转基因生物及其产物消除。

第四十五条 本办法由农业部负责解释。

第四十六条 本办法自 2002 年 3 月 20 日起施行。1996 年 7 月 10 日农业部发布的第 7 号令《农业生物基因工程安全管理实施办法》同时废止。

附录4　农业转基因生物标识管理办法

（2002年1月5日农业部令第10号公布，2004年7月1日农业部令第38号、2017年11月30日农业部令2017年第8号修订）

第一条　为了加强对农业转基因生物的标识管理，规范农业转基因生物的销售行为，引导农业转基因生物的生产和消费，保护消费者的知情权，根据《农业转基因生物安全管理条例》（简称《条例》）的有关规定，制定本办法。

第二条　国家对农业转基因生物实行标识制度。实施标识管理的农业转基因生物目录，由国务院农业行政主管部门商国务院有关部门制定、调整和公布。

第三条　在中华人民共和国境内销售列入农业转基因生物标识目录的农业转基因生物，必须遵守本办法。

凡是列入标识管理目录并用于销售的农业转基因生物，应当进行标识；未标识和不按规定标识的，不得进口或销售。

第四条　农业部负责全国农业转基因生物标识的监督管理工作。

县级以上地方人民政府农业行政主管部门负责本行政区域内的农业转基因生物标识的监督管理工作。

国家市场监督管理总局负责进口农业转基因生物在口岸的标识检查验证工作。

第五条　列入农业转基因生物标识目录的农业转基因生物，由生产、分装单位和个人负责标识；经营单位和个人拆开原包装进行销售的，应当重新标识。

第六条　标识的标注方法：

（一）转基因动植物（含种子、种畜禽、水产苗种）和微生物，转基因动植物、微生物产品，含有转基因动植物、微生物或者其产品成分的种子、种畜禽、水产苗种、农药、兽药、肥料和添加剂等产品，直接标注"转基因××"。

（二）转基因农产品的直接加工品，标注为"转基因××加工品（制成品）"或者"加工原料为转基因××"。

（三）用农业转基因生物或用含有农业转基因生物成分的产品加工制成的产品，但最终销售产品中已不再含有或检测不出转基因成分的产品，标注为"本产品为转基因××加工制成，但本产品中已不再含有转基因成分"或者标注为"本产品加工原料中有转基因××，但本产品中已不再含有转基因成分"。

第七条　农业转基因生物标识应当醒目，并和产品的包装、标签同时设计和印制。

难以在原有包装、标签上标注农业转基因生物标识的，可采用在原有包装、标签的基础上附加转基因生物标识的办法进行标注，但附加标识应当牢固、持久。

第八条　难以用包装物或标签对农业转基因生物进行标识时，可采用下列方式标注：

（一）难以在每个销售产品上标识的快餐业和零售业中的农业转基因生物，可以在产品展销（示）柜（台）上进行标识，也可以在价签上进行标识或者设立标识板（牌）

进行标识。

（二）销售无包装和标签的农业转基因生物时，可以采取设立标识板（牌）的方式进行标识。

（三）装在运输容器内的农业转基因生物不经包装直接销售时，销售现场可以在容器上进行标识，也可以设立标识板（牌）进行标识。

（四）销售无包装和标签的农业转基因生物，难以用标识板（牌）进行标注时，销售者应当以适当的方式声明。

（五）进口无包装和标签的农业转基因生物，难以用标识板（牌）进行标注时，应当在报检（关）单上注明。

第九条 有特殊销售范围要求的农业转基因生物，还应当明确标注销售的范围，可标注为"仅限于××销售（生产、加工、使用）"。

第十条 农业转基因生物标识应当使用规范的中文汉字进行标注。

第十一条 销售农业转基因生物的经营单位和个人在进货时，应当对货物和标识进行核对。

第十二条 违反本办法规定的，按《条例》第五十条规定予以处罚。

第十三条 本办法由农业部负责解释。

第十四条 本办法自 2002 年 3 月 20 日起施行。

附录5　农业转基因生物加工审批办法

第一条　为了加强农业转基因生物加工审批管理，根据《农业转基因生物安全管理条例》的有关规定，制定本办法。

第二条　本办法所称农业转基因生物加工，是指以具有活性的农业转基因生物为原料，生产农业转基因生物产品的活动。

前款所称农业转基因生物产品，是指《农业转基因生物安全管理条例》第三条第（二）、第（三）项所称的转基因动植物、微生物产品和转基因农产品的直接加工品。

第三条　在中华人民共和国境内从事农业转基因生物加工的单位和个人，应当取得加工所在地省级人民政府农业行政主管部门颁发的《农业转基因生物加工许可证》（以下简称《加工许可证》）。

第四条　从事农业转基因生物加工的单位和个人，除应当符合有关法律、法规规定的设立条件外，还应当具备下列条件：

（一）与加工农业转基因生物相适应的专用生产线和封闭式仓储设施。

（二）加工废弃物及灭活处理的设备和设施。

（三）农业转基因生物与非转基因生物原料加工转换污染处理控制措施。

（四）完善的农业转基因生物加工安全管理制度。包括：

1. 原料采购、运输、储藏、加工、销售管理档案；

2. 岗位责任制度；

3. 农业转基因生物扩散等突发事件应急预案；

4. 农业转基因生物安全管理小组，具备农业转基因生物安全知识的管理人员、技术人员。

第五条　申请《加工许可证》应当向省级人民政府农业行政主管部门提出，并提供下列材料：

（一）农业转基因生物加工许可证申请表；

（二）农业转基因生物加工安全管理制度文本；

（三）农业转基因生物安全管理小组人员名单和专业知识、学历证明；

（四）农业转基因生物安全法规和加工安全知识培训记录；

（五）农业转基因生物产品标识样本；

（六）加工原料的《农业转基因生物安全证书》复印件。

第六条　省级人民政府农业行政主管部门应当自受理申请之日起20个工作日内完成审查。审查符合条件的，发给《加工许可证》，并及时向农业部备案；不符合条件的，应当书面通知申请人并说明理由。

省级人民政府农业行政主管部门可以根据需要组织专家小组对申请材料进行评审，专家小组可以进行实地考察，并在农业行政主管部门规定的期限内提交考察报告。

第七条　《加工许可证》有效期为3年。期满后需要继续从事加工的，持证单位和个人应当在期满前 6 个月，重新申请办理《加工许可证》。

第八条　从事农业转基因生物加工的单位和个人变更名称的，应当申请换发《加工许可证》。

从事农业转基因生物加工的单位和个人有下列情形之一的，应当重新办理《加工许可证》：

（一）超出原《加工许可证》规定的加工范围的；

（二）改变生产地址的，包括异地生产和设立分厂。

第九条　违反本办法规定的，依照《农业转基因生物安全管理条例》的有关规定处罚。

第十条　《加工许可证》由农业部统一印制。

第十一条　本办法自 2006 年 7 月 1 日起施行。

附录6 农业转基因生物进口安全管理办法

（2002年1月5日农业部令第9号公布，2004年7月1日农业部令第38号、2017年11月30日农业部令2017年第8号修订）

第一章 总 则

第一条 为了加强对农业转基因生物进口的安全管理，根据《农业转基因生物安全管理条例》（简称《条例》）的有关规定，制定本办法。

第二条 本办法适用于在中华人民共和国境内从事农业转基因生物进口活动的安全管理。

第三条 农业部负责农业转基因生物进口的安全管理工作。国家农业转基因生物安全委员会负责农业转基因生物进口的安全评价工作。

第四条 对于进口的农业转基因生物，按照用于研究和试验的、用于生产的以及用作加工原料的三种用途实行管理。

第二章 用于研究和试验的农业转基因生物

第五条 从中华人民共和国境外引进安全等级Ⅰ、Ⅱ的农业转基因生物进行实验研究的，引进单位应当向农业转基因生物安全管理办公室提出申请，并提供下列材料：

（一）农业部规定的申请资格文件；

（二）进口安全管理登记表（见附件）；

（三）引进农业转基因生物在国（境）外已经进行了相应的研究的证明文件；

（四）引进单位在引进过程中拟采取的安全防范措施。

经审查合格后，由农业部颁发农业转基因生物进口批准文件。引进单位应当凭此批准文件依法向有关部门办理相关手续。

第六条 从中华人民共和国境外引进安全等级Ⅲ、Ⅳ的农业转基因生物进行实验研究的和所有安全等级的农业转基因生物进行中间试验的，引进单位应当向农业部提出申请，并提供下列材料：

（一）农业部规定的申请资格文件；

（二）进口安全管理登记表；

（三）引进农业转基因生物在国（境）外已经进行了相应研究或试验的证明文件；

（四）引进单位在引进过程中拟采取的安全防范措施；

（五）《农业转基因生物安全评价管理办法》规定的相应阶段所需的材料。经审查合格后，由农业部颁发农业转基因生物进口批准文件。引进单位应当凭此批准文件依法向有关部门办理相关手续。

第七条 从中华人民共和国境外引进农业转基因生物进行环境释放和生产性试验的，引进单位应当向农业部提出申请，并提供下列材料：

（一）农业部规定的申请资格文件；

（二）进口安全管理登记表；

（三）引进农业转基因生物在国（境）外已经进行了相应的研究的证明文件；

（四）引进单位在引进过程中拟采取的安全防范措施；

（五）《农业转基因生物安全评价管理办法》规定的相应阶段所需的材料。经审查合格后，由农业部颁发农业转基因生物安全审批书。引进单位应当凭此审批书依法向有关部门办理相关手续。

第八条 从中华人民共和国境外引进农业转基因生物用于试验的，引进单位应当从中间试验阶段开始逐阶段向农业部申请。

第三章 用于生产的农业转基因生物

第九条 境外公司向中华人民共和国出口转基因植物种子、种畜禽、水产苗种和利用农业转基因生物生产的或者含有农业转基因生物成分的植物种子、种畜禽、水产苗种、农药、兽药、肥料和添加剂等拟用于生产应用的，应当向农业部提出申请，并提供下列材料：

（一）进口安全管理登记表；

（二）输出国家或者地区已经允许作为相应用途并投放市场的证明文件；

（三）输出国家或者地区经过科学试验证明对人类、动植物、微生物和生态环境无害的资料；

（四）境外公司在向中华人民共和国出口过程中拟采取的安全防范措施。

（五）《农业转基因生物安全评价管理办法》规定的相应阶段所需的材料。

第十条 境外公司在提出上述申请时，应当在中间试验开始前申请，经审批同意，试验材料方可入境，并依次经过中间试验、环境释放、生产性试验3个试验阶段以及农业转基因生物安全证书申领阶段。

中间试验阶段的申请，经审查合格后，由农业部颁发农业转基因生物进口批准文件，境外公司凭此批准文件依法向有关部门办理相关手续。环境释放和生产性试验阶段的申请，经安全评价合格后，由农业部颁发农业转基因生物安全审批书，境外公司凭此审批书依法向有关部门办理相关手续。安全证书的申请，经安全评价合格后，由农业部颁发农业转基因生物安全证书，境外公司凭此证书依法向有关部门办理相关手续。

第十一条 引进的农业转基因生物在生产应用前，应取得农业转基因生物安全证书，方可依照有关种子、种畜禽、水产苗种、农药、兽药、肥料和添加剂等法律、行政法规的规定办理相应的审定、登记或者评价、审批手续。

第四章 用作加工原料的农业转基因生物

第十二条 境外公司向中华人民共和国出口农业转基因生物用作加工原料的，应当向农业部申请领取农业转基因生物安全证书。

第十三条 境外公司提出上述申请时，应当按照相关安全评价指南的要求提供下列材料：

（一）进口安全管理登记表；

（二）安全评价申报书（见《农业转基因生物安全评价管理办法》附录V）；

（三）输出国家或者地区已经允许作为相应用途并投放市场的证明文件；

（四）输出国家或者地区经过科学试验证明对人类、动植物、微生物和生态环境无害的资料；

（五）按要求提交农业转基因生物样品、对照样品及检测所需的试验材料、检测方法；

（六）境外公司在向中华人民共和国出口过程中拟采取的安全防范措施。

农业部收到申请后，应当组织农业转基因生物安全委员会进行安全评价，并委托具备检测条件和能力的技术检测机构进行检测；安全评价合格的，经农业部批准后，方可颁发农业转基因生物安全证书。

第十四条 在申请获得批准后，再次向中华人民共和国提出申请时，符合同一公司、同一农业转基因生物条件的，可简化安全评价申请手续，并提供以下材料：

（一）进口安全管理登记表；

（二）农业部首次颁发的农业转基因生物安全证书复印件；

（三）境外公司在向中华人民共和国出口过程中拟采取的安全防范措施。

经审查合格后，由农业部颁发农业转基因生物安全证书。

第十五条 境外公司应当凭农业部颁发的农业转基因生物安全证书，依法向有关部门办理相关手续。

第十六条 进口用作加工原料的农业转基因生物如果具有生命活力，应当建立进口档案，载明其来源、储存、运输等内容，并采取与农业转基因生物相适应的安全控制措施，确保农业转基因生物不进入环境。

第十七条 向中国出口农业转基因生物直接用作消费品的，依照向中国出口农业转基因生物用作加工原料的审批程序办理。

第五章　一般性规定

第十八条 农业部应当自收到申请人申请之日起270日内做批准或者不批准的决定，并通知申请人。

第十九条 进口农业转基因生物用于生产或用作加工原料的，应当在取得农业部颁发的农业转基因生物安全证书后，方能签订合同。

第二十条 进口农业转基因生物，没有国务院农业行政主管部门颁发的农业转基因生物安全证书和相关批准文件的，或者与证书、批准文件不符的，作退货或者销毁处理。

第二十一条 本办法由农业部负责解释。

第二十二条 本办法自2002年3月20日起施行。

农业转基因生物进口安全管理登记表
（直接用作消费品）

商品一般资料	商品名称			商品编码	
	物理状态			包装方式	
	储存方式			运输工具	
	是否具有生命活力		□ 具有		□ 不具有
转基因生物的一般资料	生物名称			产地	
	受体生物	中文名		学名	
		起源或原产地			
	目的基因	名称		供体生物或来源	
		功能特性			
	研发公司				
	农业转基因生物安全证书（进口）编号				
	产地国批准的文件	编号			
		审批机构			
		有效期			
		用途			
境外贸易商情况	国家（地区）				
	单位名称				
	主要经营活动				
	联系方式	电话		传真	
		电子邮箱		联系人	
		通信地址			
境内贸易商情况	单位名称				
	主要经营活动				
	联系方式	电话		传真	
		电子邮箱		联系人	
		通信地址	省　市　区　路　号		
境外贸易商法人代表	（签字）　　　　　　　　　（单位公章）		境内贸易商法人代表	（签字）　　　　　　（单位公章）	
申请时间					
备注					

农业转基因生物进口安全管理登记表
（用作加工原料）

<table>
<tr><td rowspan="4">商品
一般
资料</td><td>商品名称</td><td></td><td>商品编码</td><td></td></tr>
<tr><td>物理状态</td><td></td><td>包装方式</td><td></td></tr>
<tr><td>储存方式</td><td></td><td>运输工具</td><td></td></tr>
<tr><td>是否具有生命
活力</td><td colspan="2" align="center">□ 具有</td><td>□ 不具有</td></tr>
<tr><td rowspan="10">转基
因生
物的
一般
资料</td><td>受体生物</td><td>中文名</td><td>学名</td><td></td></tr>
<tr><td>目的基因</td><td>名称</td><td>功能特性</td><td></td></tr>
<tr><td>转化体</td><td colspan="3"></td></tr>
<tr><td>产地</td><td colspan="3"></td></tr>
<tr><td>研发商</td><td colspan="3"></td></tr>
<tr><td>中国批准文件编号</td><td colspan="3"></td></tr>
<tr><td rowspan="4">产地国批准
的文件</td><td>编号</td><td colspan="2"></td></tr>
<tr><td>审批机构</td><td colspan="2"></td></tr>
<tr><td>有效期</td><td colspan="2"></td></tr>
<tr><td>用途</td><td colspan="2"></td></tr>
<tr><td rowspan="7">境外
贸易
商情
况</td><td>国家（地区）</td><td colspan="3"></td></tr>
<tr><td>单位名称</td><td colspan="3"></td></tr>
<tr><td>主要经
营活动</td><td colspan="3"></td></tr>
<tr><td rowspan="4">联系方式</td><td>电话</td><td>传真</td><td></td></tr>
<tr><td>电子邮箱</td><td>联系人</td><td></td></tr>
<tr><td>通信地址</td><td colspan="2"></td></tr>
<tr><td colspan="3"></td></tr>
<tr><td rowspan="6">境内
贸易
商情
况</td><td>单位名称</td><td colspan="3"></td></tr>
<tr><td>主要经
营活动</td><td colspan="3"></td></tr>
<tr><td rowspan="4">联系方式</td><td>电话</td><td>传真</td><td></td></tr>
<tr><td>电子邮箱</td><td>联系人</td><td></td></tr>
<tr><td>通信地址</td><td colspan="2"></td></tr>
<tr><td colspan="3"></td></tr>
<tr><td colspan="2">产品拟流向情况</td><td colspan="3"></td></tr>
<tr><td colspan="2">境外贸易商
法人代表</td><td>（签字）

　　　　（单位公章）</td><td>境内贸易商
法人代表</td><td>（签字）

　　　　（单位公章）</td></tr>
<tr><td colspan="2">申请时间</td><td colspan="3"></td></tr>
<tr><td colspan="2">备注</td><td colspan="3"></td></tr>
</table>

农业转基因生物进口安全证书申请表

<table>
<tr><td rowspan="3">项目概况</td><td colspan="2">项目名称</td><td colspan="5"></td></tr>
<tr><td colspan="2">项目来源</td><td colspan="5"></td></tr>
<tr><td colspan="2">进口用途和状态</td><td colspan="5"></td></tr>
<tr><td rowspan="23">转基因生物概况</td><td colspan="2">类别</td><td colspan="5">动物 □　　　　植物 □　　　　微生物 □　　　（选√）</td></tr>
<tr><td colspan="2">转基因生物名称</td><td colspan="5"></td></tr>
<tr><td rowspan="2">受体生物</td><td>中文名</td><td></td><td>学名</td><td colspan="3"></td></tr>
<tr><td>分类学地位</td><td></td><td>品种（品系）名称</td><td></td><td>安全等级</td><td></td></tr>
<tr><td rowspan="3">目的基因1</td><td>名称</td><td></td><td>供体生物</td><td colspan="3"></td></tr>
<tr><td>生物学功能</td><td colspan="5"></td></tr>
<tr><td>启动子</td><td></td><td>终止子</td><td colspan="3"></td></tr>
<tr><td rowspan="3">目的基因2</td><td>名称</td><td></td><td>供体生物</td><td colspan="3"></td></tr>
<tr><td>生物学功能</td><td colspan="5"></td></tr>
<tr><td>启动子</td><td></td><td>终止子</td><td colspan="3"></td></tr>
<tr><td colspan="2">载体1</td><td></td><td>供体生物</td><td colspan="3"></td></tr>
<tr><td rowspan="2">*标记基因1</td><td>名称</td><td></td><td>供体生物</td><td colspan="3"></td></tr>
<tr><td>启动子</td><td></td><td>终止子</td><td colspan="3"></td></tr>
<tr><td rowspan="2">*报告基因1</td><td>名称</td><td></td><td>供体生物</td><td colspan="3"></td></tr>
<tr><td>启动子</td><td></td><td>终止子</td><td colspan="3"></td></tr>
<tr><td rowspan="2">调控序列1</td><td>名称</td><td></td><td>来源</td><td colspan="3"></td></tr>
<tr><td>功能</td><td colspan="5"></td></tr>
<tr><td colspan="2">转基因方法</td><td></td><td>基因操作类型</td><td colspan="3"></td></tr>
<tr><td colspan="2">转基因生物安全等级</td><td></td><td>转基因生物产品安全等级</td><td colspan="3"></td></tr>
<tr><td rowspan="7">境外批准情况</td><td rowspan="3">国家（地区）1</td><td>审批机构</td><td colspan="5"></td></tr>
<tr><td>批准文件编码</td><td colspan="5"></td></tr>
<tr><td>批准用途和有效期</td><td colspan="5"></td></tr>
<tr><td rowspan="3">国家（地区）2</td><td>审批机构</td><td colspan="5"></td></tr>
<tr><td>批准文件编码</td><td colspan="5"></td></tr>
<tr><td>批准用途和有效期</td><td colspan="5"></td></tr>
<tr><td colspan="2">拟申请使用年限</td><td colspan="5"></td></tr>
<tr><td rowspan="9">申请单位概况</td><td colspan="2">单位名称</td><td></td><td>地　　址</td><td colspan="3"></td></tr>
<tr><td colspan="2">邮　　编</td><td></td><td>电　　话</td><td colspan="3"></td></tr>
<tr><td colspan="2">传　　真</td><td></td><td>电子邮件</td><td colspan="3"></td></tr>
<tr><td colspan="2" rowspan="2">单位性质</td><td colspan="5">境内单位（事业 □　企业 □　中外合作 □　中外合资 □　外商独资 □）</td></tr>
<tr><td colspan="5">境外单位（企业 □　其他 □）（选√）</td></tr>
<tr><td colspan="2">申请人姓名</td><td></td><td>电　　话</td><td colspan="3"></td></tr>
<tr><td colspan="2">传　　真</td><td></td><td>电子邮箱</td><td colspan="3"></td></tr>
<tr><td colspan="2">联系人姓名</td><td></td><td>电　　话</td><td colspan="3"></td></tr>
<tr><td colspan="2">传　　真</td><td></td><td>电子邮箱</td><td colspan="3"></td></tr>
<tr><td rowspan="4">研制单位概况</td><td colspan="2">单位名称</td><td></td><td>法人代表</td><td colspan="3"></td></tr>
<tr><td colspan="2">联系人姓名</td><td></td><td>电　　话</td><td colspan="3"></td></tr>
<tr><td colspan="2">传　　真</td><td></td><td>电子邮箱</td><td colspan="3"></td></tr>
<tr><td colspan="2">何时何地曾从事何种基因工程工作</td><td colspan="5"></td></tr>
</table>

注：1. 如果"标记基因"或"报告基因"已删除，应在表中标注。
　　2. 申请人指所申请项目的安全监管具体负责人。

农业转基因生物试验申请表

<table>
<tr><td rowspan="3">项目概况</td><td colspan="2">项目名称</td><td colspan="5"></td></tr>
<tr><td colspan="2">项目阶段</td><td colspan="5">实验研究 □　中间试验 □　环境释放 □　生产性试验 □（选√）</td></tr>
<tr><td colspan="2">项目来源</td><td colspan="5"></td></tr>
<tr><td rowspan="24">转基因生物概况</td><td colspan="2">类别</td><td colspan="5">动物 □　　植物 □　　微生物 □（选√）</td></tr>
<tr><td rowspan="2">受体生物</td><td>中文名</td><td colspan="2"></td><td>学　名</td><td colspan="2"></td></tr>
<tr><td>分类学地位</td><td></td><td>品种（品系）名称</td><td></td><td>安全等级</td><td></td></tr>
<tr><td rowspan="3">目的基因1</td><td>名称</td><td colspan="2"></td><td>供体生物</td><td colspan="2"></td></tr>
<tr><td>生物学功能</td><td colspan="5"></td></tr>
<tr><td>启动子</td><td colspan="2"></td><td>终止子</td><td colspan="2"></td></tr>
<tr><td rowspan="3">目的基因2</td><td>名称</td><td colspan="2"></td><td>供体生物</td><td colspan="2"></td></tr>
<tr><td>生物学功能</td><td colspan="5"></td></tr>
<tr><td>启动子</td><td colspan="2"></td><td>终止子</td><td colspan="2"></td></tr>
<tr><td colspan="2">载体1</td><td colspan="2"></td><td>供体生物</td><td colspan="2"></td></tr>
<tr><td rowspan="2">*标记基因1</td><td>名称</td><td colspan="2"></td><td>供体生物</td><td colspan="2"></td></tr>
<tr><td>启动子</td><td colspan="2"></td><td>终止子</td><td colspan="2"></td></tr>
<tr><td rowspan="2">*报告基因1</td><td>名称</td><td colspan="2"></td><td>供体生物</td><td colspan="2"></td></tr>
<tr><td>启动子</td><td colspan="2"></td><td>终止子</td><td colspan="2"></td></tr>
<tr><td rowspan="2">调控序列1</td><td>名称</td><td colspan="2"></td><td>来源</td><td colspan="2"></td></tr>
<tr><td>功能</td><td colspan="5"></td></tr>
<tr><td colspan="2">转基因方法</td><td colspan="2"></td><td>基因操作类型</td><td colspan="2"></td></tr>
<tr><td colspan="2">转基因生物名称</td><td colspan="2"></td><td>转基因生物个数</td><td colspan="2"></td></tr>
<tr><td colspan="2">转基因生物安全等级</td><td colspan="2"></td><td>转基因生物产品安全等级</td><td colspan="2"></td></tr>
<tr><td rowspan="6">试验情况</td><td rowspan="2">试验1</td><td>起始时间</td><td colspan="2"></td><td>结束时间</td><td>规模</td><td></td></tr>
<tr><td>地点</td><td colspan="5"></td></tr>
<tr><td rowspan="2">试验2</td><td>起始时间</td><td colspan="2"></td><td>结束时间</td><td>规模</td><td></td></tr>
<tr><td>地点</td><td colspan="5"></td></tr>
<tr><td colspan="6"></td></tr>
<tr><td colspan="6"></td></tr>
<tr><td rowspan="10">申请单位概况</td><td colspan="2">单位名称</td><td colspan="2"></td><td>地　　址</td><td colspan="2"></td></tr>
<tr><td colspan="2">邮　编</td><td colspan="2"></td><td>电　话</td><td colspan="2"></td></tr>
<tr><td colspan="2">传　真</td><td colspan="2"></td><td>电子邮件</td><td colspan="2"></td></tr>
<tr><td colspan="2" rowspan="2">单位性质</td><td colspan="5">境内单位（事业 □　企业 □　中外合资 □　外商独资 □）</td></tr>
<tr><td colspan="5">境外单位（企业 □　其他 □）（选√）</td></tr>
<tr><td colspan="2">申请人姓名</td><td colspan="2"></td><td>电　话</td><td colspan="2"></td></tr>
<tr><td colspan="2">传　真</td><td colspan="2"></td><td>电子邮箱</td><td colspan="2"></td></tr>
<tr><td colspan="2">联系人姓名</td><td colspan="2"></td><td>电　话</td><td colspan="2"></td></tr>
<tr><td colspan="2">传　真</td><td colspan="2"></td><td>电子邮箱</td><td colspan="2"></td></tr>
</table>

注：1. 申请农业转基因生物实验研究的，"受体生物品种（品系）名称、目的基因启动子和终止子、载体、标记基因、报告基因、调控序列、转基因生物品系（株系）"栏目不用填写。

2. 如果"标记基因"或"报告基因"已删除，应在表中标注。

3. 申请人指所申请项目的安全监管具体负责人。

农业转基因生物进口安全管理登记表
（用于材料入境）

商品一般资料	商品名称		商品编码		数量	
	物理状态		包装方式		储存方式	
	运输工具		输出地			
	进口用途	1. 用于研究、试验 □　　　2. 用于生产的评价试验 □ 3. 用于加工原料申请的试验 □　　　4. 其他 □				
	是否具有活性					
	发货方		收货方			
转基因生物的一般资料	受体生物	中文名		学名		
		起源或原产地				
	目的基因	名称		供体生物或来源		
		生物学功能				
	产地国批准文件	编号				
		审批机构				
		有效期				
		用途				
	有否被拒绝批准的记录		是		否	
申请单位情况	国家（地区）					
	单位名称					
	主要经营活动					
	联系方式	联系人		电话		
		传真		电子邮箱		
		通信地址				
申请单位法人代表		（签字）　　　　　　　　　　　　（单位公章）				
申请时间						

附录7　农业用基因编辑植物安全评价指南（试行）

（2022 年 1 月 24 日农业农村部印发）

　　农业用基因编辑植物，是指利用基因工程技术对基因组特定位点进行靶向修饰获得的，用于农业生产或农产品加工的植物及其产品。引入外源基因的基因编辑植物需按照《转基因植物安全评价指南》要求申报安全评价，本指南主要针对没有引入外源基因的基因编辑植物。

　　一、申报程序

　　对未引入外源基因的基因编辑植物，依据可能产生的风险申报安全评价。

　　（一）目标性状不增加环境安全和食用安全风险的基因编辑植物，中间试验后，可申请生产应用安全证书。

　　（二）目标性状可能增加食用安全风险的基因编辑植物，中间试验后，可申请生产应用安全证书，但需要提供食用安全数据资料。

　　（三）目标性状可能增加环境安全风险的基因编辑植物，需要在中间试验后开展环境释放或生产性试验，积累环境安全数据资料后，申请生产应用安全证书。

　　（四）目标性状可能增加环境安全和食用安全风险的基因编辑植物，需要在中间试验后开展环境释放或生产性试验，积累环境安全和食用安全数据资料后，申请生产应用安全证书。

　　（五）其他

　　1. 中外合作、合资或者外方独资在中华人民共和国境内从事基因编辑植物研究与试验的，应当在实验研究开始前申请。申请基因编辑植物实验研究的，一份申报书只能包含同一物种的靶标植物和相同的目标性状，实验年限一般为 1 ～ 2 年。

　　2. 首次申请生产性试验或安全证书的，应提供所申报基因编辑植物样品、对照样品及检测方法。

　　3. 农业农村部收到安全证书申请后，应当委托具备检测条件和能力的技术检测机构进行检测。

　　二、总体要求

　　（一）分子施征

　　1. 靶基因相关资料

　　详细描述靶基因的结构、功能、代谢（调控）途径和安全性。

　　结构：完整的 DNA 序列和推导的氨基酸序列，在染色体上的位置和拷贝数等。

　　功能：生物学功能及性状。例如抗旱。

　　代谢（调控）途径：靶基因编码产物是酶的，提供其代谢底物、产物和可能影响的相关代谢途径等资料；靶基因编码产物是调控因子的，提供其可能影响的调控网络、信号通路等资料；靶基因编码产物是其他类型蛋白质的，说明其功能及作用机理。

安全性：从基因结构、功能、代谢（调控）途径及有关安全性资料等方面综合评价靶基因修饰对安全性的影响。

2. 基因编辑方法相关资料

（1）基因编辑工具

提供基因编辑工具的名称、类型和特性。

（2）载体构建的物理图谱

详细注明基因编辑载体所有元件名称、位置和酶切位点。

（3）基因编辑载体的元件

详细描述基因编辑载体所有元件的来源（如人工合成或供体生物名称）、名称、大小、DNA（RNA）序列、功能、安全应用记录等。

（4）基因编辑方法和流程

详细描述试验设计操作流程和筛选过程等。

3. 靶基因编辑情况

（1）提供基因编辑导致的靶基因或（和）靶蛋白变化情况的数据资料，包括试验方法、数据质量、分析方法、分析结论等。

（2）提供基因编辑植物的特异性检测数据，包括试验方法、数据质量、分析方法、分析结论等。

4. 载体序列残留情况

分析载体序列残留的情况（含骨架序列、主要元件等），包括试验方法、数据质量、分析方法、分析结论等。

5. 脱靶情况

分析基因编辑脱靶情况，包括试验方法、数据质量、分析方法、分析结论等。

（二）遗传稳定性

1. 靶基因编辑的稳定性

检测靶基因的编辑位点以及靶基因在植物不同世代的编辑情况，提供不少于3代的试验数据。

2. 目标性状表现的稳定性

考察目标性状在植物不同世代的表现情况，提供不少于3代的试验数据。

（三）环境安全

如果目标性状不增加环境安全风险，提供不增加环境安全风险的分析数据或资料。如果目标性状可能增加环境安全风险，参照《转基因植物安全评价指南》提供环境安全数据资料。

（四）食用安全

如果目标性状不增加食用安全风险，提供不增加食用安全风险的分析数据或资料。如果目标性状可能增加食用安全风险，参照《转基因植物安全评价指南》提供食用安全数据资料。

三、阶段要求

（一）目标性状不增加环境安全和食用安全风险的基因编辑植物

1. 申请中间试验

（1）提供靶基因和基因编辑方法的相关资料。

（2）提供每一个基因编辑材料自交或杂交代别，以及靶基因变化情况的数据资料。

（3）提供载体序列 PCR 检测的资料。

（4）提供脱靶情况的生物信息学分析资料。

2. 申请安全证书

分为生产应用和进口用作加工原料两种类型。

类型 1：生产应用

（1）汇总实验研究和中间试验阶段的资料，提供安全评价综合报告。

（2）提供基因编辑植物分子特征的资料，包括靶基因编辑情况、载体序列残留情况以及脱靶情况。

（3）提供基因编辑植物至少 3 代的遗传稳定性资料，包括靶基因编辑的稳定性和目标性状表现的稳定性。

（4）提供目标性状和功能效率的评价资料。

（5）提供基因编辑植物的特异性检测数据。

（6）提供不增加环境安全风险和食用安全风险的分析数据或资料。

类型 2：进口用作加工原料

（1）提供安全评价综合报告。

（2）提供基因编辑植物分子特征的资料，包括靶基因编辑情况、载体序列残留情况以及脱靶情况。

（3）提供基因编辑植物的特异性检测数据。

（4）提供不增加环境安全风险和食用安全风险的分析数据或资料。

（5）输出国家或者地区经过科学试验证明对人类、动植物、微生物和生态环境无害的资料。

（二）目标性状可能增加食用安全风险的基因编辑植物

1. 申请中间试验

（1）提供靶基因和基因编辑方法的相关资料。

（2）提供每一个基因编辑材料自交或杂交代别，以及靶基因变化情况的数据资料。

（3）提供载体序列 PCR 检测的资料。

（4）提供脱靶情况的生物信息学分析资料。

2. 申请安全证书

分为生产应用和进口用作加工原料两种类型。

类型 1：生产应用

（1）汇总实验研究和中间试验阶段的资料，提供安全评价综合报告。

（2）提供基因编辑植物分子特征的资料，包括靶基因编辑情况、载体序列残留情况以及脱靶情况。

（3）提供基因编辑植物至少 3 代的遗传稳定性资料，包括靶基因编辑的稳定性和目标性状表现的稳定性。

（4）提供目标性状和功能效率的评价资料。

（5）提供基因编辑植物的特异性检测数据。

（6）提供食用安全评价数据资料。

（7）提供不增加环境安全风险的分析数据或资料。

类型 2：进口用作加工原料

（1）提供安全评价综合报告。

（2）提供基因编辑植物分子特征的资料，包括靶基因编辑情况、载体序列残留情况以及脱靶情况。

（3）提供基因编辑植物的特异性检测数据。

（4）提供食用安全评价数据资料。

（5）提供不增加环境安全风险的分析数据或资料。

（6）输出国家或者地区经过科学试验证明对人类、动植物、微生物和生态环境无害的资料。

（三）目标性状可能增加环境安全风险的基因编辑植物

1. 申请中间试验

（1）提供靶基因和基因编辑方法的相关资料。

（2）提供每一个基因编辑材料自交或杂交代别，以及靶基因变化情况的数据资料。

（3）提供载体序列 PCR 检测的资料。

（4）提供脱靶情况的生物信息学分析资料。

2. 申请环境释放或生产性试验

（1）申请中间试验提供的相关资料，以及中间试验结果的总结报告。

（2）提供基因编辑植物分子特征的资料，包括靶基因编辑情况、载体序列残留情况以及脱靶情况。

（3）提供基因编辑植物至少 2 代的遗传稳定性资料，包括靶基因编辑的稳定性和目标性状表现的稳定性。

（4）提供目标性状和功能效率的评价资料。

（5）提供基因编辑植物的特异性检测数据。

（6）提供环境安全评价试验方案。

3. 申请安全证书

分为生产应用和进口用作加工原料两种类型。

类型 1：生产应用

（1）汇总以往各试验阶段的资料，提供安全评价综合报告。

（2）提供基因编辑植物至少 3 代的遗传稳定性资料，包括靶基因编辑的稳定性和目标性状表现的稳定性。

（3）提供目标性状和功能效率的评价资料。

（4）提供基因编辑植物的特异性检测数据。

（5）提供环境安全评价数据资料。

（6）提供不增加食用安全风险的分析数据或资料。

类型2：进口用作加工原料

（1）提供安全评价综合报告。

（2）提供基因编辑植物分子特征的资料，包括靶基因编辑情况、载体序列残留情况以及脱靶情况。

（3）提供基因编辑植物的特异性检测数据。

（4）提供环境安全评价数据资料。

（5）提供不增加食用安全风险的分析数据或资料。

（6）输出国家或者地区经过科学试验证明对人类、动植物、微生物和生态环境无害的资料。

（四）目标性状可能增加环境安全和食用安全风险的基因编辑植物

1. 申请中间试验

（1）提供靶基因和基因编辑方法的相关资料。

（2）提供每一个基因编辑材料自交或杂交代别，以及靶基因变化情况的数据资料。

（3）提供载体序列 PCR 检测的资料。

（4）提供脱靶情况的生物信息学分析资料。

2. 申请环境释放或生产性试验

（1）申请中间试验提供的相关资料，以及中间试验结果的总结报告。

（2）提供基因编辑植 物分子特征的资料，包括靶基因编辑情况、载体序列残留情况以及脱靶情况。

（3）提供基因编辑植物至少2代的遗传稳定性资料，包括靶基因编辑的稳定性和目标性状表现的稳定性。

（4）提供目标性状和功能效率的评价资料。

（5）提供基因编辑植物的特异性检测数据。

（6）提供环境安全评价和食用安全评价试验方案。

3. 申请安全证书

分为生产应用和进口用作加工原料两种类型。

类型1：生产应用

（1）汇总以往各试验阶段的资料，提供安全评价综合报告。

（2）提供基因编辑植物至少3代的遗传稳定性资料，包括靶基因编辑的稳定性和目标性状表现的稳定性。

（3）提供目标性状和功能效率的评价资料。

（4）提供基因编辑植物的特异性检测数据。

（5）提供环境安全评价和食用安全评价数据资料。

类型2：进口用作加工原料

（1）提供安全评价综合报告。

（2）提供基因编辑植物分子特征的资料，包括靶基因编辑情况、载体序列残留情况以及脱靶情况。

（3）提供基因编辑植物的特异性检测数据。

（4）提供环境安全评价和食用安全评价数据资料。

（5）输出国家或者地区经过科学试验证明对人类、动植物，微生物和生态环境无害的资料。

主要参考文献

白京羽，林晓锋，尹政清，2020. 全球生物产业发展现状及政策启示［J］. 生物工程学报，36（8）：1528-1535.

Clive James，2009. 2008 年全球生物技术／转基因作物商业化发展态势——第一个十三年（1996—2008）［J］. 中国生物工程杂志，29（2）：1-10.

Clive James，2010. 2009 年全球生物技术／转基因作物商业化发展态势——第一个十四年（1996—2009）［J］. 中国生物工程杂志，30（2）：1-22.

蔡荔萱，2021. 科学不确定性下转基因鱼的风险管控［J］. 福建畜牧兽医，43（5）：20-23.

柴卫东，2011. 生化超限战［M］. 北京：中国发展出版社.

陈亨赐，刘洋，尹军，等，2021. 欧盟生物安全法律法规和管理现状的思考［J］. 口岸卫生控制，26（1）：50-53，57.

陈敏，白俊杰，姜鹏，等，2009. 红色荧光蛋白基因在转基因唐鱼中的表达［J］. 大连水产学院学报，24（S1）：59-63.

陈亚芸，2015. 转基因食品的国际法律冲突及协调研究［M］. 北京：法律出版社.

陈友倩，何丽华，王宏昆，等，2018. 水稻转基因及其安全性研究进展［J］. 现代农业科技（15）：15-17，19.

仇焕广，黄季焜，杨军中，2007. 关于消费者对转基因技术和食品态度研究的讨论［J］. 中国科技论坛（3）：51，105-108.

崔宁波，张正岩，2016. 转基因大豆研究及应用进展［J］. 西北农业学报，25（8）：1111-1124.

崔文涛，单同领，李奎，2007. 转基因猪的研究现状及应用前景［J］. 中国畜牧兽医（4）：58-62.

段灿星，孙素丽，朱振东，2020. 全球转基因作物的发展状况［J］. 科技传播，12（24）：29-31，48.

［德］佩汉，［荷］弗里斯，2008. 转基因食品［M］. 北京：中国纺织出版社.

方锐，畅飞，孙照霖，等，2013.CRISPR/Cas9 介导的基因组定点编辑技术［J］. 生物化学与生物物理进展，40（8）：691-702.

方玄昌，2019. 转基因的前生今世［M］. 北京：北京日报出版社.

冯冠南，2020. 产业化背景下我国转基因作物知识产权问题研究［D］. 武汉：华中农业大学.

高晗，钟蓓，2020. 转基因技术和转基因动物的发展与应用［J］. 现代畜牧科技（6）：1-4，18.

高忠奎，蒋菁，韩柱强，等，2021.CRISPR/Cas9 系统及其在粮油作物遗传改良中的研究进展［J］. 中国农学通报，37（20）：26-34.

郭三堆，王远，孙国清，等，2015. 中国转基因棉花研发应用二十年［J］. 中国农业科学，48（17）：3372-3387.

郝宇娉，陆琳，杨志红，2020. 转基因植物疫苗的研究进展［J］. 核农学报，34（12）：2708-2724.

何艺兵，2016.农业转基因科普知识百问百答—品种篇［M］.北京：中国农业出版社．

侯军岐，黄珊珊，2020.全球转基因作物发展趋势与中国产业化风险管理［J］.西北农林科技大学学报（社会科学版），20（6）：104-111.

胡显文，陈惠鹏，汤仲明，等，2004.生物制药的现状和未来（一）：历史与现实市场［J］.中国生物工程杂志（12）：94-100.

黄耀辉，焦悦，付仲文，2021.日本转基因作物安全管理制度概况及进展［J］.生物技术通报，37（3）：99-106.

简清，白俊杰，叶星，等，2004.斑马鱼 Mylz2 启动子的克隆与转绿色荧光蛋白基因鱼的构建［J］.中国水产科学（5）：391-395.

江水清，李婷，张一楠，等，2021.鱼用基因工程疫苗的研究概况［J］.中国农业科技导报，23（6）：160-170.

焦悦，韩宇，杨桥，等，2021.全球转基因玉米商业化发展态势概述及启示［J］.生物技术通报，37（4）：164-176.

康国章，李鸽子，许海霞，2017.我国作物转基因技术的发展与现状［J］.现代农业科技（22）：27-29.

寇坤，蒋洪蔚，曲姗姗，2016.世界转基因农作物的应用现状与发展趋势［J］.中国农业信息（14）：19.

拉吉·帕特尔，2008.粮食战争［M］.北京：东方出版社．

李国玲，徐志谦，杨化强，等，2019.转基因和基因编辑猪的研究进展［J］.华南农业大学学报，40（5）：91-101.

李宁，2003.动物遗传学［M］.北京：中国农业出版社．

李宁，李青，刘建忠，等，2000.生物医药中的转基因动物研究与开发［J］.高技术通讯（11）：106-110.

李文跃，曹士亮，于滔，等，2020.作物转基因技术、种植现状及安全性［J］.黑龙江农业科学（10）：124-128.

李新海，2020.转基因玉米［M］.北京：中国农业科学技术出版社．

梁晋刚，张旭冬，毕研哲，等，2021.转基因抗虫玉米发展现状与展望［J］.中国生物工程杂志，41（6）：98-104.

林敏，2020.转基因技术［M］.北京：中国农业科学技术出版社．

林敏，2021.农业生物育种技术的发展历程及产业化对策［J］.生物技术进展，11（4）：405-417.

林念修，2021.中国生物产业发展报告 2020-2021［M］.北京：化学工业出版社．

凌闵，2020.浅谈转基因植物在我国农业上的应用现状及未来［J］.上海农业科技（6）：10-13.

刘培磊，徐琳杰，叶纪明，等，2014.我国农业转基因生物安全管理现状［J］.生物安全学报，23（4）：213，297-300.

刘文杰，赵杰，许建香，等，2014.转基因动物育种及其产业化发展［J］.生物产业技术（2）：48-55.

刘文真，2021.转基因农业的发展和现状［J］.现代农业（2）：93-94.

刘岩，童佳，张然，等，2009.转基因动物育种研究的现状与趋势［J］.中国医药生物技术，4（5）：329-334.

卢宝荣，2020.转基因的前世今生［J］.科技视界（27）：1-3.

罗云波，贺晓云，2014.中国转基因作物产业发展概述［J］.中国食品学报，14（8）：10-15.

吕忠梅，2003.超越与保守：可持续发展视野下的环境法创新［M］.北京：法律出版社．

马宇浩，高爽，董向会，等，2020.基因编辑在农业动物中的应用进展［J］.农业生物技术学报，28（12）：2230-2239.

莫洁华，2014.全球转基因作物发展现状及趋势［J］.农家顾问（13）：60.

欧阳高亮，肖俐，李祺福，等，2000.分子生物学技术在水产养殖中的应用［J］.海洋科学（3）：31-34.

彭于发，杨晓光，2020.转基因安全［M］.北京：中国农业科学技术出版社.

沈爱民，2012.转基因水产动植物的发展机遇与挑战［M］.北京：中国科学技术出版社.

沈平，武玉花，梁晋刚，等，2017.转基因作物发展及应用概述［J］.中国生物工程杂志，37（1）：119-128.

沈孝宙，2008.转基因战争［M］.北京：化学工业出版社.

盛耀，许文涛，罗云波，2013.转基因生物产业化情况［J］.农业生物技术学报，21（12）：1479-1487.

宋彦仪，2018.动物用转基因微生物安全性评价进展［J］.畜牧兽医科技信息（2）：7-9.

孙柏欣，刘长远，陈彦，等，2008.基因表达系统研究进展［J］.现代农业科技（2）：205-207，209.

孙卓婧，刘沛儒，徐琳杰，等，2017.浅析世界农业转基因商业化应用现状［J］.世界农业（7）：74-77.

孙卓婧，张锋，宋贵文，等，2021.2019年国际转基因管理政策调整及对我国的启示［J］.江苏农业科学，49（2）：1-5.

唐蓓，2013.转基因技术的应用和转基因生物的安全性概述［J］.生物学教学，38（8）：5-6.

王明远，2010.转基因生物安全法研究［M］.北京：北京大学出版社.

王盼娣，熊小娟，付萍，等，2021.《生物安全法》实施背景下基因编辑技术的安全评价与监管［J］.中国油料作物学报，43（1）：15-21，2.

王瑞波，王济民，孙炜琳，2017.转基因粮油作物研发育种技术发展战略研究［M］.北京：中国农业科学技术出版社.

王雪丽，2020.转基因作物的发展历史及现状［J］.南方农机，51（4）：62.

王友华，孟志刚，薛爱红，2018.转基因三文鱼游上了北美餐桌［J］.生命世界（5）：10-11.

王长永，陈良燕，2001.转基因生物环境释放风险评估的原则和一般模式［J］.农村生态环境（2）：45-49.

魏笑莲，钱智玲，陈巧巧，等，2021.遗传改造微生物制造食品和饲料的监管要求及欧盟授权案例分析［J］.合成生物学，2（1）：121-133.

吴珊，庞俊琴，庄军红，等，2020.我国转基因作物的研发与安全管理［J］.中国农业科技导报，22（11）：11-16.

吴远彬，张新民，2020.2020中国生命科学与生物技术发展报告［M］.北京：科学出版社.

熊建文，彭端，韦剑锋，2012.转基因玉米研究与应用进展［J］.广东农业科学，39（6）：27-29，44.

熊明民，杨亚岚，阮进学，等，2016.我国动物生物育种产业现状及发展策略探讨［J］.农业生物技术学报，24（8）：1199-1206.

徐汉虹，安玉兴，2001.生物农药的发展动态与趋势展望［J］.农药科学与管理（1）：32-34.

徐秀秀，韩兰芝，彭于发，等，2013.转基因抗虫水稻的研发与应用及在我国的发展策略［J］.环境昆虫学报，35（2）：242-252.

徐振伟，李爽，陈茜，2015.转基因技术的公众认知问题探究［J］.中国农业大学学报（社会科学版），32（5）：102-110.

许文涛，黄昆仑，2010.转基因食品社会文化伦理透视［M］.北京：中国物资出版社.

旭日干，范云六，戴景瑞，等，2012.转基因30年实践［M］.北京：中国农业科学技术出版社.

薛达元，2009.转基因生物安全与管理［M］.北京：科学出版社．

闫伟，董立明，何禹璇，等，2021.我国转基因大豆研究进展［J］.农业科技管理，40（4）：47-52，71.

杨清华，袁凤杰，2021.浅谈转基因技术的应用［J］.大豆科技（2）：21-23.

杨世湖，2016.白话遗传和转基因秘密——听教授笑谈转基因那点儿事［M］.北京：中国农业出版社．

杨树果，2020.全球转基因作物发展演变与趋势［J］.中国农业大学学报，25（9）：13-26.

杨雄年，2018.转基因政策［M］.北京：中国农业科学技术出版社．

叶晶，2019.《转基因的神话及真相》汉译实践报告［D］.上海：上海师范大学．

叶星，田园园，高风英，2011.转基因鱼的研究进展与商业化前景［J］.遗传，33（5）：494-503.

张成，刘定富，易先达，2011.全球转基因作物商业化进展及现状分析［J］.湖北农业科学，50（14）：2819-2823.

张凤，贺晓云，黄昆仑，等，2021.转基因耐除草剂大豆的食用安全评价研究进展［J］.生物技术进展，11（4）：489-495.

张雯，付艳，2021.转基因三文鱼的研究概况及发展前景［J］.现代食品（6）：20-22.

张晔，2014.中国生物技术产业发展研究［D］.武汉：武汉大学．

张熠婧，郑志浩，高杨，2015.消费者对转基因食品的认知水平和接受程度——基于全国15省份城镇居民的调查与分析［J］.中国农村观察（6）：47-59，91，95-96.

章雪平，2018.转基因作物产业化的法律治理机制研究［J］.当代经济（4）：24-25，47.

赵晶晶，2021.转基因监管中的公众参与制度研究——以欧盟经验为例［J］.东北师大学报（哲学社会科学版）（5）：101-107.

赵锁花，2017.转基因动物的研究现状及社会效应［J］.畜牧与饲料科学，38（5）：44-46.

邹菊红，胡旭旭，黄艳娜，等，2021.分子生物学技术在畜禽动物中的研究进展［J］.当代畜牧（2）：23-28.

邹志，2021."放管服"改革背景下农业转基因生物安全监管制度改革之道［J］.农业科技管理，40（3）：67-71.